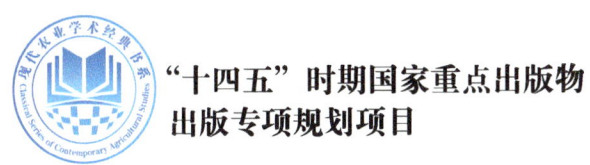
"十四五"时期国家重点出版物
出版专项规划项目

国际生物多样性中心与
国际热带农业中心联盟资助出版

燕麦种质资源保护与研究

YANMAI ZHOGNZHIZIYUAN
BAOHU YU YANJIU

张宗文　郑殿升　吴　斌　吕耀昌　编著

中国农业科学技术出版社

图书在版编目（CIP）数据

燕麦种质资源保护与研究 / 张宗文等编著. -- 北京：中国农业科学技术出版社，2024.8. -- ISBN 978-7-5116-7025-0

Ⅰ. S512.624

中国国家版本馆CIP数据核字第2024V0J142号

责任编辑　李　华
责任校对　李向荣
责任印制　姜义伟　王思文

出 版 者	中国农业科学技术出版社
	北京市中关村南大街12号　　邮编：100081
电　　话	（010）82109708（编辑室）　（010）82106624（发行部）
	（010）82109709（读者服务部）
网　　址	https://castp.caas.cn
经 销 者	各地新华书店
印 刷 者	北京建宏印刷有限公司
开　　本	185 mm×260 mm　1/16
印　　张	14
字　　数	312千字
版　　次	2024年8月第1版　2024年8月第1次印刷
定　　价	128.00元

※ 版权所有·侵权必究 ※

内容简介

燕麦是禾谷类作物，分皮燕麦和裸燕麦两种类型，其中裸燕麦起源于我国，已有2 100多年的栽培历史，主要分布在我国的华北、西北、东北和西南地区。燕麦具有营养丰富、生育期短、适应性强、用途广泛等特点，不但是公认的健康食品，也是优质饲草饲料，其市场需求不断增加，对发展特色产业、增加农民收入有重要作用。在长期的栽培过程中，燕麦不断经历自然选择和人工选择，形成了丰富的种质资源，包括地方品种、育成品种和品系、野生材料等。燕麦种质资源是培育燕麦新品种、开发燕麦特色产品的原始材料，是保证燕麦产业可持续发展的物质基础。自20世纪50年代以来，我国燕麦种质资源保护和利用研究取得巨大进展，在中国农业科学院作物科学研究所的组织协调下，不断收集和引进燕麦种质资源，开展编目、繁殖和入库保存工作。与此同时，采用表型和基因型技术，对燕麦种质资源开展了深入鉴定和评价研究，筛选和挖掘出一批优良材料和有用基因，为燕麦品种改良、产业发展奠定了坚实基础。本书总结了多年来我国燕麦种质资源保护和利用研究的部分成果，为相关科研人员、管理者和研究生提供参考。

序

燕麦是一种古老的粮食作物，在我国已有2 100多年的栽培历史，很多古书中均有关于燕麦的记载。《唐本草》中谓之"雀麦"，因燕雀所食而得名。此外，燕麦在《救荒本草》和《农政全书》等都有记载。燕麦在我国各地皆有栽培，但主要分布在华北北部、西北和东北一带牧区或半牧区以及西南山区，内蒙古是燕麦最大产区。燕麦耐冷、抗旱、生育期短、适应性强，是一种很好的救荒作物。燕麦蛋白质含量在所有禾谷类粮食作物中是最高的，并含有丰富的膳食纤维和微量元素，是营养价值极高的保健食品。

燕麦分为皮燕麦和裸燕麦两种类型，其中裸燕麦起源于我国，内蒙古和山西交界一带为裸燕麦多样性中心，该区域分布有丰富的裸燕麦地方品种，栽培历史悠久，遗传多样性十分丰富。这些地方品种有极强的适应性，是当地人民重要的粮食来源，并形成了独具特色的燕麦传统食品文化，对当地社会和经济发展有重要影响。近年来，随着畜牧业发展，对饲草饲料需求大幅增加，由于燕麦籽粒和秸秆的营养都很丰富，已经成为优质的饲草饲料，凸显了燕麦多用途价值，提升了燕麦发展潜力。我国政府也非常重视燕麦产业发展，通过攻关、科技支撑、产业体系等国家项目对燕麦研究给予了大力支持，有效促进了燕麦产业发展。

燕麦种质资源是培育新品种、开发燕麦特色产品的物质基础。由于高产作物和高产品种的推广，燕麦种质资源面临丢失风险。我国自20世纪50年代开始收集和保护燕麦种质资源，经过几代人的努力，已经收集保护燕麦种质资源5 000多份，同时开展了燕麦种质资源农艺性状鉴定、遗传多样性评价和重要基因挖掘研究，为燕麦种质资源可持续利用提供了有力支撑。《燕麦种质资源保护与研究》系统阐述了燕麦种质资源的重要地位和内涵，总结了保护和利用研究方法及实践取得的重要进展，是作者多年辛勤工作、努力创新研究的结果，将对燕麦种质资源保护和利用研究工作起到引领作用，是一部广大燕麦种质资源保护者、研究者和育种家以及相关领域学生的重要参考书。

中国工程院院士 刘旭

2024年4月

前 言

燕麦是重要的禾谷类作物，具有营养丰富、生育期短、适应性强的特点，在全世界广泛种植，中国是燕麦主要生产国之一，主要在华北、西北和西南地区种植。近年来，燕麦营养和保健价值得到广泛认可，市场需求不断增加，为燕麦研究和发展带来了机会。燕麦种质资源是燕麦研究与发展的物质基础，加强燕麦种质资源保护和可持续利用研究是燕麦产业发展的根本保障。中国农业科学院作物科学研究所负责组织和协调全国作物种质资源保护和利用研究工作，积极开展燕麦种质资源收集保护、鉴定评价和创新利用研究工作，从过去的麦类研究室，到后来的小宗作物种质资源课题组都配备专职科研人员从事燕麦种质资源研究工作，经过几代人的努力，并与国内有关单位合作，使燕麦种质资源保护和利用研究取得了长足进展，为燕麦产业可持续发展提供了保障。

燕麦是多倍体作物，有二倍体、四倍体和六倍体种，有皮燕麦和裸燕麦之分，野生种众多，基因源构成特别复杂，多样性十分丰富。通过全国农作物种质资源考察收集行动，从燕麦产区收集和征集了大批燕麦种质资源，其中大部分为裸燕麦地方品种；通过国外引种和合作研究活动，从国外引进了一批皮燕麦种质资源，包括很多燕麦野生种居群，极大丰富了我国保存的燕麦基因源。燕麦属于自花授粉作物，品种间遗传多样性丰富，表型特征特性差异明显。燕麦对各种环境有极强的适应性，形成了不同播期、不同光照等条件的各种生态类型，为燕麦在不同环境条件下生产利用奠定了遗传基础。

燕麦种质资源保护是手段，利用才是目的。如何利用好燕麦种质资源，取决于鉴定评价工作的深度和水平。通过开展农艺性状的表型鉴定，明确燕麦种质资源的特征特性和地理来源，从外观上基本能够区分不同的燕麦种质资源材料。现代生物技术的发展，为燕麦种质资源基因型评价提供了有力工具，包括各种分子标记、QTL、基因克隆、细胞学等技术，已经用于燕麦种质资源遗传多样性分析、不同倍性种质材料的核型鉴定、重要农艺性状相关基因挖掘等研究。燕麦含有β-葡聚糖、酚类、维生素、微量元素等功能成分，促进了燕麦健康食品的开发，如由中国农业科学院作物科学研究所和北京特品降脂燕麦开发有限责任公司开发的"世壮"牌燕麦保健片，具有显著降血脂作用，创造了非常好的经济效益和社会效益。

本书共10章，全面阐述了燕麦种质资源保护和利用研究进展，是作者多年来从事燕麦种质资源研究取得的主要成果，包括与国内外有关机构的合作研究成果。国际生物多样性中心（Bioversity International）是我国重要的燕麦研究合作伙伴，该中心中国办事处的白可喻、陈新、戚伟和许崇平给予了大力支持。中国农业科学院作物科学研究所小宗作物种质资源课题组的研究助理张茜，学生张恩来、徐微、相怀军、刘伟、王玉亭、宋高原、霍朋杰、Yarvaan Munkhtuya等的研究工作对本书有重要贡献，在此对所有贡献者表示衷心感谢！

编著者
2024年4月

目 录

第一章 概述 ... 1
- 第一节 燕麦的重要地位 ... 1
- 第二节 燕麦种质资源内涵 ... 3
- 第三节 全球燕麦种质资源保护与利用研究现状 ... 7
- 第四节 我国燕麦种质资源优势与重点研究任务 ... 13
- 参考文献 ... 19

第二章 燕麦起源、分类与演化 ... 21
- 第一节 燕麦起源 ... 21
- 第二节 燕麦分类 ... 21
- 第三节 燕麦物种形成与演化 ... 33
- 第四节 中国大粒裸燕麦起源与分类地位 ... 38
- 参考文献 ... 40

第三章 燕麦多样性 ... 43
- 第一节 燕麦物种多样性 ... 43
- 第二节 燕麦遗传多样性 ... 48
- 第三节 燕麦生态系统多样性 ... 52
- 参考文献 ... 55

第四章 燕麦种质资源收集与保存 ... 57
- 第一节 燕麦种质资源广泛收集 ... 57
- 第二节 燕麦种质资源繁殖更新 ... 67
- 第三节 燕麦种质资源入库保存 ... 70
- 参考文献 ... 73

第五章 燕麦种质资源农艺性状鉴定 ... 74
- 第一节 燕麦种质资源性状描述规范 ... 74
- 第二节 燕麦种质资源主要农艺性状鉴定方法 ... 86

第三节　燕麦种质资源主要农艺性状多态性 ·· 88
　　参考文献 ·· 94

第六章　燕麦种质资源基因型评价 ·· 96
　　第一节　基因型评价概念与方法 ·· 96
　　第二节　分子标记种类及其应用 ·· 98
　　第三节　燕麦SSR标记开发 ·· 100
　　第四节　燕麦种质资源遗传多样性分析 ·· 106
　　第五节　燕麦种质资源的重要基因发掘 ·· 122
　　参考文献 ··· 133

第七章　燕麦种质资源细胞学分析 ·· 135
　　第一节　细胞学技术和方法 ·· 135
　　第二节　燕麦种质资源倍性与核型分析 ·· 138
　　第三节　燕麦种质资源不同倍性的分子指纹图谱构建 ···································· 155
　　参考文献 ··· 161

第八章　燕麦核心种质研究 ··· 163
　　第一节　核心种质的构建方法 ·· 163
　　第二节　燕麦核心种质的构建 ·· 165
　　第三节　燕麦核心种质遗传多样性分析 ·· 172
　　第四节　燕麦核心种质优化与应用 ··· 182
　　参考文献 ··· 183

第九章　燕麦种质创新与利用 ··· 185
　　第一节　燕麦种质创新主要目标 ·· 185
　　第二节　燕麦种质创新技术研究及其应用 ··· 187
　　第三节　燕麦种质资源的利用 ·· 191
　　第四节　燕麦种质资源的共享 ·· 193
　　参考文献 ··· 196

第十章　燕麦功能成分分析与保健产品研发 ··· 198
　　第一节　燕麦功能成分分析 ·· 198
　　第二节　燕麦的保健作用 ·· 200
　　第三节　燕麦产品研发 ··· 207
　　参考文献 ··· 210

第一章 概　述

燕麦（*Avena* spp.）属于禾本科一年生草本植物，古时因燕雀喜欢食用而得名，现如今有很多俗名，如在河北北部、山西西北部和内蒙古一带称裸燕麦为莜麦，东北称铃铛麦，西北称玉麦。燕麦在我国已有2 100多年的栽培历史，在《本草纲目》《救荒本草》和《农政全书》等古籍中都有记载。燕麦分为带稃型和裸粒型两大类，分别称皮燕麦和裸燕麦，其中裸燕麦起源于我国。燕麦在我国华北、东北和西北地区广泛种植，在南方高海拔地区亦有种植。皮燕麦起源于地中海沿岸国家，全球很多国家都有种植。

第一节　燕麦的重要地位

燕麦是我国传统的粮食作物，主要种植在大宗粮食作物不宜生长的干旱和半干旱地区以及高寒山区，对不良环境有较强的适应性，是中西部老少边贫地区主要粮食和经济作物（郑殿升和张宗文，2017）。燕麦籽粒可以加工成燕麦片煮食，也可以加工成面粉制作各种面食，是一种低糖、高能、高营养的健康食品，当地农民一直把燕麦当作抗饥饿食物。制作食品包括莜面搓鱼、莜面馈垒、莜面窝窝等传统食品。燕麦的蛋白质、脂肪、热量、膳食纤维含量位居主要粮食作物之首，燕麦的微量元素含量也极其丰富，如钙和铁的含量都比较高（林汝法 等，2002；任长忠和胡跃高，2013；胡新中和李小平，2013）。燕麦已被广泛接受为保健和功能食品，美国食品和药品管理局于1997年认定，燕麦β-葡聚糖成分具有降低胆固醇、防止心血管疾病的功能（Othman et al.，2011）。我国卫生部也于1997年批准了第一个具有调节血脂和降脂功能的燕麦保健产品——"世壮"牌燕麦保健片（洪昭光，2010）。

燕麦也是重要的饲草饲料作物。燕麦茎叶柔软多汁，适口性好，含蛋白质5.2%、脂肪2.2%、可消化纤维11.4%~18.3%，对提高奶牛和奶羊的产乳量作用明显，是理想的动物饲草（林汝法 等，2002）。燕麦籽粒可作种畜、病畜以及幼畜的补充饲料，特别适合作赛马的精饲料（吴志，2020）。

燕麦生育期较短，在北方一般用于一季栽培，在无霜期较长的地方也可以用于复种。燕麦抗旱性强，可以在干旱少雨的地区种植。因此，燕麦对我国西部干旱地区、西南高海拔山区的农业生产极为重要。目前全国燕麦年种植面积为60万~70万hm²,总产为75万~80万t。近年来,燕麦种植面积保持基本稳定,单产有所提高,总产略有增长。燕麦产区仍然集中在华北和西北地区,但东北地区包括内蒙古东部以及西南各省(区)的种植面积在扩大。西藏成为燕麦发展的新产区,主要是生产牧草,发展潜力较大(金涛等,2011)。

世界许多地区都有燕麦种植,近5年世界燕麦年播种面积约1 000万hm²,播种面积较大的国家主要分布于西北欧及东欧、北美洲、南美洲和大洋洲。俄罗斯、加拿大、澳大利亚居前,2021年播种面积分别为219.05万hm²、117.64万hm²和106.99万hm²(表1.1)(FAO,2021)。俄罗斯燕麦播种面积最大,达219.05万hm²;波兰的燕麦单产最高,达3.081t/hm²;俄罗斯总产最高,达350.5万t。从图1.1可以看出,主要国家的燕麦播种面积在2011—2021年基本保持稳定,但俄罗斯的燕麦播种面积波动较大,一直呈下降趋势。加拿大和澳大利亚燕麦播种面积略有增加,欧洲其他国家都有下降趋势,而南美洲的巴西和阿根廷基本保持稳定。

表1.1 世界燕麦主要生产国的播种面积、单产和总产(FAO,2021)

国家	面积/万hm²	单产/(t/hm²)	总产/万t
俄罗斯	219.05	1.600	350.5
加拿大	117.64	2.387	280.8
澳大利亚	106.99	1.774	189.8
波兰	52.74	3.081	162.5
西班牙	50.40	2.370	119.5
巴西	49.86	2.180	108.7
芬兰	31.42	2.556	80.3
美国	26.31	2.198	57.8
阿根廷	24.19	2.095	50.7
塔吉克斯坦	21.10	0.969	19.6

燕麦具有较强的抗逆性和适应性,可以在玉米、小麦等作物不能生长的沙化地和盐碱地种植,并起到固沙、吸收盐碱、改良土壤的作用。燕麦生产基本不使用化肥和农药,因此对环境不产生任何危害。

燕麦可以进行深加工,产品包括燕麦片、燕麦米、燕麦粉、燕麦面制品、燕麦饮料、燕麦酒类等。此外,市场上还开发了燕麦化妆品等高附加值产品,提升了燕麦价值。我国燕麦加工产品主要销往国内市场,消费量一直在增长,随着生活水平的提高,人们越来越注重健康,只要加大科普宣传力度,让更多的人了解食用燕麦的好处,食用的人会越来越多,因此燕麦消费潜力巨大。

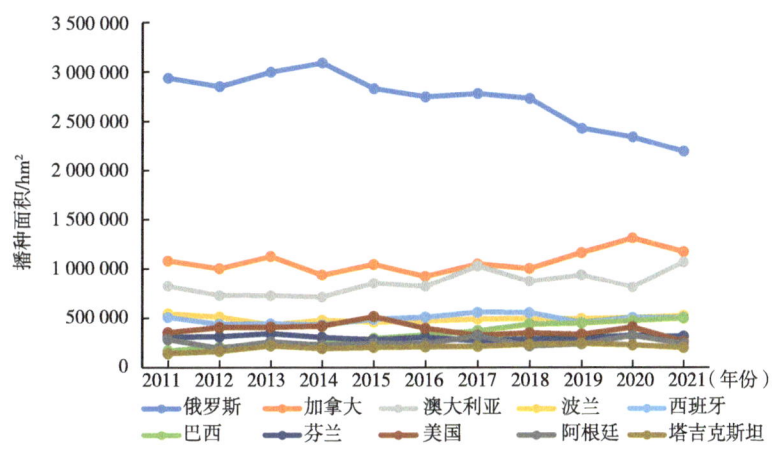

图1.1 世界主要燕麦生产国播种面积动态变化情况

第二节 燕麦种质资源内涵

一、定义

燕麦种质资源指具有遗传功能单位的所有燕麦材料，包括地方品种、育成品种和品系、特殊遗传材料、野生近缘种居群等，涵盖果实、籽粒、苗、根、茎、叶、芽、花、组织、细胞等有生命的遗传材料，这些遗传材料都含有基因组，由DNA序列组成，包含控制燕麦各种特征特性的基因。燕麦种质资源多样性越丰富，意味着其所携带的基因多样性就越多，其现实和潜在利用价值就越大。燕麦种质资源是燕麦育种的亲本材料来源，是开发优质燕麦产品的物质基础。

二、类型

（一）地方品种

燕麦地方品种亦称农家品种，是农民经过长期驯化并世代相传的具有明显不同特点的燕麦群体，具有适应性强和类型多样等特点，其遗传组成具有较高的杂合性。在我国燕麦种质资源收集保存材料中，约75%为地方品种，其中大部分来自山西、河北、内蒙古等省（区），说明上述省（区）具有悠久的燕麦栽培历史。

（二）育成品种

燕麦育成品种是育种家根据特定的育种目标，采用相关技术手段，对遗传材料进行改良和选择，使其形成生物学特性和形态特性一致、遗传特性相对稳定并经过有关机构审定或认定的品种。随着燕麦育种水平的提高，新品种的推广面积也越来越大，目前生产上应用的主要是育成品种，地方品种种植面积越来越小。

自20世纪50年代以来，全国各有关单位利用燕麦地方品种进行系统选育，或开展品种间杂交、皮裸种间杂交等，育成了燕麦新品种近百个，在生产上推广应用，为提高燕麦单产和总产做出了重要贡献。这些品种包括坝莜、坝燕、冀张莜、晋燕、蒙燕、白燕等系列新品种。这些育成品种可以根据皮裸性、熟性、用途等进一步分为裸燕麦品种、皮燕麦品种，中早熟品种、晚熟品种，加工专用品种和粮饲兼用品种。

（三）高代品系

高代品系是指经育种家多年选育，形成了形态学和生物学特性一致，具备了利用价值和稳定的遗传特性，但尚未形成品种的群体。由于很多品系都具有一种或几种优良特性，也可以成为很好的育种材料，具有利用价值，因此对具有上述特性的材料进行收集和保护，可以丰富遗传多样性，增加遗传基础。

在我国保存的燕麦种质资源中，高代品系是指在育种过程中产生的具有独特性状的纯合育种材料。这些育种材料尽管尚未形成育成品种，但具备不同的优良性状，可以作为种质资源进行保存和研究。在我国保存的燕麦种质资源中，高代品系主要来自山西省农业科学院高寒区作物研究所和张家口市农业科学院，这批品系主要是裸燕麦品种间杂交后代，产量性状优良，抗性较好，具有很高的再利用价值。

（四）野生资源

燕麦野生资源是指燕麦属所有野生种的不同居群材料，对燕麦遗传改良有重要利用价值。燕麦属（*Avena* L.）包括30多个种，其中栽培种仅5个，其他均为野生种（郑殿升，2010）。大多数燕麦野生种都分布在中东和北非国家，经过多年努力，我国有关单位已经从国外引进了29个野生种，包括二倍体、四倍体和六倍体种，我国分布有3~4个种。野生种通常蕴含有栽培种没有的优良特性，如抗逆性，是重要的基因资源，通过收集野生种的不同生态居群，可以充分保存野生种资源。

野生燕麦种多被视为田间杂草，其中普通野燕麦为一年生植物，生存能力强，喜潮湿。在我国，普通野燕麦多发生在耕地、沟渠边和路旁。植株形态与普通栽培燕麦相似，茎秆直立单生或丛生，株高80~120cm。种子带壳，其尖端带芒。壳和芒有乳白、黄、褐、黑等颜色。种子的落粒性强，一旦成熟即可脱落，并极易随风传播，在下一年度或生长季节萌发和繁殖。种子发芽适温为10~20℃，在北方，野燕麦于4月上旬出苗，6月下旬开始开花结实，7月中下旬种子成熟脱落；在南方，野燕麦于9—11月出苗，第二年4—5月开花结实，6月种子成熟脱落。

三、属性

燕麦种质资源属性是指燕麦种质资源具有的本质特性及其关系，反映燕麦种质资源的基本性质和特点，也是燕麦种质资源保护和利用研究的主要内容，包括多样性、特异性和完整性。

（一）多样性

燕麦种质资源具有丰富的多样性，包括物种多样性、遗传多样性和生态系统多样性。物种多样性不但体现在数量方面，也有栽培种和野生种之分。野生种是自然创造和选择的结果，而栽培种是人类选择与自然选择共同作用的结果。遗传多样性主要反映野生居群和栽培品种的数量及其特性多样性，居群和品种的数量越多，含有丰富多样性的可能性就越大。野生居群由于自然环境的选择，通常含有抵御不良环境和抵抗各种病虫害的特性。栽培品种根据人类需求不断选育而成，具有满足人类需求的各种特征特性，如不同生育期、株高、颜色、籽粒大小等。燕麦生态系统多样性主要体现在野生燕麦物种和居群与自然环境的相互适应和分布方面，也体现在栽培燕麦种和品种的生产环境和方式方面。燕麦生态系统多样性对保障燕麦可持续生产有重要作用。

（二）特异性

燕麦种质资源特异性是指能够区分不同种质材料的特征特性，不同燕麦物种区分有特定的性状标准，通过对这些性状的差异进行鉴别，就能区分不同的燕麦物种，如野生种居群主要依赖环境条件区分，同一个种但处于不同地理环境的一组野生燕麦植株可以看作是一个居群；而栽培种的品种和品系则依赖主要农艺性状的不同进行区分，如熟期、株高、叶长、叶宽、穗型、粒型、粒色等，通过对这些农艺性状的鉴别，就能够区分出不同的品种和品系，所以每个品种都有不同的特征特性，也就是遗传特异性。燕麦遗传特异性为研究和区分种质资源材料提供依据，由此把特定性状上明显有别于其他品种或品系的一组植株定义为一份燕麦种质资源。

（三）完整性

燕麦种质资源完整性是指对燕麦种质资源的物种和遗传多样性进行全面、系统收集和保护。物种完整性方面，应尽可能收集和引进所有燕麦属的物种，每个燕麦种都可能有一些特殊的性状，可能对育种和其他研究有重要作用。遗传完整性方面，在每份种质材料收集时，样本的大小要能够代表该材料的遗传组成；在该种质材料繁殖时，种植群体大小要能够维持其遗传完整性；在该种质材料保存过程中，通过维持其较高的生活力来维持遗传完整性。燕麦种质资源保护工作的每个环节都关系遗传完整性，收集时应进行广泛调查，采用科学的取样方法进行收集；繁殖时应种植足够多的株数，进行科学的管理和收获考种；在保存过程中，定期进行生活力监测，当生活力降低到规定值之前进行繁殖更新。

四、价值

燕麦种质资源价值是指在促进燕麦育种、产品研发、产业发展以及基础研究中的利用价值和发挥的作用。燕麦种质资源价值得到了广泛认可，政府有关部门、科研机构、企业都在大力支持燕麦种质资源保护和利用研究，为燕麦产业可持续发展奠定了坚实基础。

（一）燕麦产业可持续发展的根本保证

燕麦是重要的粮食作物，对国家粮食安全有支撑作用。加强燕麦种质资源的保护和利用，大力发展燕麦绿色生产技术，有利于减少投入，提高生产效率。为实现燕麦可持续发展，必须从众多的燕麦种质资源中发掘蕴藏的抗病虫、抗逆以及养分、水分高效型基因资源，加快改良和培育专用新品种，通过低投入生产和绿色生产，实现燕麦产品质量提升和安全。燕麦也是集粮食、营养和保健于一体的作物，随着人们对燕麦产品数量和质量需求的不断提高，燕麦研究与发展对种质资源的依赖程度越来越高，没有丰富的种质资源，难以研发出优质的燕麦产品，也就难以满足人们对健康食品的需求。因此，种质资源对燕麦可持续发展有重要的保障作用。

（二）燕麦育种的亲本来源

燕麦种质资源是在特定的自然环境和社会历史条件下，经人类长期驯化、培育而成，蕴含着丰富的遗传多样性。地方品种是遗传改良、发展特色产业、满足营养需求和保障国家粮食安全的重要资源。地方品种具有数千年来人类所创造、培育和传承的各种特有基因，而这些基因是目前人类难以复制和创造的，一旦失去便无法挽回。现代农业生产中的一些农作物，由于遗传基础狭窄，当遇到重大气候变化、病虫为害时可能会面临巨大损失，而地方品种因遗传多样性丰富、适应性强，成为应对未来挑战的丰富基因来源。

（三）燕麦产品开发的特色种源

燕麦种质资源含有丰富的营养和功能成分，已成为公认的健康食品，市场需求不断扩大。燕麦适应性强，生产投入低，绿色环保，是重要的有机和绿色食品来源。通过发展燕麦品种改良和生产技术，加强农民、合作社和企业的产业发展能力，可以引导农民在利用燕麦品种多样性持续改善生计的同时为市场提供健康的燕麦产品。很多燕麦地方品种具有突出特点，如河北、山西一带的地方品种三分三具有品质优的特点，是发展燕麦特色产业的重要种源，在改善当地农民生计方面有巨大潜力。随着燕麦加工技术的发展，开发出了众多燕麦产品，如燕麦片，受到众多消费者的欢迎，使燕麦特色得到了发挥。

（四）燕麦基础研究的材料来源

燕麦种质资源是燕麦起源、进化、遗传多样性、表型组、基因组等基础研究的重要材料来源，对燕麦基础学科的研究和发展有重要支撑作用。我国科学家利用大量燕麦种质资源材料，开展遗传多样性分析，探索这些种质资源基因型分类及其关系，为不同类型的种质资源有效利用提供科学依据。与此同时，燕麦种质资源对作物基础研究有重要的支撑作用。

五、范畴

燕麦种质资源保护与利用研究内容广泛，主要包括3个方面，即基础性工作、基础性研究和创新应用研究。基础性工作主要涉及燕麦种质资源考察收集、性状鉴定、编目、繁殖、入库保存和分发等，整个过程极其复杂，内容非常烦琐，是燕麦种质资源保护的核心工作。基础性研究包括燕麦起源进化研究、遗传多样性评价、有用特性及其基因挖掘、核心种质构建等，是了解种质资源本质、发现其利用价值的深入评价研究过程。创新应用研究包括种质创新、营养与保健产品研发等，通过利用优异燕麦种质资源，创制新种质和新材料，用于新品种培育和其他研究；利用燕麦含有丰富的营养和功能成分的特点，研发功能性产品，提升燕麦经济价值。

燕麦种质资源保护与利用研究具有基础性、长期性和公益性特点，需要国家有关部门给予长期稳定的支持，需要国内各有关单位的通力合作，保护和充分利用珍贵的燕麦种质资源，为燕麦产业发展、农民增收和乡村振兴作贡献。

第三节 全球燕麦种质资源保护与利用研究现状

一、种质资源保护

（一）种质资源保存数量

全球有关国家对燕麦种质资源保护工作都非常重视。在长期的燕麦种质资源收集保护过程中，既充分收集和保护栽培资源，包括地方品种、育成品种、高代品系和遗传材料，也注重收集和保护野生资源，包括不同的野生种居群和生态型，涵盖全部的物种和遗传多样性。据联合国粮食及农业组织统计（FAO，2010），在全世界范围内收集保存了13万份燕麦种质资源，分别保存在不同国家的100多个种质库中，其中保存燕麦种质资源较多的国家有加拿大27 676份，美国21 195份，俄罗斯11 857份，德国4 799份，肯尼亚4 197份，澳大利亚3 674份，中国3 357份和英国2 598份（表1.2）。保存的燕麦种质材料类型包括野生种占24%，地方品种占14%，高代品系占13%，育成品种占12%，其他占37%。

表1.2 全球燕麦种质资源保存情况

保存国家	保存材料		材料类型占比/%				
	份数/份	占比/%	野生种	地方品种	高代品系	育成品种	其他
加拿大	27 676	21	55	12	20	12	1
美国	21 195	16	49	14	24	13	
俄罗斯	11 857	9	19	41	<1	1	39
德国	4 799	4	15	33	9	38	4
肯尼亚	4 197	3	<1				100
澳大利亚	3 674	3			<1	<1	99
中国	3 357	3					100
英国	2 598	2	<1	17	22	53	8
波兰	2 328	2	<1	5	44	48	3
保加利亚	2 311	2	<1	1	6	2	91
摩洛哥	2 133	2		<1			100
捷克	2 011	2	<1	3	1	53	42
以色列	1 604	1	100				
日本	1 540	1		2	6		92
法国	1 504	1					100
西班牙	1 318	1	<1	97		1	1
匈牙利	1 301	1	<1	6		8	86
阿根廷	1 287	1			100		
秘鲁	1 200	1					100
印度	1 125	1					100
其他国家	31 638	24	3	12	7	13	66
总计	130 653	100	24	14	13	12	37

（二）燕麦野生种保存情况

燕麦属包含30多个种，其中大部分是野生种。世界有关国家对燕麦野生种资源的保护也非常重视，积极收集和保护燕麦野生资源。通常野生燕麦资源的保存和繁殖比栽培种困难得多，与栽培燕麦资源相比，野生燕麦种资源保存数量较少，目前全球保存野生材料约31 065份，约占全部燕麦保存材料的24%。只有部分国家收集保存了燕麦野生资源，如加拿大保存15 134份野生资源，占其全部保存材料的55%；美国保存了10 516份野生资源，占49%；俄罗斯保存了2 252份野生资源，占19%；以色列保存了1 604份野生资源，全部为野生种或亚种；德国保存了719份野生资源，占15%。

此外，还有一些单位尽管保存的野生资源数目较小，但具有显著的多样性，如巴西国家麦类研究中心保存了9个野生种136份材料，英国威尔士植物育种站保存了19个野生种172份材料，这些材料具有显著的种内多样性。有些野生燕麦种只在个别种质库有保存，如摩洛哥种质库保存的23份大西洋燕麦（*A. atlantica*）（占全球56%），11份大马士革燕麦（*A. damascena*）（占全球39%），19份阿加迪尔燕麦（*A. agadiriana*）（占全球51%），141份大燕麦（*A. magna*）（占全球55%）和73份墨菲燕麦（*A. murphyi*）（占全球85%）。摩洛哥保存的*A. damascena*、*A. atlantica*、*A. agadiriana*、*A. murphyi*和*A. magna*的份数较多。加拿大保存的加拿大燕麦（*A. canariensis*）、阿比西尼亚燕麦（*A. abyssinica*）和瓦维洛夫燕麦（*A. vaviloviana*）的份数较多。另外，俄罗斯、美国、波兰和巴西保存了较多的砂燕麦（*A. strigosa*）。波兰保存的野生种大穗燕麦（*A. macrostachya*）和岛屿燕麦（*A. insularis*）的材料份数在全球是最多的。

（三）主要保存机构

加拿大是燕麦种质资源收集和保存量较多的国家。在20世纪60—70年代，加拿大植物遗传资源中心在燕麦遗传资源的调查和收集中发挥了主要作用，该中心调查的范围广，收集的材料多。在100年前，美国农业部对世界燕麦资源进行了大量的收集，并在美国进行了繁殖和保存。俄罗斯瓦维洛夫植物遗传资源研究所（VIR）是一个全球性的燕麦收藏单位，该单位很早就开始了栽培植物资源的收集工作。在20世纪初期就开始了地方品种的收集，持续到20世纪40—50年代，收集的燕麦材料主要来自欧洲，以及后来的北美洲和亚洲，还有一小部分来自非洲、南美洲和澳大利亚，其中80%的材料不重复，具有独特性，这些材料含有丰富的抗性基因和多等位基因，是非常宝贵的种质材料。德国莱布尼茨植物遗传和作物科学研究所和澳大利亚农业研究中心冬季谷类作物基因库也是全球重要的燕麦资源保存和研究机构。澳大利亚农业研究中心冬季谷类作物基因库也收集了一批地方品种以及独特的野生材料。肯尼亚农业研究所国家基因库也收集和保存了大量野生材料和地方品种，虽然这些材料不是唯一的，但是有相当一部分属于未知来源材料。保加利亚、法国、蒙古国、摩洛哥、西班牙、土耳其都保存有重要的燕麦收集材料，其中大部分材料都是来自本地区的地方品种。中国保存了一些特殊的地方品种，特别是裸燕麦品种。摩洛哥也保存了大量野生材料，主要是二倍体和四倍体材料，约有80%的材料是独一无二的，而以色列是世界上最大的野红燕麦（A. sterilis）保存地。

二、种质资源鉴定评价

（一）类型鉴别

在国际上，燕麦种下的亚种分类存在很大争议。国际上通常把普通栽培燕麦（*Avena sativa* L.）分为两个亚种，即亚种 *sativa* Rod. 和亚种 *nuda* L.。其中亚种 *sativa* Rod. 是主要亚种，全球很多国家都有保存，如美国保存9 378份，占两个亚种总数的92%；加拿大8 754份，占75%；俄罗斯8 729份，占80%；中国1 525份，占47%。中国保存的裸燕麦资源最多，为1 699份，其次是美国326份，加拿大183份，俄罗斯154份。此外，如果把地中海燕麦作为普通栽培燕麦的亚种［*A. sativa* L. subsp. *byzantina*（K. Koch）Romero Zarko］，主要保存国家有加拿大1 168份，俄罗斯1 398份，美国1 115份。

俄罗斯瓦维洛夫植物遗传资源研究所的Loskutov研究员于1998年提出了植物学品种的基本概念。在此基础上，Diederichsen（2008）提出了形态群的概念。根据3个物候特性和34个形态特征，可以把加拿大保存的来自85个国家的10 105份燕麦群体分为118个形态群，在126个加拿大育成品种中，则形成了10个形态群。

在全球燕麦种质资源中，地方品种是主要组成部分，如俄罗斯保存的地方品种最多，为4 861份，其次是加拿大3 321份，中国1 518份，西班牙1 278份，巴西579份，土耳其374份，巴基斯坦296份，法国287份，罗马尼亚125份，波兰116份，蒙古国110份，保加利亚100份，乌克兰94份，葡萄牙82份，奥地利78份和乌拉圭70份。此外，西班牙、土耳其、巴基斯坦、罗马尼亚和葡萄牙收集的燕麦材料几乎全部是地方品种。

（二）遗传评价

全球各国对收集的燕麦资源遗传多样性和有用特性及其基因，开展了不同程度的评价和挖掘研究。在遗传多样性评价方面，Goffreda et al.（1992）首先用RFLP技术分析了起源于非洲和亚洲西南部的173份野红燕麦（*A. sterilis*），发现来自不同国家的材料遗传变异度明显不同，并将所有材料划分成东部区域和西部区域两大类群，西部区域类群还可进一步被划分成非洲和西南亚两个亚群，这些结果与供试材料的地理分布基本一致。O'Donoughue et al.（1994）对来自北美洲的83份栽培燕麦进行RFLP标记分析，有效区分了春、秋燕麦品种。Souza和Sorrells（1991）对选自北美洲现在和以前的70份栽培燕麦进行分析，发现春燕麦和秋燕麦的起源不同，秋燕麦比春燕麦的多样性更丰富。Achleitner et al.（2008）对来自欧洲、南美洲、北美洲、亚洲、大洋洲的114份燕麦材料进行了多样性分析，证明用全球范围内的材料能显著增加遗传多样性，并找到一些与特定农艺性状相连锁的分子标记。相怀军（2010）用20对AFLP引物对来自国内外的177份普通栽培燕麦（A. sativa L.）资源进行遗传多样性分析，表明燕麦遗传多样性与地理来源有很高的一致性。

在有用特性及其基因挖掘方面，Milach et al.（1997）用4个均含有不同矮秆基因的亲本与高秆亲本杂交构建了4个F_2群体，然后分别进行燕麦株高QTL定位，发现了4个与株高相关的主效QTL位点。Groh et al.（2001）用2个RIL群体对燕麦的籽粒长度、宽度、千粒重等进行QTL定位研究，分别发现1~5个QTLs。Koeyer et al.（2004）以皮燕麦Terra和裸燕麦Marion杂交F_6后代为群体，对16个相关农艺性状进行QTL定位，共发现34个主效QTLs，主要包括产量、粒重、倒伏、开花期、葡聚糖含量、脂肪含量和蛋白质含量等。Tanhuanpä et al.（2010）用DH群体，对燕麦的株高、产量、脂肪含量、蛋白质含量等10个农艺性状进行QTL定位，分别发现1~8个与各个农艺性状相关的QTL位点，包括2个与产量相关的QTLs，4个与千粒重相关的QTLs，同时还发现2个与燕麦叶斑病相关的QTLs等。Nava et al.（2012）利用两个RIL群体对燕麦的花期进行QTL定位，分别发现7个和11个与花期相关的QTLs。Zhu和Kaeppler（2003）用152个F_6（Ogle×MAM17-5）群体对燕麦的大麦黄矮病进行QTL分析，发现了4个QTL位点与该性状有关，分别分布在1、4、7、24号连锁群上。McCartney et al.（2011）以F_7（CDC Sol-Fi×HiFi）群体对抗冠锈病基因Pc91进行定位并成功开发了5个与该基因紧密连锁的SCARs标记。宋高原等（2014）以六倍体裸燕麦578（大粒品种）和三分三（小粒品种）为亲本进行杂交，构建包含202个家系的F_2遗传作图群体，采用SSR标记构建出包含21个连锁群的遗传连锁图谱，由此定位了燕麦籽粒性状QTLs，共检测到17个控制籽粒长度、宽度、千粒重的QTL位点，其中有4个贡献率达到了10%以上，分别是与籽粒长有关的qGL-2（12.83%）、与籽粒宽有关的qGW-5（12.92%）以及与千粒重有关的qTGW-3（10.64%）和qTGW-4（10.05%），被认为是主效基因位点。

三、种质创新利用

很早以前，国际学者就强烈建议加强燕麦种质创新研究。燕麦育种者需要更多的创新材料，需要有助于选择的分子标记，需要有检索相关特性数据的信息系统。为了促进燕麦种质资源的创新利用，欧盟国家出资制定了燕麦遗传资源利用计划，他们组织种质库、燕麦科研和燕麦产业机构，共同进行燕麦种质创新和改良工作。在波兰，私人育种家与种质库合作，由育种机构资助种质库开展燕麦种质创新研究。此外，在澳大利亚有些私营部门也加入了种质库的燕麦种质创新研究。对于燕麦育种者，需要有明确的特性需求和育种目标。目前全球很多国家把燕麦抗病作为种质创新和育种目标，主要从野生资源中寻找抗源。如何使野生资源在燕麦种质创新和育种中发挥作用，一直是各国燕麦工作者探索的课题。考虑到目前各国的燕麦生产品种主要是六倍体燕麦，因此六倍体燕麦种质创新利用是各国研究的首要任务。随着燕麦的营养和保健价值在全球得到广泛认可，品质特性在燕麦种质创新利用中也越来越受到重视。

（一）野生抗病资源利用

不同倍性的野生种对病害的敏感度不同。二倍体种容易感冠锈病（*Puccinia coronata* f. sp. *avenae*），而有时却抗秆锈病（*Puccinia graminis* f. sp. *avenae*）和大麦黄矮病（BYDV）（Loskutov，2005）。野生种异颖燕麦（*A. pilosa*）、偏凸燕麦（*A. ventricosa*）、小硬毛燕麦（*A. hirtula*）等较抗白粉病，而威氏燕麦（*A. wiestii*）高抗叶锈病（Loskutov，2001）。四倍体野生种一般都抗冠锈病但不抗秆锈病，中抗大麦黄矮病，在西班牙、意大利、希腊、土耳其、以色列、叙利亚、伊朗、伊拉克、突尼斯、阿尔及利亚、埃塞俄比亚和摩洛哥收集的燕麦资源中均发现了备受关注的抗冠锈病材料（Loskutov，2005）。

野生种细燕麦（*A. barbata*）具有白粉病、秆锈病和冠锈病抗性（Loskutov，2001），而多年生异花授粉种大穗燕麦（*A. macrostachya*）抗寒及高抗秆锈病和冠锈病、BYDV和蚜虫（Leggett，2011）。利用现代育种技术已能成功克服杂交不融合问题，已有很多从野生种砂燕麦（*A. strigosa*）、小硬毛燕麦（*A. hirtula*）和细燕麦（*A. barbata*）向六倍体栽培种转抗病基因的例子（Loskutov，2001）。在野生种马罗卡燕麦（*A. maroccana*）中，发现了抗线虫和冠锈病基因；在野生种墨菲燕麦（*A. murphyi*）中发现了抗线虫基因。一些与栽培燕麦亲缘关系较远的野生种中，如细燕麦（*A. barbata*）、小硬毛燕麦（*A. hirtula*）、匍匐燕麦（*A. prostrata*）较抗白粉病，阿比西尼亚燕麦（*A. abyssinica*）、细燕麦（*A. barbata*）和砂燕麦（*A. strigosa*）抗锈病，细燕麦（*A. barbata*）、大穗燕麦（*A. macrostachya*）和砂燕麦（*A. strigosa*）抗大麦黄矮病。大穗燕麦（*A. macrostachya*）也可能是抗寒和多年生特性的基因来源（Jellen and Leggett，2006）。

（二）野生优质资源利用

大多数野生燕麦的蛋白质和脂肪含量比栽培种高，最引人注意的是从西班牙南部和摩洛哥采集到的野生种大燕麦（*A. magna*）和墨菲燕麦（*A. murphyi*），不但蛋白质含量高，而且千粒重也高（Loskutov，2005），更值得称赞的是种皮中蛋白质含量高达25%～30%，赖氨酸和脂肪含量也很高，已经有育种家对这些特殊材料进行驯化（Saidi and Ladizinsky，2005）。

野生种砂燕麦（*A. strigosa*）、大马士革燕麦（*A. damascena*）、普通野燕麦（*A. fatua*）、小硬毛燕麦（*A. hirtula*）的β-葡聚糖含量较高。长颖燕麦（*A. longiglumis*）、大西洋燕麦（*A. atlantica*）、大燕麦（*A. magna*）、墨菲燕麦（*A. murphyi*）、细燕麦（*A. barbata*）、野红燕麦（*A. sterilis*）及西方燕麦（*A. occidentalis*）的蛋白质含量较高（>19%），细燕麦（*A. barbata*）蛋白质中的赖氨酸含量较高（5.6%）。大部分来自以色列、摩洛哥和阿塞拜疆的野生种异颖燕麦（*A. pilosa*）、加拿大燕麦（*A. canariensis*）、墨菲燕麦（*A. murphyi*）、大燕麦（*A. magna*）、普通野燕麦（*A. fatua*）、南野燕麦（*A. ludoviciana*）和野红燕麦（*A. sterilis*）的脂肪含量达7%～10%，小硬毛燕麦（*A. hirtula*）、长颖燕麦（*A. longiglumis*）、威氏燕麦（*A. wiestii*）、细燕麦（*A. barbata*）、瓦维洛夫燕麦（*A. vaviloviana*）、大燕麦（*A. magna*）、普通野燕麦（*A. fatua*）、南野燕麦（*A. ludoviciana*）的不饱和脂肪酸含量均较高（油酸>46%）（Loskutov，2005）。六倍体野生种野红燕麦（*A. sterilis*）的一些特性在燕麦育种中非常重要，其籽粒大，蛋白质含量达25%，平衡的氨基酸组成，脂肪含量达10%，β-葡聚糖含量达6%，同时抗寒、抗锈病、抗白粉病、抗黑穗病及抗线虫，已经成功用于燕麦育种（Loskutov，2001）。种子千粒重较高的野生材料主要来自意大利撒丁岛（16.7～19.8g）、伊朗（6.9～27.3g）、意大利西西里岛（12.9～23.2g）、突尼斯（11.5～22.9g）和阿尔及利亚（11.2～26.2g）。

第四节 我国燕麦种质资源优势与重点研究任务

燕麦是我国传统的粮食作物，主要种植在大宗粮食作物不宜生长的干旱和半干旱地区以及高寒山区，对不良环境有较强的适应性，是中西部老少边贫地区主要粮食和经济作物。燕麦籽粒可以加工成燕麦片煮食，也可加工成面粉制作各种面食，是一种低糖、高能、高营养健康食品。

我国燕麦种质资源保护与研究取得了很大进展，目前收集保存了5 000多份种质资源，拥有丰富的物种和品种多样性。对主要农艺性状进行鉴定，发现燕麦种质资源特征特性不但有丰富的多样性，而且具有促进人类健康的营养和功能成分，可以满足不同需求。采用生物技术等手段，对燕麦种质资源基因型开展了评价研究，如采用分子标记分析了遗传多样性，探讨了种质资源材料之间的关系，进一步确认我国是裸燕麦起源中心。采用杂交群体，构建了我国首个燕麦遗传图谱，并定位与籽粒大小相关的QTL基因。通过核心种质构建研究，进一步浓缩了研究材料，为开展燕麦种质资源深度评价奠定了基础。通过种质创新研究，促进了燕麦种质资源在育种和相关领域的利用；通过对燕麦种质资源营养成分分析，促进了燕麦保健产品的研发，提升了燕麦种质资源的利用价值。

一、燕麦种质资源的发展优势

（一）重要的粮食来源，对保障国家粮食安全有重要作用

我国每年生产75万~80万t燕麦籽粒，其中大部分被用作当地人们的口粮。在我国内蒙古、山西、河北、甘肃、宁夏等省（区），当地农民一直把燕麦当作抗饥饿食物，莜面搓鱼、莜面馈垒、莜面窝窝等是农民田间劳作时的必备食物，能够有效延长田间劳作时间，对保障当地的粮食安全有重要意义。

（二）富含营养和功能成分，有利于人体健康

燕麦富含营养功能成分，长期食用有利于人类身体健康。燕麦蛋白质含量为15%~20%，脂肪含量为3%~6%，油酸与亚油酸比例接近1∶1，β-葡聚糖含量高达7.5%，微量元素含量也极其丰富，如钙和铁的含量都显著高于其他作物。因此，燕麦被广泛接受为健康食品，美国食品和药品管理局于1997年认定，燕麦β-葡聚糖成分具有降低胆固醇、防止心血管疾病的功能。我国卫生部也于1997年批准了第一个具有调节血脂和降脂功能的燕麦保健食品——"世壮"牌燕麦保健片。

（三）优质饲草饲料来源，对发展畜牧业有积极作用

燕麦茎叶和籽粒是家畜的优质饲草和饲料。燕麦茎叶柔软多汁，适口性好，蛋白质、脂肪、可消化纤维的含量均高于小麦、大麦、玉米等作物的秸秆，而粗纤维较少，是理想的饲草，尤其是在气候严酷、暖季短暂、冷季漫长的高寒牧区，对解决饲草不足、保护当地脆弱的草地资源有重要作用。燕麦籽粒可用作种畜和幼畜的补充饲料，因其较高的营养价值，一直是赛马和战马的主要饲料来源。

（四）具有极强的适应性，有利于农业绿色发展

燕麦具有较强的抗逆性，可以在玉米、小麦等作物不能生长的沙化地和盐碱地种植，并起到固沙、吸收盐碱、改良土壤的作用。由于燕麦生产过程中基本不使用化肥和农药，因此对环境不产生任何危害，有利于农业绿色发展。

二、燕麦种质资源的发展机遇和需求

（一）发展机遇

1. 粮食安全战略

国家一直非常重视粮食安全问题，习近平总书记强调，保障国家粮食安全，任何时候这根弦都不能松，中国人的饭碗任何时候都要牢牢端在自己手上，我们的饭碗应该主要装中国粮。燕麦是我国传统作物，也是河北坝上地区、西北、西南地区人民的传统食品，年种植面积为60万~70万hm^2，总产为75万~80万t，对当地粮食供给有一定的补充作用。燕麦种质资源是支撑燕麦育种和生产的核心资源，保护和利用好燕麦种质资源，对保障燕麦种业健康发展，实现粮食安全有重要的支撑作用。

2. 国民营养计划

随着我国经济的发展，人民对膳食的要求由"吃得饱"逐渐向"吃得好"转变，国务院发布了《国民营养计划2017—2030年》，旨在提升全民营养健康水平。发展食物营养健康产业是改善国民营养和健康最重要的举措，燕麦是公认的健康食品，富含各种营养和功能成分，有助于提升食品的质量和营养水平。通过利用我国特有燕麦种质资源，开发各种特色和健康食品，为有效保护和利用我国特有燕麦种质资源及弘扬传统营养膳食理念提供了机会。

3. 绿色发展和乡村振兴战略

农业绿色发展的重要举措就是利用环境友好型作物进行农业生产，减少农药、化肥的使用量，保护环境，这就要求作物品种具有抗病、抗逆能力。燕麦是典型的环境友好型作物，抗病虫、抗逆性都较强，是发展绿色农业的必然选择。因此，燕麦种质资源保护与利用研究非常重要，能够为培育满足农业绿色发展需求的品种提供强有力的支撑，并能够在发展特色产业、乡村振兴中发挥重要作用。事实也证明，利用燕麦特色资源开发的健康产品很受市场欢迎，已经成为燕麦种植户的增收来源。

（二）需求潜力

1. 消费潜力

近年来，我国燕麦消费量一直在增长，年消费量为70万~80万t，其中农民自产自用消费35万~40万t，占1/2左右，其余则通过市场由城市人群消费。如果城市人口按7亿人计算，人均年消费燕麦只有0.5~0.6kg。随着生活水平的提高，人们越来越注重健康，燕麦因其营养和健康功能，食用的人会越来越多，因此国内燕麦消费潜力巨大。只要加大科普宣传力度，让更多的人了解食用燕麦的好处，市场需求将不断扩大。此外，燕麦草市场需求旺盛，全国适合种植燕麦草的土地资源丰富，为燕麦生产发展提供了更多机会。

我国燕麦加工业发展迅速，产品种类不断增加，特别是深加工产品，例如燕麦酒类、燕麦化妆品等，延伸了燕麦产业链条，也将带动农民种植更多燕麦。我国燕麦传统饮食业蒸蒸日上，以燕麦为主要原料的饮食店在迅速发展，例如西贝莜面连锁店遍布全国各地，既促进了燕麦消费，带动燕麦生产，同时也宣扬了燕麦传统文化。

2. 国外进口

近年来，国内市场的燕麦销量持续看涨，国内燕麦产量已经不能满足加工和市场需求，进口数量在不断增长，目前每年燕麦进口量5万～6万t，主要来自澳大利亚。进口国外燕麦的公司主要是一些大型食品加工企业和沿海地区企业，包括桂林西麦食品有限公司、东莞市日隆食品有限公司、恩氏食品（深圳）有限公司、上海百事可乐饮料有限公司（佳格燕麦）等。国外进口的燕麦是皮燕麦，价格低，一般约为2 000元/t，脱壳后成本增加20%～30%，总体与国内裸燕麦价格相当，但皮燕麦脱壳后籽粒外观质量优，加工品质好，所以一些大型加工企业愿意购置脱壳设备，进口国外皮燕麦进行加工。此外，一些公司还从国际市场直接进口燕麦片，在国内分装、销售，来源包括欧洲、美洲、大洋洲的一些国家。大量进口国外燕麦及其产品，对国内市场冲击较大，影响了国产燕麦原料及产品的价格，从而影响了农民种植燕麦的积极性。

三、燕麦种质资源保护与研究存在的问题

（一）种质资源多样性不够丰富

我国收集保存的燕麦种质资源只有5 000多份，而加拿大、美国、俄罗斯等保存的燕麦种质资源均在1万份以上，由此可见，我国保存燕麦资源数目上明显不足。在物种多样性方面，我国尽管已经引进了绝大部分物种，但各个物种的居群少，代表性和完整性不强。燕麦是我国的传统作物，主要在干旱和偏远地区种植，地方品种多，具有品质优异、抗逆性强、适应性强等特点，而且有些地方一直在种植地方品种。尽管通过三次全国农作物种质资源普查使大部分燕麦地方品种得到了收集和保护，但因育成品种的推广，很多地方品种被淘汰，特别是裸燕麦地方品种，是我国独有的燕麦种质资源类型，需要更加全面地考察收集。

（二）可利用的优异资源材料不足

从现有燕麦种质资源中鉴定和挖掘各种优异特征特性如高产、优质、抗病、抗逆等种质，是提高种质资源利用效率和价值的有效途径，受经费、人员不足等因素影响，我国目前仅对保存的燕麦种质资源进行了一般农艺性状鉴定，对有些重要的农艺性状如高产、优质、抗病、抗逆等缺乏深入鉴定和研究，导致燕麦育种的目标亲本、

抗源材料缺乏，也影响相关燕麦产品的研发。与此同时，还应根据燕麦产业发展的新特点和新要求，有针对性地开展燕麦种质资源的评价工作，以便为燕麦育种和相关产业开发提供所需要的种质材料。

（三）种质创新利用有待加强

种质创新不仅是燕麦种质资源工作的组成部分，也是燕麦育种工作的重要组成部分。尽管在燕麦种质创新方面做了大量工作，促进了我国的燕麦育种工作，但仍然存在很多不足，特别是燕麦野生种在创新中的利用不足。中国已经引进和保存20多个燕麦野生种，这些野生材料中具有各种各样的优良特性，如普通野燕麦（*A. fatua*）的强适应性、四倍体种的高蛋白质含量等，可以通过种质创新工作导入新种质，为育种提供亲本材料。

（四）种质资源研究能力薄弱

目前，国家有关燕麦种质资源保护与研究的项目非常少，仅在国家燕麦荞麦产业技术体系中设有燕麦荞麦种质资源岗位，国家其他相关研究计划均不包括燕麦种质资源研究内容，导致从事燕麦种质资源保护和研究的科研人员数目非常有限，更缺少年轻科研人员，多数从事燕麦种质资源工作的科研人员也是身兼数职，没有形成有效的燕麦种质资源研究平台和队伍，导致燕麦种质资源保护和研究能力不足。

四、燕麦种质资源保护与研究发展目标和重点任务

（一）发展目标

针对燕麦种质资源保护和利用中存在的各种问题，充分利用国家在粮食安全、营养计划和绿色发展方面的机会和机遇，通过组织实施有关燕麦种质资源保护与研究系列项目，进一步丰富燕麦多样性，强化我国燕麦种质资源的优势地位；深入挖掘燕麦各种优异特性，提升燕麦种质的利用价值；促进种质资源创新利用，改善人类营养与健康；加强研究队伍建设，提升燕麦种质资源保护和研究能力和水平，完善我国燕麦种质资源保护和研究体系，为燕麦产业可持续发展提供保障。

（二）重点任务

1.加强燕麦种质资源收集保护

燕麦资源收集保护是一项长期性的任务，通过普查、专项考察、合作引进等途径，收集和保护各类燕麦种质资源材料。在国内，应进一步加强燕麦地方品种的考察收集，特别是裸燕麦地方品种，是我国特有种质资源，针对内蒙古、河北、山西、甘

肃、宁夏以及云南的燕麦产区，深入农户调查，广泛收集现有地方品种。与此同时，收集和保护我国分布的燕麦野生种资源，以及可能存在的新的燕麦物种。在国际方面，应加强燕麦种质资源领域的合作，通过联合鉴定研究等方式引进国外燕麦种质资源，特别是有针对性地引进四倍体燕麦野生居群，进一步丰富野生燕麦遗传多样性。研究和探索农民参与的地方品种农家保护方式，促进燕麦种质资源在利用中得到保护。

2. 加强燕麦种质资源深度鉴定评价

从燕麦种质资源中发掘出优异特性及其基因，是提高我国燕麦种质资源研究原始创新和高效利用的必然选择。针对燕麦生产和产业开发中存在的问题，以实际需求为导向，加强燕麦种质资源的精准鉴定，采用表型与基因型相结合的鉴定技术，深度发掘和创制一批在高产、优质、抗病、抗逆等方面有育种利用价值和可直接产业化应用的优异种质材料，为发展燕麦种业、促进燕麦生产和产业提质增效提供支撑。通过科企合作、农户参与、田间展示等途径，促进优异种质资源在研究、育种和生产中的利用。通过上述研究任务的实施，挖掘出一批优异燕麦种质资源，并在育种和生产中得到有效利用。

3. 促进种质资源创新利用

燕麦种质创新是促进燕麦育种的重要前提条件。燕麦育种家需要更丰富的遗传多样性及高产、优质、抗病虫、抗逆和高效资源，以培育适合不同环境和产业发展需求的新品种。通过远缘杂交、聚合杂交、诱变等途径，把野生燕麦资源中的优良特性如高蛋白质含量、高β-葡聚糖含量等转移到栽培材料中，并利用回交改良、标记选择等技术进行快速优化与纯合，创制一批具有优异性和前瞻性的种质材料，以提高燕麦育种效率。通过上述研究任务的实施，建立针对不同育种目标的新型燕麦种质创新技术体系，创制出一批具有自主知识产权的优异亲本材料，有效满足燕麦育种和种业发展需求。

4. 加强种质资源研究队伍和平台建设

国家应重视燕麦种质资源保护与研究工作，加大对燕麦种质资源保护与研究工作的投入，把燕麦种质资源保护与研究纳入相关重点研发计划，给予相应支持。相关单位应支持组建燕麦种质资源创新团队，鼓励年轻科学家从事燕麦种质资源工作，建立燕麦种质资源研究平台，包括表型和基因型鉴定评价设施平台，提升燕麦种质资源保护与研究能力和水平。

参考文献

洪昭光，2010. 燕麦降脂研究. 北京：中国农业科学技术出版社.

胡新中，李小平，2013. 燕麦荞麦产品加工现状与思考. 农产品加工业，539（12）：24-27.

金涛，关卫星，彭君，等，2011. 燕麦在西藏农牧业发展中的作用. 西藏农业科技，33（3）：1-3.

林汝法，柴岩，廖琴，等，2002. 中国小杂粮，北京：中国农业科学技术出版社.

任长忠，胡跃高，2013. 中国燕麦学. 北京：中国农业出版社.

宋高原，霍朋杰，吴斌，等，2014. 裸燕麦籽粒性状的QTL分析. 植物遗传资源学报，15（5）：1034-1039.

吴志，2020. 饲用燕麦的营养价值及利用探析. 现代农业科技（12）：223-225.

相怀军，2010. 燕麦种质遗传多样性及坚黑穗病抗性QTL定位. 北京：中国农业科学院.

郑殿升，张宗文，2017. 中国燕麦种质资源国外引种与利用. 植物遗传资源学报，18（6）：1001-1005.

郑殿升，2010. 中国燕麦的多样性. 植物遗传资源学报，11（3）：249-252.

ACHLEITNER A, TINKER N A, ZECHNER E, et al., 2008. Genetic diversity among oat varieties of worldwide origin and associations of AFLP markers with quantitative traits. Theoretical and Applied Genetics, 117（7）：1041-1053.

DIEDERICHSEN A, 2008. Assessments of genetic diversity within a world collection of cultivated hexaploid oat（*Avena sativa* L.）based on qualitative morphological characters. Genetic Resources and Crop Evolution, 55：419-440.

FAO, 2010. The second report on the state of the world's plant genetic resources for food and agriculture. Rome：FAO.

FAO, 2021. Cultivation area, yield and production of oats. http://www.fao.org/faostat/en/#data/QC.

GOFFREDA J C, BURNQUIST W B, BEER S C, et al., 1992. Application of molecular markers to assess genetic relationships among accessions of wild oat, *Avena sterilis*. Theoretical and Applied Genetics, 85（2）：146-151.

GROH S, ZACHARIAS A, KIANIAN S F, et al., 2001. Comparative AFLP mapping in two hexaploid oat populations. Theoretical and Applied Genetics, 102（6）：876-884.

JELLEN E N, LEGGETT J M, 2006. Cytogenetic manipulation in oat improvement // SINGH R J, JAUHAR P P. Genetic resources, chromosome engineering, and crop improvement. Boca Raton, USA：CRC Press.

KOEYER D L, TINKER N A, WIGHT C P, et al., 2004. A molecular linkage map with associated QTLs from a hulless × covered spring oat population. Theoretical and Applied Genetics, 108（7）: 1285-1298.

LEGGETT J M, 2011. Further hybrids involving the perennial autotetraploid oat *Avena macrostachya*. Genome, 35（2）: 273-275.

LOSKUTOV I, 2001. Interspecific crosses in the genus *Avena* L. Russian Journal of Genetics, 37（5）: 467-475.

LOSKUTOV I G, 2005. Classification and diversity of the genus *Avena* L. // LIPMAN E, MAGGIONI L, KNÜPFFER H, et al. Cereal genetic resources in Europe. Rome: International Plant Genetic Resources Institute.

MCCARTNEY C, STONEHOUSE R, ROSSNAGEL B, et al., 2011. Mapping of the oat crown rust resistance gene *Pc91*. Theoretical and Applied Genetics, 122（2）: 317-325.

MILACH S C K, RINES H W, PHILLIPS R L, 1997. Molecular genetic mapping of dwarfing genes in oat. Theoretical and Applied Genetics, 95（5）: 783-790.

NAVA I C, WIGHT C P, PACHECO M T, et al., 2012. Tagging and mapping candidate loci for vernalization and flower initiation in hexaploid oat. Molecular Breeding, 30（3）: 1295-1312.

OTHMAN R A, MOGHADASIAN M H, JONES P J. 2011. Cholesterol-lowering effects of oat β-glucan. Nutrition Reviews, 69（6）: 299-309.

O'DONOUGHUE L S, RAYAPATI P J, KIANIAN S F, et al., 1994. Development of RFLP-based linkage maps in diploid and hexaploid oat (*Avena* spp.) //PHILLIPS R L, VASIL I K. DNA-based markers in plants. Berlin: Springer Netherlands.

SAIDI N, LADIZINSKY G, 2005. Distribution and ecology of the wild tetraploid oat species *Avena magna* and *A. murphyi* in Morocco//LIPMAN E, MAGGIONI L, KNÜPFFER H, et al. Cereal genetic resources in Europe. Rome: International Plant Genetic Resources Institute.

SOUZA E J, SORRELLS M E, 1991. Relationships among 70 North Amerian oat germplasms: Ⅱ. cluster analysis using qualitative characters. Crop Science, 31（3）: 605-612.

TANHUANPÄ P, MANNINEN O, KIVIHARJU E. 2010. QTLs for important breeding characteristics in the doubled haploid oat progeny. Genome, 53（6）: 482-493.

ZHU S, KAEPPLER H F. 2003. A genetic linkage map for hexaploid, cultivated oat (*Avena sativa* L.) based on an intraspecific cross 'Ogle/MAM17-5'. Theoretical and Applied Genetics, 107（1）: 26-35.

第二章　燕麦起源、分类与演化

燕麦起源、分类和演化是燕麦多样性产生和发展的过程。由于燕麦是一个古老作物，起源和演化过程非常漫长，栽培种和野生种众多，分布世界各地，进化关系极其复杂。本章将系统总结和阐述燕麦起源、分类和演化研究进展，为燕麦种质资源保护和利用研究奠定基础。

第一节　燕麦起源

燕麦的起源是指栽培燕麦何时、何地由野生燕麦驯化而来。如今燕麦的栽培物种有5个，即普通栽培燕麦（*A. sativa* L.）、地中海燕麦（*A. byzantina* Koch）、阿比西尼亚燕麦（*A. abyssinica* Hochst.）、砂燕麦（*A. strigosa* Schreb.）和大粒裸燕麦（*A. nuda* L.），其中砂燕麦是二倍体种，阿比西尼亚燕麦是四倍体种，地中海燕麦、普通栽培燕麦和大粒裸燕麦为六倍体种。世界上主要种植普通栽培燕麦和大粒裸燕麦，前者的籽粒带皮，主要在国外种植；而后者籽粒不带皮，主要在中国种植。

普通栽培燕麦（*A. sativa* L.）存在的考古证据是在欧洲西北部发现的，包括荷兰、德国和丹麦，可以追溯至公元前2000至公元前1000年，砂燕麦（*A. strigosa* Schreb.）籽粒也出现在欧洲的青铜器时代。

很多学者认为，燕麦起源地为地中海沿岸，那里的野生种分布最为集中，但也存在不同见解，瓦维洛夫在论述初生起源作物和次生起源作物中说，不同的燕麦种有不同的染色体数目，有各自的发源地。燕麦的传播与二粒小麦及大麦的单独地理类群有关。随着古代二粒小麦栽培向北推移，混杂在二粒小麦中的燕麦形成了独立的作物。

大粒裸燕麦即莜麦（*A. nuda* L.）起源于中国，研究表明，山西和内蒙古交界一带是裸燕麦多样性中心。

第二节　燕麦分类

燕麦的分类是指燕麦属内各个物种的鉴别和确立。燕麦属（*Avena* L.）是由植物分类学家林奈于1753年命名的。关于燕麦属内种的分类研究，由于分类的依据和标准有异，导致形成了不同的分类体系。

一、物种分类历史

形态学分类体系是最基本的分类体系，依据的是燕麦植物形态特征，主要是穗部性状，如颖壳是否紧包籽粒，上部籽粒是否固着在小穗轴上，外稃有无齿，外稃的形状、有无毛、颜色、长度，小穗轴有无毛、是否弯曲，小穗含小花数等。早期Linneaus（1753；1762）按形态学特征命名了4个种即普通栽培燕麦（*A. sativa*）、普通野燕麦（*A. fatua*）、野红燕麦（*A. sterilis*）和裸燕麦（*A. nuda*）。Malzew（1930）把燕麦属分为两个组，即燕麦草组（*Avenastrum*）和真燕麦组（*Euavena*）。其中*Avenastrum*组只包含唯一多年生燕麦种大穗燕麦（*A. macrostachya*），而*Euavena*组包含所有一年生燕麦属物种。在*Euavena*组内，又分为具小芒亚组（*Aristulatae*）和具细齿亚组（*Denticulatae*）两个亚组，亚组内又分为不同的系。Malzew的分类系统建立在形态学特征基础上，为进一步研究燕麦属物种分类奠定了基础。

燕麦细胞染色体倍性水平也是物种分类的重要依据，燕麦细胞染色体的基数$x=7$，体细胞的染色体数分别为$2n=14$、$2n=28$和$2n=42$，相应为二倍体、四倍体和六倍体燕麦。根据染色体倍性将燕麦分成物种群和若干个物种。依据细胞学对燕麦进行分类的主要科学家是日本的木原均，他对当时收集的10个种进行了细胞学观察，发现各物种的染色体数目分别为$2n=14$、$2n=28$、$2n=42$，并以此为依据将10个物种分为3个物种群，即二倍体、四倍体和六倍体种群。近半个世纪以来，以燕麦的形态特征和染色体倍性水平相结合为依据，对燕麦进行分类的科学家有Rajhathy和Thomas（1974）、Rodionov et al.（2005）、Loskutov（2003；2008）等。

燕麦基因组类型及其组合也是物种分类的重要依据。根据对不同燕麦物种的基因组类型研究，二倍体基因组类型有Ac、Ad、Al、Ap、As、Cp、Cv 7种类型，可归为两个基本型，即A型和C型。四倍体物种基因组类型有AB、AC、CD 3种类型，主要由二倍体的A型和C型构成，但发现有两个现有二倍体种中没有B和D，可能来自尚未发现的二倍体种。六倍体物种的基因型仅有ACD，可以认为是由二倍体A型基因型和四倍体CD基因组构成。燕麦基因组类型分析为燕麦物种分类提供了有力证据。

通过杂交手段，进行形态分类种之间的杂交，根据杂交可育程度确定物种的基因源等级，由此可对形态分类种进行更加深入的分类，该分类方法也称生物学分类，是由Ladizinsky（2012）提出的，并据此将26个形态分类种划分13个种和13个亚种。

二、主要物种分类系统

（一）Baum分类系统

Baum（1977）对燕麦属物种的分类进行了系统研究，通过对各个物种的形态特征、染色体数和基因组类型进行多种方法的分析，提出了较为完整的燕麦属分类系统，包含27个种，归属于7个组。

1. 多年生燕麦组 *Avenotrichon*（Holub）Baum

大穗燕麦 *Avena macrostachya* Bal.

2. 偏凸燕麦组 *Ventricosa* Baum

不完全燕麦 *A. clauda* Dur.

绵毛燕麦 *A. eriantha* Dur.=异颖燕麦 *A. pilosa* M.B.

偏凸燕麦 *A. ventricosa* Bal.

3. 耕地燕麦组 *Agraria* Baum

短燕麦 *A. brevis* Roth

西班牙燕麦 *A. hispanica* Ard.

大粒裸燕麦 *A. nuda* L.

砂燕麦 *A. strigosa* Schreb.

4. 软果燕麦组 *Tenuicarpa* Baum

细燕麦 *A. barbata* Pott.

加拿大燕麦 *A. canariensis* Baum

大马士革燕麦 *A. damascena* Raj. et Baum

小硬毛燕麦 *A. hirtula* Lag.

长颖燕麦 *A. longiglumis* Dur.

卢斯塔尼燕麦 *A. lusitanica* Baum

A. matritensis Baum（后经鉴别该种与 *A. barbata* 是同一个种）

威氏燕麦 *A. wiestii* Steud.

5. 埃塞俄比亚燕麦组 *Ethiopica* Baum

阿比西尼亚燕麦 *A. abyssinica* Hochst.

瓦维洛夫燕麦 *A. vaviloviana* Mordv.

6. 厚果燕麦组 *Pachycarpa* Baum

马罗卡燕麦 *A. maroccana* Grand.

墨菲燕麦 *A. murphyi* Ladiz.

7. 真燕麦组 *Avena*

A. atherantha（后经鉴别该种与 *A. sterilis* 是同一个种）

普通野燕麦 *A. fatua* L.

A. hybrida Peterm.（后经鉴别该种与 *A. fatua* 是同一个种）

西方燕麦 *A. occidentalis* Dur.

普通栽培燕麦 *A. sativa* L.

野红燕麦 *A. sterilis* L.

A. trichophylla K. Koch（后经鉴别该种与 *A. sterilis* 是同一个种）

从上述分类中可以看出，*A. nuda* 被分到了耕地燕麦组（*Agraria* Baum），而该组主要是二倍体种，因此该 *A. nuda* 应该是二倍体小粒裸燕麦（*A. nudibrevis*），不是起源于中国的大粒裸燕麦（*A. nuda* L.），说明该分类研究的样本不全，没有包括来自我国的大粒裸燕麦。此外，Baum的燕麦分类系统中有几个物种被后来的分类学家更正或者放弃，如 *A. matritensis* Baum 和 *A. hybrida* Peterm.。

（二）Loskutov分类系统

Loskutov的分类体系较全面和实用，他首先将燕麦属分成多年生燕麦草组和一年生真燕麦组，在一年生真燕麦组内分成两个亚组，即具小芒亚组和具细齿亚组。进而在每个亚组内分出栽培种和野生种，并将野生种按小花断节和小穗断节分成两类。同时标出每个物种的染色体倍性水平和染色体符号。这个体系将燕麦一年生真燕麦组分为2个亚组、4个栽培种和21个野生种（小花断节的10个种、小穗断节的11个种）。Loskutov的燕麦分类体系见表2.1。

表2.1 Loskutov的燕麦属分类体系（Loskutov，2008）

亚组	种		栽培种	$2n$	基因组
	野生种				
	小花断节	小穗断节			
具小芒亚组（*Aristulatae* Malz.）	不完全燕麦（*A. clauda* Dur.）	异颖燕麦（*A. pilosa* M.B.）		14	Cp
	匍匐燕麦（*A. prostrata* Ladiz.）			14	Ap
	大马士革燕麦（*A. damascena* Raj. et Baum）			14	Ad
	长颖燕麦（*A. longiglumis* Dur.）			14	Al
	威氏燕麦（*A. wiestii* Steud.）	大西洋燕麦（*A. atlantica* Baum）	砂燕麦（*A. strigosa* Schreb.）	14	As

(续表)

亚组	种		栽培种	2n	基因组
	野生种				
	小花断节	小穗断节			
具小芒亚组 (*Aristulatae* Malz.)	小硬毛燕麦（*A. hirtula* Lag.）			14	As
	细燕麦（*A. barbata* Pott.）		阿比西尼亚燕麦（*A. abyssinica* Hochst.）	28	AB
	瓦维洛夫燕麦（*A. vaviloviana* Mordv.）			28	AB
具细齿亚组 (*Denticulatae* Malz.)		偏凸燕麦（*A. ventricosa* Bal.）		14	Cv
		布鲁斯燕麦（*A. bruhnsiana* Grun.）		14	Cv
		加拿大燕麦（*A. canariensis* Baum）		14	Ac
		阿加迪尔燕麦（*A. agadiriana* Baum et Fed.）		28	AB
		大燕麦（*A. magna* Mur. et Fed.）		28	AC
		墨菲燕麦（*A. murphyi* Ladiz.）		28	AC
		岛屿燕麦（*A. insularis* Ladiz.）		28	CD?
	普通野燕麦（*A. fatua* L.）	野红燕麦（*A. sterilis* L.）	地中海燕麦（*A. byzantina* Koch）	42	ACD
	西方燕麦（*A. occidentalis* Dur.）	南野燕麦（*A. ludoviciana* Dur.）	普通栽培燕麦（*A. sativa* L.）	42	ACD

Loskutov根据相关文献以及田间和室内试验结果，制定了燕麦属26个种的检索表。

燕麦属26个种的检索表（Loskutov，2003）

1. 多年生 ·················· 大穗燕麦（*A.macrostachya* Bal.）
   - 一年生 ·· 2
2. 外稃顶端具双芒 ··· 3
   外稃顶端具二齿状 ··· 14

3. 颖片很不一致，短颖片为长颖片的1/2 ……………………………………… 4
   颖片大小一致或基本一致 ……………………………………………… 5
4. 每朵小花成熟时均脱节 ……………………… 不完全燕麦（*A.clauda* Dur.）
   成熟时仅低位小花脱节 …………………………… 异颖燕麦（*A.pilosa* M.B.）
5. 每朵小花成熟时均脱节 ………………………………………………… 6
   成熟时仅低位小花脱节 ………………………………………………… 7
6. 胚胝体长10mm，颖片长40mm ……………… 长颖燕麦（*A.longiglumis* Dur.）
   - 颖片长10～20mm，胚胝体圆形或没有 ………………………………… 8
7. 胚胝体长，芒生长在颖片1/3处 ……………… 大西洋燕麦（*A.atlantica* Baum）
   - 芒生长在颖片的不同部位 ……………………………………………… 9
8. 每朵小花成熟时均脱节 ………………………………………………… 10
   - 穗不断落 ……………………………………………………………… 13
9. 小穗非常小12～15mm，茎匍匐 ………………… 匍匐燕麦（*A.prostrata* Ladiz.）
   - 小穗长20mm，茎直立 ………………… 大马士革燕麦（*A.damascena* Raj. et Baum）
10. 外稃顶端具双芒，颖片具9～10个脉 ……………… 细燕麦（*A.barbata* Pott.）
    - 外稃顶端具双芒，具1～2个齿或无，颖片具7～9个脉 ………………… 11
11. 外稃顶端具双芒，具1个齿，外稃顶端比颖片长，第一小花瘢痕窄且为椭圆形
    ………………………………………………… 小硬毛燕麦（*A.hirtula* Lag.）
    - 外稃顶端具双芒，具2个齿，外稃和颖片等长或近似等长；第一小花瘢痕椭圆形 ……………………………………………………………………… 12
12. 外稃顶端具双芒，长3～6mm ……………………… 威氏燕麦（*A.wiestii* Steud.）
    - 外稃顶端具双芒，长1mm ……………… 瓦维洛夫燕麦（*A.vaviloviana* Mordv.）
13. 外稃顶端具双芒，具1齿，穗直立或旗状 ……… 砂燕麦（*A.strigosa* Schreb.）
    - 外稃顶端具双芒，有2齿，穗下垂 ……………………………………………
    ………………………………………… 阿比西尼亚燕麦（*A.abyssinica* Hochst.）
14. 所有小花成熟时脱节 …………………………………………………… 15
    - 穗不断落 …………………………………………………………… 24
15. 每朵小花在成熟时脱落 ………………………………………………… 16
    仅最低位小花成熟时脱落 ……………………………………………… 17
16. 小穗具2～3朵小花，颖片长23～25mm ………… 普通野燕麦（*A.fatua* L.）
    - 小穗具3～4朵小花，颖片长16～20mm ……………………………………
    ………………………………………………… 西方燕麦（*A.occidentalis* Dur.）
17. 胚胝体长线状 ………………………………………………………… 18
    - 胚胝体椭圆形、卵圆形或圆形 ………………………………………… 19

18. 胖胚体长5mm，颖片长27～30mm ············· 偏凸燕麦（*A.ventricosa* Bal.）
    - 胖胚体长10mm，颖片长40mm ············ 布鲁斯燕麦（*A.bruhnsiana* Grun.）
19. 小穗非常小，颖片长15～20mm ·· 20
    - 小穗大，颖片长25～30mm ··· 21
20. 小穗小，具2～3朵小花，颖片长18～20mm ··
    ·· 加拿大燕麦（*A.canariensis* Baum）
    - 小穗非常小，具2朵小花，颖片长15～18mm ···
    ·· 阿加迪尔燕麦（*A.agadiriana* Baum et Fed.）
21. 小穗中等大小，有2朵或偶有3朵小花，颖片长25～30mm ································
    ·· 南野燕麦（*A.ludoviciana* Dur.）
    - 小穗大，具3～5朵小花 ··· 22
22. 小穗大，具3～4朵小花，外稃有大量茸毛 ···
    ·· 大燕麦（*A.magna* Mur. et Fed.）
    - 小穗"V"字形，有3～5朵小花，外稃有轻中度茸毛 ··
    ·· 野红燕麦（*A.sterilis* L.）
23. 芒着生点位于外稃1/4处，胖胚体为卵圆形 ······ 墨菲燕麦（*A.murphyi* Ladiz.）
    - 芒着生点低于外稃1/3处，胖胚体为椭圆形 ···
    ·· 岛屿燕麦（*A.insularis* Ladiz.）
24. 主要小花基部断裂面平直 ·············· 普通栽培燕麦（*A.sativa* L.）
    - 主要小花基部断裂面倾斜 ············· 地中海燕麦（*A.byzantina* Koch）

（三）Ladizinsky分类系统

在随后的研究中，Ladizinsky（2012）提出燕麦生物种的概念，认为能够相互杂交的一组个体统称为一个生物种，就是位于同一个基因源，据此Ladizinsky将燕麦属物种归为13个种和13个亚种（表2.2）。

表2.2　燕麦属的生物种及其亚种（Ladizinsky，2012）

种名	亚种名	染色体数/条
A. clauda	clauda	14
	eriantha	
A. ventricosa		14
A. longiglumis		14
A. prostrata		14
A. damascena		14
A. strigosa	strigosa	14

(续表)

种名	亚种名	染色体数/条
	wiestii	
	hirtula	
	atlantica	
A. barbata	barbata	28
	abyssinica	
	vaviloviana	
A. canariensis		14
A. agadiriana		28
A. insularis		28
A. murphyi		28
A. magna	magna	28
A. sativa	sativa	42
	sterilis	42
	fatua	42

根据各个燕麦生物种形态特征、生物学特性以及染色体数，Ladizinsky（2012）提出了如下燕麦物种检索表。

1. 颖片大小明显不等（2）

- 颖片大小相等或几乎相等。

2. 下颖片是上颖片的一半长度（3）

- 下颖片为上颖片的2/3~3/4，小穗底部的愈伤组织锋利凸起，长4~6mm，A. ventricosa。

3. 每朵小花在成熟时不断裂，A. clauda ssp. clauda

- 断裂只发生在较低的小花，A. clauda ssp. eriantha。

4. 外稃的尖端双节状（5）

- 外稃尖端双齿状（9）。

5. 圆锥花序多数为旗状，颖片25~40mm，单株小花秆节脱落，2~3mm锥形愈伤组织位于脱落部分的基部，外稃尖端芒8~12mm，A. longiglumis

- 愈伤组织不锋利凸起，颖片较短（6）。

6. 外稃的芒2~5mm，植株100~150cm，$2n=28$，A. barbata ssp. barbata

- 外稃无芒，小花不脱节，在埃塞俄比亚发现，ssp. vaviloviana

- 小花不脱节，发现于埃塞俄比亚，ssp. abyssinica

- 植株矮于80cm，$2n=14$（7）。

7. 产于西班牙东南部和摩洛哥，A. prostrata

- 发生在叙利亚和摩洛哥，*A. damascena*
- 外稃的芒5~12mm（8）。
8. 栽培类型，*A. strigosa* ssp. *strigosa*
- 荒漠和草原型，spp. *wiestii*
- 地中海型，植株高80~100cm，spp. *hirtula*
- 脱节只发生在较低的小花，发现于摩洛哥，ssp. *atlantica*。
9. 小穗较小，1~1.5cm，已知来自加那利群岛，2n=14，*A. canariensis*
- 小穗大小相似，产于摩洛哥西南部沿海地区，2n=28，*A. agadiriana*
- 小穗较大（10）。
10. 外稃的芒生长在最低1/4处，2n=28，*A. murphyi*。芒长在外稃较低的1/3~1/2（11）。
11. 小穗生有相当多的毛，两个较低小花的外稃在上半部分彼此接近并且几乎平行，*A. magna*
- 两个较低的小花的外稃在顶端形成"V"形小穗，彼此较远（12）。
12. 断节痕呈椭圆形、矩形，其长度约为宽度的2倍，2n=28，*A. insularis*
- 断节痕呈椭圆形或卵形，2n=42，*A. sativa*
- 只有较低的小花脱落，ssp. *sterilis*
- 每朵小花都脱落，ssp. *fatua*
- 驯化类型，ssp. *sativa*。

（四）郑殿升归纳的分类系统

郑殿升（2010）根据前述所有分类体系和见解，以及多年对燕麦物种的收集和研究，归纳出一个33个燕麦种的分类表（表2.3），先按染色体倍性水平归并为二倍体、四倍体和六倍体3个种群，而后在各种群内将具有相同基因组的野生种和栽培种平行列出。从表2.3可以清楚地看出，按染色体倍性水平划分，有二倍体种17个，四倍体种9个，六倍体种7个；按栽培种和野生种划分，栽培种5个，野生种28个（其中多年生种1个）；具有相同染色体组的各个种亦一目了然。

表2.3 燕麦属物种分类（郑殿升，2010）

染色体倍性水平	基因组	野生种	栽培种
AsAs	AcAc	加拿大燕麦（*A. canariensis* Baum）	
	AdAd	大马士革燕麦（*A. damascena* Raj. et Baum）	
	AlAl	长颖燕麦（*A. longiglumis* Dur.）	
	ApAp	匍匐燕麦（*A. prostrata* Ladiz.）	
	AsAs	威氏燕麦（沙漠燕麦）（*A. wiestii* Steud.）	砂燕麦（*A. strigosa* Schreb.）

（续表）

染色体倍性水平	基因组	野生种	栽培种
二倍体2n=14	AsAs	小硬毛燕麦（A. hirtula Lag.）	
		大西洋燕麦（A. atlantica Baum）	
	AA	细燕麦（A. barbata Pott.）	
	AA	短燕麦（A. brevis Roth）	
	AA	西班牙燕麦（A. hispanica Ard.）	
	AA	卢斯塔尼燕麦（A. lusitanica Baum）	
	CpCp	不完全燕麦（A. clauda Dur.）	
		异颖燕麦（A. pilosa M.B.）	
	CvCv	布鲁斯燕麦（A. bruhnsiana Grun.）	
		偏凸燕麦（A. ventricosa Bal.）	
		小粒裸燕麦（A. nudibrevis Roth）	
四倍体2n=28	AAAA或CCCC	大穗燕麦（A. macrostachya Bal.）	
	AABB	阿加迪尔燕麦（A. agadiriana Baum et Fed.）	
		细燕麦（A. barbata Pott.）	阿比西尼亚燕麦（A. abyssinica Hochst.）
		瓦维洛夫燕麦（A. vavilovia Mordv.）	
	AACC	大燕麦（A. magna Mur. et Fed.）	
		墨菲燕麦（A. murphyi Ladiz.）	
		马罗卡燕麦（A. macroccana Gand.）	
	CCDD	岛屿燕麦（A. insularis Ladiz.）	
六倍体2n=42	AACCDD	普通野燕麦（A. fatua L.）	地中海燕麦（A. byzantina Koch）
		西方燕麦（A. occidentalis Dur.）	
		野红燕麦（A. sterilis L.）	普通栽培燕麦（A. sativa L.）
		南野燕麦（A. ludoviciana Dur.）	大粒裸燕麦（A. nuda L.）

注：大穗燕麦（A. macrostachya Bal.）是多年生野生种。

三、燕麦主要野生种描述

燕麦野生种极其丰富，在全球广泛分布。基于Baum（1977）、Loskutov（2008）、Ladizinsky（2012）、郑殿升（2010）和其他学者对不同燕麦种的描述，简述燕麦野生种的主要形态特征和分布范围如下。

大西洋燕麦（*A. atlantica* Baum） 二倍体，一年生野生型，株高40～120cm。

圆锥花序，小穗长14～20mm，每个穗有2～3朵小花，颖片大小一致或基本一致，具双芒，长5～6mm，只有较低的小花在成熟时脱落。主要分布于地中海和北非地区，特别是摩洛哥西南部。

短燕麦（*A. brevis* Roth） 二倍体，一年生野生型，植物矮小，株高40～70cm。花序呈旗状，小穗短，为10～15mm，无芒。每个小穗有2～3朵小花或有时只有1朵小花，颖片长度几乎等长，长为10～16mm，小花在成熟时不脱落。主要分布于地中海沿岸国家、欧洲的葡萄牙和英国、北非和西亚国家、美洲国家以及澳大利亚。

加拿大燕麦（*A. canariensis* Baum） 二倍体，一年生野生型，株高10～80cm。穗周散形，颖片等长或接近，芒长12～16mm，芒从外稃的中间伸出。小穗较短，每个小穗有2～3朵小花，颖片长15～17mm，仅最低位小花成熟时脱落。主要分布于西班牙的加那利群岛、兰萨罗特岛以及地中海和北非地区。

不完全燕麦（*A. clauda* Dur.） 二倍体，一年生野生型，幼苗匍匐，后期直立，株高20～70cm。花序略显旗状，小穗长20～28mm，无芒。每个小穗有2～6朵小花，颖片长度不等，所有小花在成熟时均脱落。主要分布于地中海、北非、西亚、中亚和欧洲地区。

大马士革燕麦（*A. damascena* Raj.et Baum） 二倍体，一年生野生型，植株相对较矮，株高20～90cm。圆锥花序，小穗长20～26mm。每个小穗有2～3朵小花，颖片等长或几乎等长，长21～26mm，所有小花在成熟时均脱落。主要分布于地中海、北非和西亚地区以及利比亚和摩洛哥。

绵毛燕麦（*A. eriantha* Dur.） 异颖燕麦（*A. pilosa* M.B.）同名，二倍体，一年生野生型，植株较矮，株高20～80cm。花序略显旗状，小穗短，为18～21mm。每个小穗有2～3朵小花，第3朵通常无芒，颖片不等长，上颖长20～30mm，只有最下面的小花成熟时脱落。主要分布于欧洲、亚洲中部以及北非的阿尔及利亚。

小硬毛燕麦（*A. hirtula* Lag.） 二倍体，一年生野生型，植株较矮，株高10～50cm。圆锥花序，小穗短，为15～17mm，无芒。每个小穗有2～3朵小花，颖片长度相等或几乎相等，长约15mm，所有小花在成熟时均脱落。主要分布于地中海、北非、西亚和欧洲地区。

西班牙燕麦（*A. hispanica* Ard.） 二倍体，一年生野生型，植株较高，株高70～110cm。圆锥花序，小穗较短，为13～24mm，无芒。每个小穗有2朵小花，颖几乎相等，长12～20mm，所有小花在成熟时都不脱落。主要分布于地中海、欧洲和美洲。

长颖燕麦（*A. longiglumis* Dur.） 二倍体，一年生野生型，株高40～180cm。穗旗形，每个小穗有2～3朵小花，外稃顶端具双芒，颖片大小一致或基本一致，芒较长，为5～10mm，所有小花在成熟时均脱落。主要分布于地中海、北非和西亚地区，特别是以色列和摩洛哥。

卢斯塔尼燕麦（*A. lusitanica* Baum） 二倍体，一年生野生型，植株匍匐。圆锥花序稍显旗状，小穗长18～33mm，无芒。每个小穗有2～3朵小花，颖片几乎等长，长17～30mm，所有小花在成熟时均脱落。主要分布于地中海、北非、西亚和欧洲。

匍匐燕麦（*A. prostrata* Ladiz.） 二倍体，一年生野生型，植株矮小到中等，株高20～80cm。花序紧密，小穗长13～30mm，无芒。每小穗有2～3朵小花，颖片等长或几乎等长，所有小花成熟时均脱落。主要分布于地中海和北非地区以及西班牙东南部和摩洛哥的一些地区。

偏凸燕麦（*A. ventricosa* Bal.） 二倍体，一年生野生型，株高较矮，株高25～70cm。花序旗状或接近旗状，小穗较短，为18～21mm，无芒。每个小穗有2朵小花，颖片略不等长，为25～40mm，只有最下面的小花成熟时脱落。主要分布于地中海、北非、西亚、中亚和欧洲。

威氏燕麦（*A. wiestii* Steud.） 二倍体，一年生野生型，株高40～120cm。圆锥花序，小穗长16～30mm，无芒。每个小穗有2朵小花，颖片长度相等或稍不相等，长15～30mm，所有小花在成熟时均脱落。主要分布于地中海、北非、西亚和欧洲。

阿加迪尔燕麦（*A. agadiriana* Baum et Fed.） 四倍体，一年生野生型，植株属于中短型，株高30～150cm。穗伞形，小穗长10～18mm，无芒。每个小穗有2朵小花，只有最下面的小花成熟时脱落。主要分布于地中海和北非地区，特别是摩洛哥西南部。

细燕麦（*A. barbata* Pott.） 四倍体，一年生野生型，植株属于中高型，株高80～180cm。花序较松散，芒较短，小穗长2～2.5cm。每个小穗有2～3朵小花，颖片等长或相近，所有小花成熟时均脱落。主要分布于俄罗斯南部、印度的西北部及非洲南部（中国植物志）。

岛屿燕麦（*A. insularis* Ladiz.） 四倍体，一年生野生型，植株小到中等型，株高40～90cm。穗伞形，小穗长18～25mm，无芒。每个小穗有2～3朵小花，只有最下面的小花成熟时脱落。主要分布于地中海和北非地区以及西西里岛和突尼斯。

马罗卡燕麦（*A. maroccana* Gand.） 四倍体，一年生野生型，株高50～100cm。伞状花序，小穗长20～30mm，无芒。每个小穗有2～3朵小花，颖片几乎等长，长3～4cm，只有最下面的小花成熟时脱落。主要分布于北非地区。

大穗燕麦（*A. macrostachya* Bal.） 四倍体，多年生野生型；株高40～100cm。花序呈轻微侧散旗状，小穗长20～30mm，无芒。每个小穗有3～6朵小花，颖片不等长，下颖长度大约是上颖长度的一半，所有小花在成熟时均脱落。主要分布于北非的阿尔及利亚东北地区。

大燕麦（*A. magna* Mur.et Fed.） 四倍体，一年生野生型，植株中高，株高60～120cm。花序伞形，小穗长20～30mm，无芒，每个小穗有2～4朵小花，颖片等长或近似，只有最下面的小花成熟时脱落。主要分布于地中海和北非地区，特别是摩洛哥。

墨菲燕麦（*A. murphyi* Ladiz.） 四倍体，一年生野生型，植株中高，株高60～100cm。小穗伞形，稍有下垂，小穗长20～30mm，无芒。每个小穗有2～4朵小花，颖片等长或相近，只有最下面的小花成熟时脱落。主要分布于地中海和北非地区，特别是西班牙南部和摩洛哥北部。

瓦维洛夫燕麦（*A. vaviloviana* Mordv.） 四倍体，一年生野生型，植株较矮，株高40～95cm。花序伞形，小穗短，仅16～21mm，无芒。每个小穗有2～3朵小花，颖片几乎等长，长20～25mm，所有小花在成熟时均脱落。主要分布于非洲埃塞俄比亚及西亚的沙特阿拉伯半岛。

普通野燕麦（*A. fatua* L.） 六倍体，一年生野生型，植株较高，株高80～160cm。花序伞状，小穗短，为15～22mm，无芒。每个小穗有2～3朵小花，颖片几乎等长，长18～25mm，所有小花在成熟时均脱落。主要分布于欧洲和亚洲的北部和东部以及地中海、非洲、澳大利亚和美洲地区。

南野燕麦（*A. ludoviciana* Dur.） 六倍体，一年生野生型，株高30～120cm。花序是松散的伞状花序，小穗长20～30mm。每个小穗有2～5朵小花，具有非常相似的上下颖片，第1～2朵小花上有芒，所有小花成熟时均脱落。主要分布于南亚地区的印度、巴基斯坦等国家。

西方燕麦（*A. occidentalis* Dur.） 六倍体，一年生野生型，植株较矮，株高50～80cm。花序略显旗状或偏向一侧，小穗长20～30mm，无芒。每个小穗有3～4朵小花，颖片等长或接近，长30～35mm，所有小花在成熟时均脱落。主要分布于西班牙、埃塞俄比亚。

野红燕麦（*A. sterilis* L.） 六倍体，一年生野生种，株高50～140cm。周散状穗，小穗较大，长15～40mm。每个小穗有2～5朵小花，颖片长30～40mm，只有最下面的小花成熟时脱落。主要分布于地中海、非洲、亚洲、欧洲、澳大利亚和美洲地区（石磊和刘青，2015）。

第三节 燕麦物种形成与演化

燕麦物种形成与演化是指不同燕麦种或类型的形成与进化过程及其相互关系，不同燕麦种的基因组构成是燕麦物种演化的有力证据。自20世纪90年代以来，俄罗斯专家对燕麦分类和起源演化进行深入研究，在进行系统分类的基础上（Loskutov，1998；2003），对燕麦属染色体组演化进行了比较深入的研究（Loskutov，2008）。

一、燕麦基因组与物种形成

研究表明，燕麦属包括二倍体、四倍体和六倍体种，含有4个基因组，即A、B、C和D基因组。其中两个基因组即A基因组和C基因组主要参与了燕麦物种的形成，而B基因组和D基因组似乎是A基因组的衍生基因组。这一现象与燕麦种的地理分布也非常吻合。研究证明C基因组参与了所有燕麦物种的形成，被认为是燕麦的基本基因组。A基因组与C基因组完全不同，并衍生出一系列A基因组变异（Al、Ap、Ad、Ac、As），并最终形成了一个同源二倍体（As）栽培种砂燕麦（*A. strigosa* Schreb.）（Loskutov，2008）。分子标记分析表明，尽管带有A基因组的物种间有很大区别，但都存在进化上的相关性（Loskutov and Perchuk，2000）。瓦维洛夫（1935）在《世界主要栽培植物起源中心》中指出，砂燕麦和短燕麦起源于地中海沿岸（比利牛斯）。砂燕麦类群的二倍体栽培类型，可能在欧洲独立地进化着（Holden，1979）。二倍体野生种小硬毛燕麦（*A. hirtula* Lag.）可能是砂燕麦的祖先（Loskutov，2008）。

四倍体种细燕麦（*A. barbata*）、阿比西尼亚燕麦（*A. abyssinica*）和瓦维洛夫燕麦（*A. vaviloviana*）是可相互杂交的，均具有AB基因组，但仍然被区分为不同的种。四倍体燕麦种可能产生于一个二倍体（AA）加倍或者两个关系密切的二倍体种的杂交，从而为形成栽培六倍体种奠定了基础。具有C基因组和AC基因组的物种具有典型的双齿状外稃尖，属于进化中的过渡形态，也是六倍体物种的典型特征。阿比西尼亚燕麦（*A. abyssinica* Hochst.）是由瓦维洛夫燕麦（*A. vaviloviana* Mordv.）进化而来（Loskutov，2008）。它与大麦一起从中东引到埃塞俄比亚（Ladizinsky and Zohary，1971）。四倍体的细燕麦实际上是同源多倍体起源，它是从二倍体砂燕麦中直接派生出来的（Holden，1966）。由此认为，阿比西尼亚燕麦的祖先是二倍体燕麦小硬毛燕麦，由小硬毛燕麦进化为二倍体栽培种砂燕麦，从砂燕麦演变到四倍体细燕麦类群，其中包括阿比西尼亚燕麦。

六倍体种比较复杂，但都具有A、C和D基因组，属于异源六倍体种，包括两个重要的栽培种*A. sativa*和*A. nuda*。野红燕麦（*A. sterilis*）是其祖先种之一。Loskutov（2008）描述了燕麦属种的进化关系（图2.1），在随后的研究中，进一步明确了*A. prostrata*与相关物种之间的进化关系（Ladizinsky，2011），特别是通过分子生物学研究，发现大马士革燕麦（*A. damascena*）与六倍体燕麦种有极为密切的关系（Peng et al.，2010）。与此同时，我国学者也对起源我国的大粒裸燕麦的进化地位进行论述（郑殿升，2010；郑殿升和张宗文，2011）。

普通栽培燕麦（*A. sativa*）和地中海燕麦（*A. byzantina*）都是六倍体种，染色体组为AACCDD。这两个栽培种的演化进程比较复杂，一般认为普通栽培燕麦是由

普通野生种 *A. fatua* 驯化而来，也有学者认为地中海燕麦一样是由野红燕麦驯化而来（Loskutov，2008）。很多学者认为六倍体栽培燕麦种并非起源于一个野生种，而是起源于至少3个或多个野生种。

Thomas和Rajhathy（1967）指出，砂燕麦的染色体组As是现有六倍体燕麦A染色体的供体。那么，在砂燕麦的演化中已指明，砂燕麦是由小硬毛燕麦进化来的，因此可以认为，六倍体燕麦最早的祖先应是小硬毛燕麦，据此推测普通栽培燕麦和地中海燕麦的演化途径是由野生种小硬毛燕麦演化为砂燕麦，砂燕麦又与含C和D染色体组的二倍体种天然杂交形成四倍体种，进而形成六倍体种，包括普通栽培燕麦和地中海燕麦。

二、燕麦物种进化关系

Loskutov和Perchuk（2000）认为具小芒亚组（Aristulatae）的不等颖系和具柄系的种以及栽培种砂燕麦、阿比西尼亚燕麦的进化路线表明，这些种明显达到了进化极限。根据详细的形态学地理分布和生态学推断，燕麦六倍体野生种和栽培种是由具细齿亚组（Denticulatae）的二倍体和四倍体种进化来的。

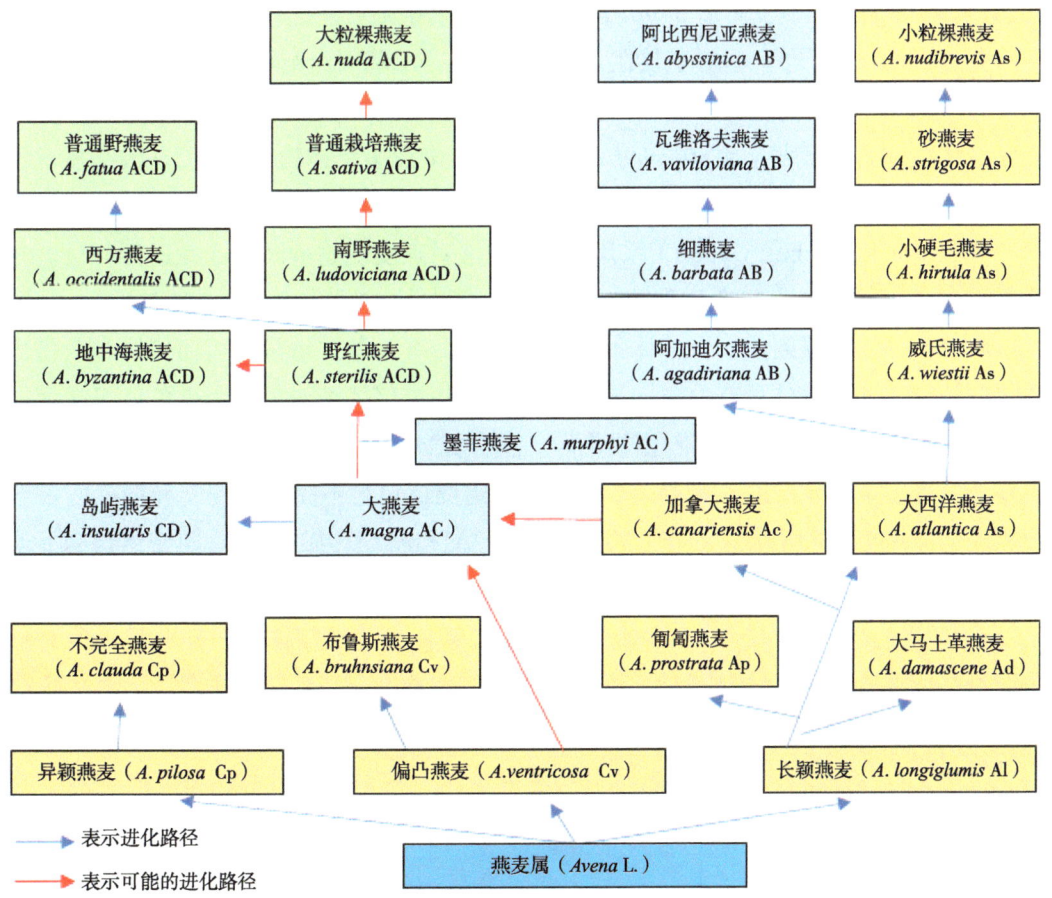

图2.1　燕麦属种的进化关系（修改于Loskutov，2008）

也有学者认为，六倍体燕麦的A染色体组的授体是砂燕麦，而六倍体燕麦的四倍体祖先是大燕麦（A. magna）和墨菲燕麦（A. murphyi）。Holden（1979）就是持这种意见的代表，他在《作物进化》一书中指出，很清楚大燕麦和墨菲燕麦必定是野红燕麦（A. sterilis）的六倍体祖先，砂燕麦是六倍体燕麦A基因组的授体。同时指出，可以预言，至少有一个至今仍不知道的二倍体是大燕麦、墨菲燕麦和野红燕麦的共同祖先，它使这3个种具有典型的小穗形态，而这一点在目前已知的二倍体中是没有的。大粒裸燕麦（A. nuda）是六倍体种，染色体组为AACCDD，它起源于中国，是由普通栽培燕麦突变产生的，因此基因组来源与普通栽培燕麦相同，即A基因组来自砂燕麦，C、D基因组分别来自大燕麦（A. magna）和墨菲燕麦（A. murphyi），最终由野红燕麦进化而来。

彭远英（2009）研究认为，在燕麦A、B、C、D这4个基因组中，燕麦属最原始的多年生物种大穗燕麦（A. macrostachya）与C基因组关系更近。3个AB基因组四倍体物种阿比西尼亚燕麦（A. abyssinica）、细燕麦（A. barbata）和瓦维洛夫燕麦（A. vaviloviana）的B基因组可能由二倍体物种小硬毛燕麦（A. hirtula）起源，而另一个AABB物种阿加迪尔燕麦（A. agadiriana）的B基因组则可能起源于二倍体物种大马士革燕麦（A. damascena）。对于仅在六倍体中存在的D基因组则可能是起源于含有D类拷贝的C基因组二倍体物种不完全燕麦（A. clauda）和绵毛燕麦（A. eriantha），以及四倍体物种墨菲燕麦（A. murphyi）。同时，燕麦属多倍体物种中的C基因组显示了与Cp基因组物种不完全燕麦（A. clauda）更近的遗传关系。

Loskutov和Perchuk（2000）采用RAPD方法对燕麦属物种间多样性进行分析。在此项研究中供试材料为20个物种的74份样品，其中9个二倍体种，5个四倍体种，6个六倍体种。分析结果表明，二倍体种中多态性最高有50条扩增带，而四倍体和六倍体种的带较少，如六倍体种有26条。聚类分析结果是二倍体种聚为两个染色体组类型即A染色体组和C染色体组。A染色体组类型包含长颖燕麦、加拿大燕麦、威氏燕麦、小硬毛燕麦、大西洋燕麦和砂燕麦，C染色体组类型包含不完全燕麦、异颖燕麦和偏凸燕麦。而A染色体组类型又分为2组即Ac组、Al和As组（图2.2）。四倍体种明显聚为AB染色体组（含细燕麦、瓦维洛夫燕麦、阿比西尼亚燕麦）和AC染色体组（含大燕麦、墨菲燕麦），见图2.3。六倍体种不像二倍体种和四倍体种那样明显，所有种被聚为2个亚组，最明显分离到2个亚组的是普通栽培燕麦和地中海燕麦。大多数情况下，六倍体种表现出最低的RAPD标记多态性，这说明它们具有相同的染色体组结构ACD（图2.4）。这项研究的结果与形态学和细胞学相结合的分类结果基本一致，有力地支持形态学和细胞学相结合的分类体系。

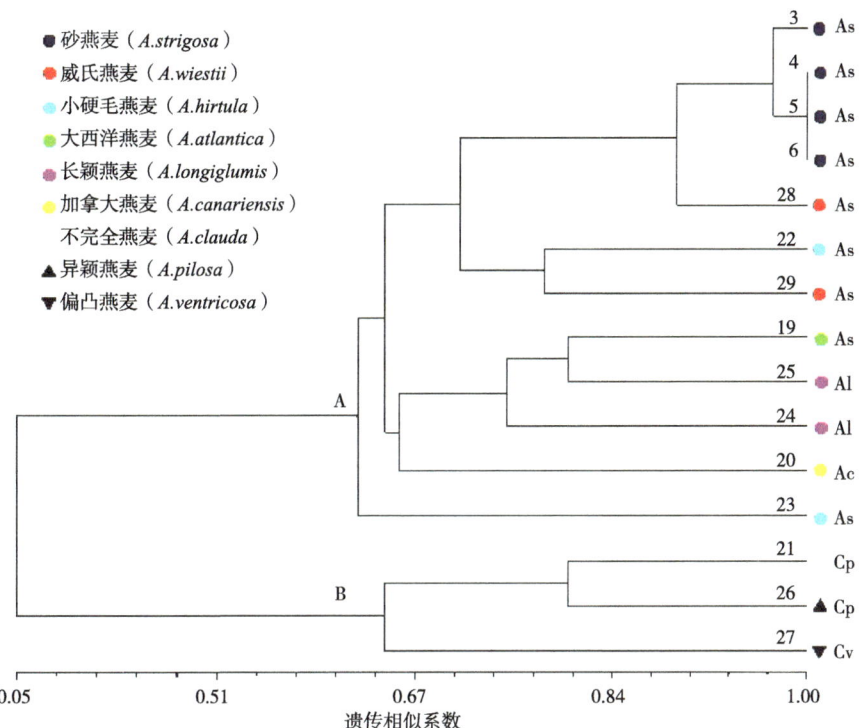

图2.2 燕麦属二倍体种的RAPD分子标记聚类（Loskutov and Perchuk，2000）

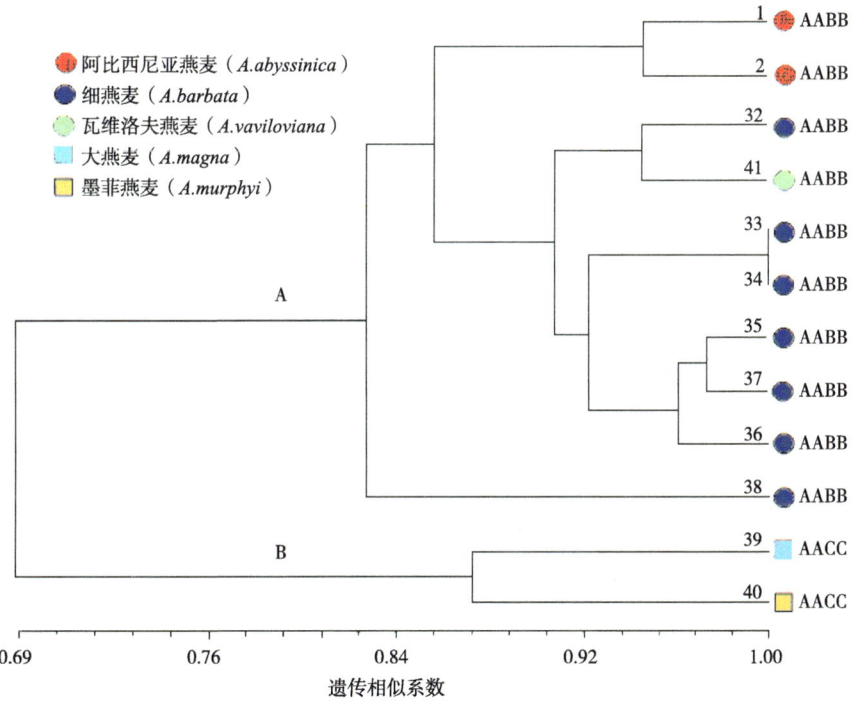

图2.3 燕麦属四倍体的RAPD分子标记聚类（Loskutov and Perchuk，2000）

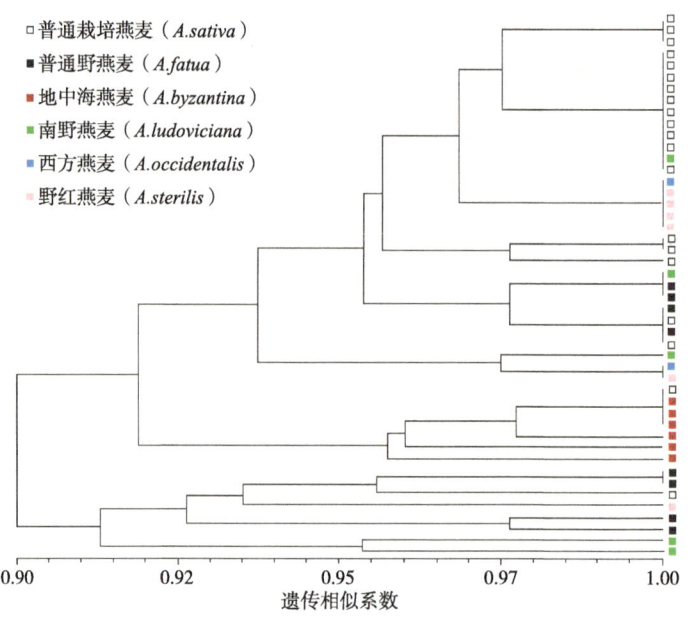

图2.4 燕麦属六倍体种的RAPD分子标记聚类（Loskutov and Perchuk，2000）

第四节 中国大粒裸燕麦起源与分类地位

大粒裸燕麦（A. nuda）也称莜麦，与其他栽培种的最大差别是籽粒不带稃皮。世界上其他国家主要种植普通栽培燕麦，而我国主要种植大粒裸燕麦，已有2 100多年的种植历史，种质资源十分丰富，已经收集保存大粒裸燕麦种质资源1 901份，在世界燕麦种质资源中也是非常独特的。

一、大粒裸燕麦起源

当今公认大粒裸燕麦起源地为中国。瓦维洛夫曾指出，裸粒六倍体燕麦形态特征（植物学变种）多样性最丰富的地方在中国，由此传入欧洲（Loskutov，2008）。在山区或岛屿的周边或隔离区经常发现极其有趣的作物原始隐性类型，这是自交或突变的结果。例如，中国从初生起源地引进并形成很多次生作物的特殊类型，这里聚蓄了世界上各式各样的裸粒大麦、裸粒黍、大粒裸燕麦（A. nuda L.）。这些隐性性状的分离与中国古代育种者久已进行的强烈选择有关（瓦维洛夫，1982）。Coffman（1961）在《燕麦与燕麦改良》中称，大粒裸燕麦与欧洲栽培燕麦是有关的，其特点是染色体数目相同，彼此间很容易杂交，通过同样的途径感染真菌，绝对来源于中国。裸粒型燕麦是特有地理类型，在我国的内蒙古地区，特别是大青山（阴山）南麓，大粒裸燕麦分布广泛，品种多样性丰富。燕麦遗传学和育种学专家分别用普通栽培燕麦和野红燕麦（*A. sterilis*）与大粒裸燕麦杂交均获得成功，并且杂交后代自交结实，表明它们之间的亲缘关系很近，佐证了大粒裸燕麦由普通栽培燕麦突变产生（许云天和董玉琛，1981；金善宝和庄巧生，1991；俞益等，1998）。近年来，随着燕麦种质资源的收集、保存和深入研究，对裸燕麦起源问题做了进一步探讨。刘旭等（2009）研究了我国裸燕麦地方品种的地理分布富集地区，发现大粒裸燕麦主要分布在山西和内蒙古靠近山西的地带，从而认定山西是大粒裸燕麦的起源中心。徐微等（2009）对我国大粒裸燕麦种质开展的分子遗传多样性研究表明，内蒙古和山西大粒裸燕麦资源遗传多样性最丰富。据此，初步认为山西和内蒙古靠近山西一带为大粒裸燕麦多样性富集中心和起源地。

二、大粒裸燕麦分类

大粒裸燕麦在我国种植已有2 100多年的历史，并且种植地区广。因此，经长期的自然选择和人工选择，产生了数以千计的品种，从而形成了丰富的遗传多样性。然而，关于大粒裸燕麦在燕麦属中的分类地位问题，学者们意见不尽相同，归纳起来有以下几种：①*A. nuda* L.（董玉琛和郑殿升，2006）；②*A. chinensis*（Fisch. ex Roem. et Schult.）Metzg.（中国科学院中国植物志编辑委员会，1987）；③*A. sativa* var. *nuda* Mordv.（Loskutov，2008）；④*A. nuda* var. *chinensis* Fisch. ex Roem. et Schult.（金善宝和庄巧生，1991）；⑤*A. sativa* ssp. *nudisativa*（Husnot）Rod. et Sold.（Loskutov，2008）；⑥与小粒裸燕麦（*A. nudibrevis* Roth）合并为一个种（Stanton，1923）。我国科学家都将大粒裸燕麦作为一个独立的种*A. nuda* L.或*A. chinensis*（Fisch. ex Roem. et Schult.）Metzg.。

上述的分类中，将大粒裸燕麦与小粒裸燕麦合并成一个种的观点肯定是错误的，因为小粒裸燕麦是二倍体野生种，大粒裸燕麦是六倍体栽培种，两者之间杂交不结实，呈现种间隔离。另外，将大粒裸燕麦作为普通栽培燕麦的一个变种群或一个变种的主张是不妥的，这是因为分类学者对大粒裸燕麦种质资源掌握得很少，尚未全面了解大粒裸燕麦的独特性所致。正如Loskutov所言，"可惜的是，由于我们知识欠缺，关于假设种*A. nuda* L.的倍性水平及分类地位仍有争论，大多非俄罗斯的作者认为二倍体种*A. strigosa*是*A. nuda*的同名词，而且部分人将*A. nuda*称作*A. sativa*的植物学变种var. *nuda*"（Loskutov，2008）。

笔者认为将大粒裸燕麦作为一个独立的种较为恰当。众所周知，中国地域辽阔，气候多样，农业条件差异大，大粒裸燕麦在各地种植已久，经长期的强烈选择，形成了各自的品种特点，特别是在植物形态和农艺性状上表现出较大的差异（刘旭 等，

2009），并且在生态学和品质特征方面亦存在较大的不同，已构成了一个物种群（郑殿升，2010）。大粒裸燕麦与普通栽培燕麦的最大不同是裸粒特性，此外两者在小穗形、每小穗的小花数、小花梗长度、小花梗状态、外稃质地、外稃形状、外稃大小等性状均有明显区别（杨海鹏和孙泽民，1989）（表2.4）。还有，国内外燕麦遗传育种家们对大粒裸燕麦与普通栽培燕麦杂交研究的结果表明，无论正交还是反交，杂种第一代的皮、裸性均表现为混合型遗传，并不符合孟德尔遗传定律（中国农学会遗传资源分会，1994；董玉琛和郑殿升，2006）。上述这些事实证明，大粒裸燕麦与普通栽培燕麦植物学差异显著，具备一个独立种的特征特性，应给予分类种的地位，即 A. nuda L.（郑殿升和张宗文，2011）。

表2.4　大粒裸燕麦与普通栽培燕麦穗部性状的差别

物种	小穗形	单小穗小花数/个	小花梗长度/mm	小花梗状态	外稃质地	外稃形状	外稃大小
大粒裸燕麦	鞭炮或棍棒形	>3	>5	弯曲	膜质	与护颖近似	与护颖近似
普通栽培燕麦	纺锤形	<3	<5	不弯曲	革质	与护颖不同	比护颖小

当然，目前的分类研究大多属于植物形态和农艺性状的范畴，采用遗传学和分子生物学方法的较少，有必要通过遗传、生化和分子水平的研究，发现更准确、更有说服力的大粒裸燕麦分类地位的科学证据。

参考文献

董玉琛，郑殿升，2006.中国作物及其野生近缘植物·粮食作物卷.北京：中国农业出版社.
金善宝，庄巧生，1991.中国农业百科全书（农作物卷）.北京：农业出版社.
刘旭，黎裕，曹永生，等，2009.中国禾谷类作物种质资源地理分布及其富集中心研究.植物遗传资源学报，10（1）：1-8.
林磊，刘青，2015.禾本科燕麦属植物的地理分布.热带亚热带植物学报，23（2）：111-122.
彭远英，2009.燕麦属物种系统发育与分子进化研究.成都：四川农业大学.
瓦维洛夫，1982.主要栽培植物的世界起源中心.董玉琛，译.北京：农业出版社.
徐微，张宗文，吴斌，等，2009.裸燕麦种质资源AFLP标记遗传多样性分析.作物学报，35（12）：2205-2212.
许运天，董玉琛，1981.作物品种资源.北京：农业出版社.

杨海鹏，孙泽民，1989. 中国燕麦. 北京：农业出版社.

俞益，陈佩度，刘大钧，1998. 莜麦与野红燕麦杂交的细胞遗传学研究. 南京农业大学学报，21（4）：1-6.

郑殿升，张宗文，2011. 大粒裸燕麦（莜麦）（*Avena nuda* L.）起源及分类问题的探讨. 植物遗传资源学报，12（5）：667-670.

郑殿升，2010. 中国燕麦的多样性. 植物遗传资源学报，11（3）：249-252.

中国科学院中国植物志编辑委员会，1987. 中国植物志. 第九卷，第三分册. 北京：科学出版社.

中国农学会遗传资源分会，1994. 中国作物遗传资源. 北京：中国农业出版社.

BAUM B R，1977. Oats：wild and cultivated. A monograph of the genus *Avena* L. （Poaceae）. Ottawa：Minister of Supply and Services.

COFFMAN F A，1961. Oats and oat improvement. Madison，Wisconsin：American Society of Agronomy.

HOLDEN J，1966. Species relationships in the *Avenae*. Chromosoma，20（1）：75-124.

HOLDEN J，1979. 28 Oats. *Avena* spp. （*Gramineae-Aveneae*）//SIMMONDS N W. Evolution of crop plants. New York：Longman.

LADIZINSKY G，2012. Studies in oat evolution，a man's life with *Avena*. Heidelberg New York Dordrecht London：Springer.

LADIZINSKY G，ZOHARY D，1971. Notes on species delimitation，species relationships and polyploidy in *Avena* L. Euphytica，20（3）：380-395.

LADIZINSKY G，2011. The cytogenene position of *Avena prostrata* among the diploid oats. Genome，15（3）：443-450.

LINNEAUS C，1762. Species Plantarum，Ed. 2. Vol. 2. London：Oxfam.

LINNEAUS C，1753. Species Plantarum. Vol. 1. London：Oxfam.

LOSKUTOV I G，1998. Database and taxonomy of VIR's world collection of the genus *Avena* L. // MAGGIONI L，LEGGETT M L，BUCKEN S，et al. Report of a working group on *Avena*. Fifth Meeting，Vilnius，Lithuania. Rome：International Plant Genetic Resources Institute.

LOSKUTOV I G，2003. Taxonomy and specific diversity of genus *Avena* L. Oat Newsletter，49：https://wheat. pw. usda. gov/ggpages/oatnewsletter/v49/#loskutov.

LOSKUTOV I G，2008. On evolutionary pathways of *Avena* species. Genetic Resources and Crop Evolution，55（2）：211-220.

LOSKUTOV I G，PERCHUK I N，2000. Evaluation of interspecific diversity in *Avena* genus by RAPD analysis. Oat Newsletter，46：https://wheat. pw. usda. gov/ggpages/

oatnewsletter/v46/#Loskutov%202.

MALZEW A I, 1930. Wild and cultivated oat, section *Euavena* Griseb. Bullton of Applied Botony and Plant Breeding. Supplement no. 38, Leningrad: VIR.

PENG Y Y, BAUM B R, REN C Z, et al., 2010. The evolution pattern of rDNA ITS in *Avena* and phylogenetic relationship of the *Avena* species (Poaceae: Aveneae). Hereditas, 147 (5): 183-204.

RAJHATHY T, THOMAS H, 1974. Cytogenetics of oats (*Avena* L.). Ottawa: Miscellaneous Publications of Genetics Society of Canada.

RODIONOV A V, TYUPA N B, KIM E S, et al., 2005. Genomic configuration of the autotetraploid oat species *Avena macrostachya* inferred from comparative analysis of ITS1 and ITS2 sequences: on the oat karyotype evolution during the early events of the *Avena* species divergence. Russian Journal of Genetics, 41 (5): 518-528.

STANTON T R, 1923. Naked oats. Journal of Heredity, 14 (4): 177-183.

THOMAS H, RAJHATHY T, 1967. Chromosome relationships between *Avena sativa* (6x) and *Avena pilosa* (2x). Canadian Journal of Genetics and Cytology, 9 (1): 154-162.

第三章 燕麦多样性

燕麦多样性指燕麦变异的总和，包括燕麦物种多样性、燕麦遗传多样性和燕麦生态系统多样性。燕麦多样性是自然和人类共同创造的结果，是燕麦新品种培育和创新研究的物质基础，是燕麦产品开发的源泉，也是粮食安全和农业可持续发展的组成部分。全球范围内，燕麦多样性分布广泛，但主要分布在温带地区，特别是地中海一带，燕麦野生种多样性极其丰富，是燕麦主要起源地。燕麦栽培种在世界各地都有种植，是全球重要的粮食作物之一，也有非常重要的饲用价值。我国拥有极其丰富的裸燕麦种源，也是裸燕麦起源地，已有2 100多年的栽培历史，是华北、西北地区人们的主要粮食作物之一。

燕麦多样性保护和利用研究工作是农业生物多样性特别是作物种质资源保护与研究的组成部分。随着现代农业的发展，特别是育成品种的推广应用，燕麦多样性，特别是地方品种面临丢失的风险。气候变化以及人为因素导致的生态环境退化、生态系统功能遭到破坏，严重威胁燕麦野生种及其居群多样性的安全。为此，燕麦多样性的保护与利用研究工作得到重视，通过开展考察和调查工作，收集燕麦种质资源和保护燕麦多样性，包括各种各样的野生种和栽培种群体；采用表型和基因型技术手段，开展燕麦遗传多样性鉴定和评价，挖掘优良特性及其基因资源；采用远缘杂交、物理和化学手段，创制燕麦新材料和新品种；通过各种途径，加强燕麦多样性的利用，包括营养和保健食品开发利用。

据统计，在全世界范围内大约收集了13万份燕麦种质资源，分别保存在100多个基因库，涵盖近30个燕麦野生种和栽培种。在对这些种质资源的鉴定评价过程中，一方面针对传统农艺性状，如籽粒产量、抗病虫性、抗逆性等筛选优良种质材料，用于燕麦品种改良和创新研究；另一方面燕麦营养成分和保健功能因子挖掘研究取得重要进展，发现燕麦β-葡聚糖在燕麦籽粒中的含量较高，具有降血脂和调节血糖的作用，并开发出很多燕麦保健食品，显著提升了燕麦多样性的保护和利用价值。

第一节 燕麦物种多样性

燕麦物种多样性指地球上存在的燕麦属内所有不同的物种其在分布格局，包括这些物种地理分布及其特点，以及它们的进化规律及其相互关系。燕麦物种多样性的地理分布可以通过一定范围内的物种丰富度来测量。燕麦物种丰富度指燕麦物种在全球不同地区或者国家的分布数目。尽管燕麦属物种数目说法不统一（Baum，1977；郑殿升，2010；Ladizinsky，2012；林磊和刘青，2015），比较认可的燕麦分类物种为29种。燕麦物种在全球大部分地区都有分布，总体而言燕麦物种分布的区域性很强，不同地区的物种丰富程度不同，出现的物种也不同。

一、全球不同区域分布的燕麦物种多样性

（一）地中海沿岸地区

地中海沿岸国家包括欧洲的11个国家、亚洲的6个国家和非洲的5个国家，该地区夏季阳光充足，炎热干燥少雨，冬季气候温和，雨量充沛，很适合燕麦及其野生种的生长和繁殖。地中海沿岸国家是燕麦物种分布最丰富的地区，也是栽培燕麦起源中心。除阿比西尼亚燕麦（*A. abyssinica*）、瓦维洛夫燕麦（*A. vaviloviana*）、普通野燕麦（*A. fatua*）和大粒裸燕麦（*A. nuda*）外，其他所有燕麦物种在该地区都有分布，是物种分布最集中和数目最多的地区。

（二）北非地区

北非位于撒哈拉沙漠以北、地中海南侧广大地区，属于热带干旱气候和地中海气候，除临地中海部分外，气候特别干旱，也是燕麦物种分布比较集中的地区和多样性丰富地区，分布有25个燕麦野生种和栽培种，仅有4个燕麦野生种和栽培种在该地区没有分布，包括西班牙燕麦（*A. hispanica*）、砂燕麦（*A. strigosa*）、阿比西尼亚燕麦（*A. abyssinica*）、瓦维洛夫燕麦（*A. vaviloviana*）。

（三）东非地区

东非位于赤道附近的高原，海拔3 000m以上，由于地势高，气温低，空气对流不旺盛，降水少，大部分属于热带草原气候。分布的燕麦物种主要包括阿比西尼亚燕麦（*A. abyssinica*）、瓦维洛夫燕麦（*A. vaviloviana*）、普通野燕麦（*A. fatua*）、普通栽培燕麦（*A. sativa*）、野红燕麦（*A. sterilis*）。

（四）西亚

西亚位于地中海东岸的土耳其至阿富汗的广大地区，濒临阿拉伯海、波斯湾、黑海、地中海、红海等海域。该地区降雨少，水资源缺乏，气候干旱，遍布草原和沙漠。该地区分布有16个燕麦野生种和栽培种，包括不完全燕麦（*A. clauda*）、异颖燕麦（*A. pilosa*）、偏凸燕麦（*A. ventricosa*）、短燕麦（*A. brevis*）、细燕麦（*A.*

barbata）、大马士革燕麦（*A. damascena*）、小硬毛燕麦（*A. hirtula*）、长颖燕麦（*A. longiglumis*）、卢斯塔尼燕麦（*A. lusitanica*）、威氏燕麦（*A. wiestii*）、阿比西尼亚燕麦（*A. abyssinica*）、普通野燕麦（*A. fatua*）、*A. hybrida*、西方燕麦（*A. occidentalis*）、普通栽培燕麦（*A. sativa*）和野红燕麦（*A. sterilis*）。该地区也是燕麦物种分布多样性丰富地区之一。

（五）中亚

中亚位于亚洲大陆中部，以平原、丘陵为主，沙漠广大；干旱、降水稀少，冬冷夏热，大部分地区为温带沙漠、温带草原气候。该地区分布的燕麦物种较少，主要包括不完全燕麦（*A. clauda*）、异颖燕麦（*A. pilosa*）、细燕麦（*A. barbata*）、普通野燕麦（*A. fatua*）、普通栽培燕麦（*A. sativa*）、野红燕麦（*A. sterilis*）。

（六）亚洲其他地区

亚洲其他地区主要指东亚和南亚，这些地区地形复杂，气候多样，具有南亚的热带季风气候，也有东亚西部的温带大陆性气候和东亚东部的温带季风气候。该地区分布的燕麦物种较少，主要包括砂燕麦（*A. strigosa*）、细燕麦（*A. barbata*）、普通野燕麦（*A. fatua*）、大粒裸燕麦（*A. nuda*）、普通栽培燕麦（*A. sativa*）、野红燕麦（*A. sterilis*）。

（七）欧洲

欧洲位于欧亚大陆的西部，西临大西洋，东临地中海，几乎不受季风环流的影响，以温带气候类型为主，通常夏季受副热带高气压带控制，气候炎热干燥，冬季受来自海洋的西风带控制，气候温和湿润，属于地中海气候。该地区分布的燕麦种较多，有14个种，包括不完全燕麦（*A. clauda*）、异颖燕麦（*A. pilosa*）、短燕麦（*A. brevis*）、西班牙燕麦（*A. hispanica*）、砂燕麦（*A. strigosa*）、细燕麦（*A. barbata*）、小硬毛燕麦（*A. hirtula*）、卢斯塔尼燕麦（*A. lusitanica*）、威氏燕麦（*A. wiestii*）、墨菲燕麦（*A. murphyi*）、普通野燕麦（*A. fatua*）、大粒裸燕麦（*A. nuda*）、普通栽培燕麦（*A. sativa*）、野红燕麦（*A. sterilis*）。其中西班牙、意大利、法国等国家是燕麦物种分布最丰富的国家。

（八）美洲

美洲跨越不同的气候带，北美大部分属亚寒带和温带大陆性气候，有面积辽阔的针叶林和大草原。中美和南美北部属于热带气候，有广大的热带雨林和热带稀树干草原。该地区分布的燕麦物种适中，主要包括短燕麦（*A. brevis*）、西班牙燕麦

(*A. hispanica*)、砂燕麦（*A. strigosa*）、细燕麦（*A. barbata*）、普通野燕麦（*A. fatua*）、西方燕麦（*A. occidentalis*）、普通栽培燕麦（*A. sativa*）、野红燕麦（*A. sterilis*）。

（九）大洋洲

大洋洲地处南半球，特别是澳大利亚西部是荒无人烟的沙漠，干旱少雨，气温高，温差大；在沿海地带，雨量充沛，气候湿润，涵盖温带湿润气候、半湿润气候和热带气候三大气候区。该地区分布的燕麦物种较少，主要包括短燕麦（*A. brevis*）、砂燕麦（*A. strigosa*）、细燕麦（*A. barbata*）、普通野燕麦（*A. fatua*）、普通栽培燕麦（*A. sativa*）、野红燕麦（*A. sterilis*）。

二、我国分布和保存的燕麦物种多样性

（一）我国分布的燕麦物种多样性

据《中国植物志》第九卷第三分册记载，我国有7个燕麦种，2个变种。其中普通栽培燕麦（*A. sativa*）和莜麦即大粒裸燕麦（*A. nuda*）均为栽培种；野生种有普通野燕麦（*A. fatua*）、细燕麦（*A. barbata*）、异颖燕麦（*A. eriantha*或*A. pilosa*）、长颖燕麦（*A. ludoviciana*）、南燕麦（*A. meridionalis*）。上述的长颖燕麦在国际上通称为南野燕麦，而南燕麦（*A. meridionalis*）在国际上已弃用。

我国是燕麦栽培种的主要产区，特别是大粒裸燕麦（*A. nuda*），因起源于我国，分布非常广泛，西北、西南、华北和东北等地都有栽培，是这些地区的传统粮食作物，可制作各种面食，营养丰富，还具有保健功能，已经成为公认的健康食品。普通栽培燕麦（*A. sativa*）是引进物种，在我国的栽培历史也很悠久，除供食用外，主要用于饲草饲料。随着人们对燕麦食品需求的增加和加工技术的进步，普通栽培燕麦在我国发展也很快，特别是在华北、西北和西南地区大面积种植，在满足燕麦食品需求的同时，也为发展畜牧业提供了优质饲草饲料。

（二）我国保存的燕麦物种多样性

20世纪我国开始引入燕麦种，21世纪加强了引进工作，并进行了繁殖保存，有效丰富了我国的燕麦物种多样性。根据郑殿升（2010）的统计，我国已保存燕麦物种29个，包括栽培种和野生种，二倍体、四倍体和六倍体种，皮燕麦种和裸燕麦种（表3.1）。

表3.1 中国保存的燕麦物种多样性（郑殿升，2010）

物种	拉丁学名	种型	染色体倍性	皮裸性	来源国	资料提供者
普通栽培燕麦	A. sativa L.	栽培种	六倍体	带皮	国外	目录*
地中海燕麦	A. byzantina Koch	栽培种	六倍体	带皮	国外	目录*
砂燕麦	A. strigosa Schreb.	栽培种	二倍体	带皮	国外	目录*
大粒裸燕麦	A. nuda L. [A. sativa var.nuda Mordv.; A. chinensis (Fisch. ex Roem. et Schelt.) Metzg.]	栽培种或变种	六倍体	裸粒	国内	目录*
埃塞俄比亚燕麦	A. abyssinica Hochst.	栽培种	四倍体	带皮	国外	彭远英
普通野燕麦	A. fatua L.	野生种	六倍体	带皮	国外	目录*
野红燕麦	A. sterilis L.	野生种	六倍体	带皮	国外	目录*
大燕麦	A. magna Mur. et Fed.	野生种	四倍体	带皮	国外	田长叶
细燕麦	A. barbata Pott.	野生种	四倍体	带皮	国外	中国植物志
小粒裸燕麦	A. nudibrevis Roth	野生种	二倍体	裸粒	国外	田长叶
短燕麦	A. brevis Roth	野生种	二倍体	带皮	国外	张宗文
西班牙燕麦	A. hispanica Ard.	野生种	二倍体	带皮	国外	张宗文
异颖燕麦	A. pilosa M.B.	野生种	二倍体	带皮	国外	中国植物志
阿加迪尔燕麦	A. agadiriana Baum et Fed.	野生种	四倍体	带皮	国外	彭远英
大西洋燕麦	A. atlantica Baum	野生种	二倍体	带皮	国外	彭远英
加拿大燕麦	A. canariensis Baum	野生种	二倍体	带皮	国外	彭远英
不完全燕麦	A. clauda Dur.	野生种	二倍体	带皮	国外	彭远英
大马士革燕麦	A. damascena Raj. et Baum	野生种	二倍体	带皮	国外	彭远英
绵毛燕麦	A. eriantha Dur.	野生种	二倍体	带皮	国外	彭远英
小硬毛燕麦	A. hirtula Lag.	野生种	二倍体	带皮	国外	彭远英
长颖燕麦	A. longiglumis Dur.	野生种	二倍体	带皮	国外	彭远英
卢斯塔尼燕麦	A. lusitanica Baum	野生种	二倍体	带皮	国外	彭远英
大穗燕麦**	A. macrostachya Bal.	野生种	四倍体	带皮	国外	彭远英
马罗卡燕麦	A. macroccana Gand.	野生种	四倍体	带皮	国外	彭远英
墨菲燕麦	A. murphyi Ladiz.	野生种	四倍体	带皮	国外	彭远英
西方燕麦	A. occidentalis Dur.	野生种	四倍体	带皮	国外	彭远英

（续表）

物种	拉丁学名	种型	染色体倍性	皮裸性	来源国	资料提供者
瓦维洛夫燕麦	*A. vaviloviana* Mordv.	野生种	四倍体	带皮	国外	彭远英
偏凸燕麦（偏肥燕麦）	*A. ventricosa* Bal.	野生种	二倍体	带皮	国外	彭远英
威氏燕麦（沙漠燕麦）	*A. wiestii* Steud.	野生种	二倍体	带皮	国外	彭远英

注：*表示《中国燕麦品种资源目录》（第一册和第二册）；**表示大穗燕麦是多年生种。

第二节　燕麦遗传多样性

燕麦遗传多样性是指燕麦种内不同群体（品种）之间或一个群体（品种）内不同个体的遗传变异，主要表现为特征特性多样性和遗传结构多样性。燕麦遗传多样性是燕麦种质资源研究的核心内容，也是指导燕麦种质资源保护和利用的理论基础。燕麦遗传多样性非常丰富，包括表型多样性、基因型多样性和核型多样性。燕麦遗传多样性是燕麦物种多样性的最重要来源，是物种形成的基础。无论是表型多样性，还是核型构成多样性或者基因型多样性，都是燕麦种群与环境和人类相互作用的结果，决定着燕麦的进化和发展趋势。

一、特征特性多样性

燕麦特征特性多样性指能够用肉眼观察和手工或仪器测量的燕麦植株和籽粒的各种形态性状，包括生物学特性、形态特征、品质特性、生物抗性和非生物抗性。

（一）生物学特性

燕麦生物学特性指种质材料的生长、发育和繁殖特点及有关性状，包括生育期、光周期等性状，生物学特性是极易受环境影响的特性，特别是光照、温度、海拔和经纬度，对燕麦的生育期长短和光温敏感性的影响都比较大。

燕麦生物学特性多样性对满足不同气候条件、不同生育期、不同光照条件的需求非常重要，对种质资源保护和利用范围，环境选择以及耕作制度都有影响。了解和掌握燕麦种质资源的生物学特性对满足不同物候区的需求、生育期长短都有重要意义。

（二）形态特征

燕麦形态特征指燕麦种质材料的植株、茎、枝、叶、花、穗、果实、种子等器官的形态构造特点。燕麦形态特征是进行生产和利用的实际操作的实物，可以在田间观测或者实验室测量。

燕麦形态特征多样性直接关系最终的产量和可利用部位，其中籽粒性状最重要，包括粒型、粒色、千粒重等，不同用途对籽粒性状的要求也不同，因此，籽粒性状多样性对满足不同需求极为重要。

（三）品质特性

燕麦品质特性指种质材料的可利用率和质量，包括皮壳率、容重及蛋白质、淀粉、脂肪、纤维素、矿物质等一些营养成分的含量。不同品种的营养成分含量不同，对品质的影响较大，丰富的营养成分含量多样性是改良和提升燕麦品质的物质基础。

燕麦品质特性多样性关乎食品质量和人类健康，是极为重要的种质资源特性，是开发优质燕麦产品的来源。

（四）生物抗性

燕麦生物抗性指种质材料对生物胁迫的忍耐或抵抗能力，包括对各种病害和虫害的抗性。燕麦的病害很多，主要有黑穗病、红叶病、秆锈病、冠锈病等。燕麦虫害包括地下害虫和地上害虫，特别是蚜虫，对燕麦的为害较大。

燕麦生物抗性多样性非常重要，可以通过抗性鉴定研究筛选抵抗各种病虫害的种质材料，用于培养抗病虫品种，减少农药的使用，保护环境。

（五）非生物抗性

燕麦非生物抗性指燕麦种质材料在生长期对环境胁迫的忍耐和抵抗能力，包括倒伏、干旱、高温、高湿、盐碱、重金属等忍耐和抵御能力。燕麦的非生物抗性较强，是干旱地区的主要粮食作物之一，也能在盐碱地种植，有较强的耐盐性。

燕麦非生物抗性多样性体现了燕麦在各种不良环境中的生存能力，具有非常强的应对气候变化、环境恶化的潜力，得到了广泛关注。

二、基因型多样性

基因型是指某一生物个体全部基因组合的总称，反映其遗传构成，在实际研究中，如果一个品种是纯合的，所有个体的基因组合相同，也可以把这个品种看作是一个基因型，通过对基因型构成的比较研究，可以用来区分不同的品种或者种质材料，这也是燕麦种质资源鉴定常采用的方法。

（一）等位基因多样性

等位基因是指位于一对同源染色体相同位置上控制同一性状不同形态的基因。等位基因多样性是指同一个基因座具有的多个不同等位基因数目，等位基因数目越多，该基因的等位基因多样性越丰富。由于种质材料的遗传构成非常复杂，有时不可能对其全部遗传构成进行分析，往往只针对单一性状进行鉴定研究，因此，基因型往往是指某一性状的基因型。两个生物个体只要有一个特性的基因型不同，那么它们的基因型就不相同，因此基因型指的是一个个体某一特性基因座上的所有等位基因的所有组合。基因型一般不能直接看到，需要通过特定基因标记来检测，也可以通过杂交试验从表现型来推测。例如，利用SSR标记对燕麦等位基因多样性进行检测，最多一个基因座检测出8个等位基因（Munkhtuya，2017）。

（二）遗传结构多样性

群体遗传结构是指一个种内总的遗传变异程度及其在群体间的分布模式和相互关系，一般通过分析其基因频率和基因型频率变化规律，获得这些基因在群体间的分布模式和相互关系，反映群体遗传结构持续变化和演化过程。燕麦群体遗传结构极其复杂，主要是因为燕麦的基因组非常大，构成复杂，给燕麦群体遗传结构研究带来很大难度。Munkhtuya（2017）利用SSR分子标记分析了来自多个国家的286个燕麦群体遗传结构，鉴别出6个不同类型的群体结构（图3.1），并反映出不同类型群体遗传结构之间的关系。

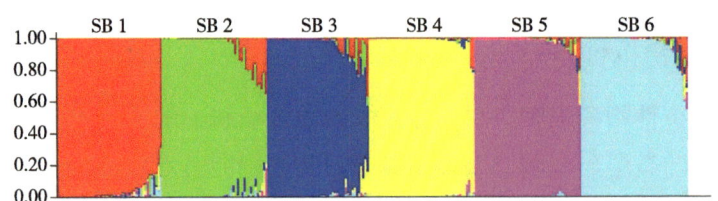

图3.1 来自不同国家的286份燕麦群体遗传结构（Munkhtuya，2017）

（三）基因组多样性

燕麦核型构成比较复杂，主要由4个基因组构成，即A基因组、B基因组、C基因组和D基因组。通过对核型结构研究以及分子鉴定，证明燕麦的A基因组和C基因组参与了燕麦物种的形成，B基因组和D基因组可能由A基因组衍生而来（Loskutov，2008）。大量研究认为，C基因组参与了所有倍性的形成。

1. 二倍体种基因组

燕麦二倍体种的核型为$2n=2x=14$，基本基因组包含7条染色体。根据核型研究，二倍体燕麦有多种类型，包括Ac、Ad、Al、Ap、As、Cv、Cp 7种类型（表3.2），涵盖A基因组和C基因组，以A基因组为主，并且研究认为A基因组是由C基因组发展而来，并携带了一些C基因组的不同片段，由此形成了基于A基因组的不同类型。

表3.2　二倍体燕麦基因组类型

二倍体燕麦种	基因组	染色体数/条
不完全燕麦（*A. clauda* Dur.）	Cp	
异颖燕麦（*A. pilosa* M.B.）	Cp	
匍匐燕麦（*A. prostrata* Ladiz.）	Ap	
大马士革燕麦（*A. damascena* Raj.et Baum）	Ad	
长颖燕麦（*A. longiglumis* Dur.）	Al	
威氏燕麦（*A. wiestii* Steud.）	As	14
大西洋燕麦（*A. atlantica* Baum）	As	
小硬毛燕麦（*A. hirtula* Lag.）	As	
砂燕麦（*A. strigosa* Schreb.）	As	
偏凸燕麦（*A. ventricosa* Bal.）	Cv	
布鲁斯燕麦（*A. bruhnsiana* Grun.）	Cv	
加拿大燕麦（*A. canariensis* Baum）	Ac	

2. 四倍体种基因组

燕麦四倍体种的染色体数为$2n=4x=28$，为异源四倍体，单倍体包含14条染色体，由2个异源基因组构成。核型包括AB、AC两种，A基因组是所有四倍体种共享的（表3.3）。

表3.3　四倍体燕麦基因组类型

四倍体燕麦种	基因组	染色体数/条
细燕麦（*A. barbata* Pott.）	AB	28
瓦维洛夫燕麦（*A. vaviloviana* Mordv.）	AB	

（续表）

四倍体燕麦种	基因组	染色体数/条
阿比西尼亚燕麦（*A. abyssinica* Hochst.）	AB	
阿加迪尔燕麦（*A. agadiriana* Baum et Fed.）	AB	
大燕麦（*A. magna* Mur. et Fed.）	AC	28
墨菲燕麦（*A. murphyi* Ladiz.）	AC	
岛屿燕麦（*A. insularis* Ladiz.）	AC	

3. 六倍体种基因组

燕麦六倍体种的染色体数为$2n=6x=42$，为异源六倍体，单倍体包含21条染色体，涵盖3个异源基因组，所有六倍体种的核型相同，均由A基因组、C基因组和D基因组构成（表3.4）。

表3.4　六倍体燕麦基因组类型

六倍体燕麦种	基因组	染色体数/条
普通野燕麦（*A. fatua* L.）	ACD	
野红燕麦（*A. sterilis* L.）	ACD	
地中海燕麦（*A. byzantina* Koch）	ACD	
西方燕麦（*A. occidentalis* Dur.）	ACD	42
南野燕麦（*A. ludoviciana* Dur.）	ACD	
大粒裸燕麦（*A. nuda* L.）	ACD	
普通栽培燕麦（*A. sativa* L.）	ACD	

第三节　燕麦生态系统多样性

燕麦生态系统多样性指燕麦生存环境内的生境因素、相关生物群落和生态过程变化的多样性，不但关系燕麦和相关生物本身，还关系该系统内的能量流动、物质循环和信息传递，是一个复杂的动态变化过程。燕麦生态系统多样性由两大系统组成，即野生生态系统和栽培生态系统。本节主要阐述燕麦栽培生态系统多样性的构成，反映燕麦品种的布局以及与环境因素之间的相互作用和关系，包括品种生态型多样性、生产系统多样性和耕作制度多样性，是燕麦种质资源多点鉴定和适应性研究的重要组成部分。

一、品种生态型多样性

我国燕麦种质资源中大部分是地方品种，大多通过当地政府或科研、技术推广部门直接从全国各地征集而来。这些品种多为纯合群体，有一定的混杂现象，但一般都有明显特征特性。燕麦地方品种对当地环境条件适应性较强，具有不同的生态特点。田长叶（2002）将我国燕麦地方品种分为两大类型，即北方春播品种和南方秋播品种。在北方春播品种类型中，又可分为一般平川早熟品种、山区早熟品种、山区晚熟品种和旱地中熟品种；在南方秋播品种类型中，也可分为山区晚熟品种和平坝晚熟品种。

（一）北方春播品种

平川早熟品种：该类品种具有春性较强、分蘖性较好、耐冷凉、抗旱等特点。千粒重20~22g，生育期90~95d，代表性品种如永492、河北2号等。这类品种主要种植在内蒙古土默川平原、山西大同盆地和忻定盆地、河北张家口平川区等地。

山区早熟品种：该类品种具有植株较矮、苗期较长、灌浆期较短的特点，千粒重低于20g，生育期80~85d，可以用作救荒作物，典型的品种包括蒙燕1809、北黄1号等。这类品种主要在内蒙古、甘肃、宁夏、青海等省（区）海拔较高的山区种植。

山区晚熟品种：该类品种具有苗期发育慢、蹲苗期早、分蘖强、遇高温多雨拔节快的特点，通常植株较高，秆较软，叶子窄长，千粒重22~25g。5月中下旬播种，8月底或9月初收获，生育期95~110d，典型的品种包括三分三、华北2号等。这类品种适合于内蒙古、河北等海拔较低的山区种植。

旱地中熟品种：该类品种植株较高、叶片短而宽，耐肥水，抗倒伏。5月上中旬播种，8月中旬收获，生育期99~100d，典型品种包括578、燕1211等。这类品种主要在甘肃、宁夏、内蒙古平地种植，利用黄河水灌溉。

（二）南方秋播品种

山区晚熟品种：该类品种具有很强的抗旱和耐冷凉特性，但不抗倒伏，结实率略低，千粒重较低。10月中旬播种，第二年6月中下旬收获，生育期200~240d，主要分布在云南、贵州、四川海拔2 000~3 000m高山地带，如大、小凉山和高黎贡山以及甘孜、阿坝等地。

平坝晚熟品种：该类品种苗期发育慢，秆高秆壮，叶片宽、颜色深绿，灌浆期较长，千粒重较高，10月中旬播种，第二年5月底或6月初收获，生育期200~220d，主要分布在云南、贵州、四川高山平坝地区。

二、生产系统多样性

燕麦生产系统多样性指燕麦在特定环境内的空间布局以及与温、光、养分等环境因素的相互作用过程，呈现出不同斑块状特点，包括单作、间作、套种、混作和轮作等生产模式，对稳定燕麦产量、改善土壤结构、提高光温利用率有重要作用。

（一）单作

单作是指在一定区域或者地块只种燕麦的生产方式，具有便于种植、管理和机械化作业的优点，不种其他作物，整个系统为单一的燕麦生产系统。

（二）间作、套种

间作是合理配置的生产模式，属于多层种植模式，可以更有效利用空间位置。间作的作物播种期、收获期可能相同，也可能不同，都有较长的共生期，其中，至少有一种作物的共生期超过其全生育期的一半。为充分利用生长季节，于前季作物生长的后期，在行间播种或移栽后季作物则为套种，能延长后季作物对生长季节资源的利用，提高复种指数。燕麦由于生育期较短，多采用间作，如燕麦—马铃薯、燕麦—大豆，可高矮分层，通风透光，充分利用空间，提高光合效率，并减轻病虫害传播和为害。套种与间作都有作物共生期，套种作物共生期较短，每种作物的共生期都不超过其全生育期的一半。

（三）混作

混作指燕麦与豆科牧草等作物混合种植，主要是生产牧草，能提高产量和质量。豆科牧草和禾本科牧草混播是提高饲草产量和质量的重要措施。燕麦属于禾谷类作物，与豆科牧草混播，可以充分利用禾本科牧草和豆科牧草在利用光照资源和土壤养分方面的互补性。豆科可以固氮，而禾本科喜氮肥，所以往往混播草地的产量均高于其各自单播，而且品质较单播燕麦高。通常用于混播的豆科牧草有箭筈豌豆和扁豆等。箭筈豌豆是内蒙古地区常见的饲草作物，适应性强，种植面积广，特别是箭筈豌豆具有卷须，单播易倒伏，下部叶片易枯黄脱落，降低了产量和品质。而与燕麦各按50%播种量混播时，其可以缠绕在燕麦茎秆上向上生长，叶片保留得好，箭筈豌豆茎秆柔软，叶片多，蛋白质含量高，适口性好，可以提高整体的营养水平，混播干草质量优于单播。两者生育期相宜，均能在最佳刈割期收获。因此燕麦和箭筈豌豆混合种植饲喂牲畜不仅营养价值高，而且具有易于消化、营养丰富、增重效果明显等优点。

（四）轮作

在北方夏播燕麦区，由于气候条件的关系，主要作物有小麦、燕麦、马铃薯、胡麻、油菜和豆类。这一地区多为坡梁旱地，轮作方式主要有豌豆—燕麦—马铃薯+豌豆—小麦—胡麻或油菜；马铃薯—豌豆—燕麦—胡麻或油菜；马铃薯—胡麻或油菜—豌豆—燕麦。在北方春播燕麦区，气温较高，无霜期长，主要作物有小麦、玉米、甜菜和燕麦。轮作方式有甜菜—小麦—玉米—燕麦，每4年一个周期。

轮作具有很高的生态效益和经济效益，可以起到调节土壤养分、减轻病虫害的威胁、抑制田间杂草等作用。特别是在控制燕麦线虫方面，轮作可以控制线虫发病率达80%以上（李秀花 等，2013）。在开展燕麦轮作时，燕麦虽然属于一种浅根作物，但根系较为发达，吸肥、吸水能力都很强，一般可倒茬种大豆、绿豆、马铃薯、胡麻等作物。在土地资源较多的地方，轮作种植更有利，种一年燕麦撂荒一年或者种二三年撂荒一年，撂荒是为了恢复地力，保障土地的可持续利用。合理的轮作倒茬也可充分调节不同作物种类对土壤养分的利用。

三、耕作制度多样性

燕麦耕作制度多样性是指燕麦在一年内播种和收获的季节和次数。我国因自然气候差别和地理条件不同，燕麦的耕作制度复杂。在北方一年一熟是燕麦最基本的耕作制度，在南方根据前茬作物和当地光热条件，可在不同季节播种，当年或第二年收获。

（一）春秋播一季

在我国北方和西南地区，燕麦种植主要是一年一季。在北方地区，一般3月播种，7月收获，或者5月播种，9月收获。在西南山区，一般春季或者秋季播种，秋季或者第二年春季收获；而在西南平坝地区，一般在10月播种，第二年5月收获。

（二）夏秋播两季

在我国北方地区，随着气候变暖，无霜期延长，利用燕麦生育期短的特点，在春季适时早播，6月下旬收获，接着播种，9月收获，这样可以一年两季，提高了土地利用率，也增加了收入。在我国南方地区，在主要作物如水稻、小麦、大豆等作物收获后，种一茬燕麦，可以收获籽粒，也可以收获燕麦草。在西南地区，一般10月播种，第二年6月收获，属于越冬燕麦。

参考文献

李秀花，高波，马娟，等，2013. 休闲与轮作对燕麦孢囊线虫种群动态的影响. 麦类作物学报，33（5）：1048-1053.

林磊，刘青，2015. 禾本科燕麦属植物的地理分布. 热带亚热带植物学报，23（2）：111-122.

田长叶，2002. 燕麦//林如法，柴岩，廖琴，等. 中国小杂粮. 北京：中国农业科学技术出版社.

郑殿升，2010. 中国燕麦的多样性. 植物遗传资源学报，11（3）：249-252.

BAUM B R，1977. Oats：wild and cultivated. A monograph of the genus *Avena* L.（Poaceae）. Ottawa：Minister of Supply and Services.

LADIZINSKY G，2012. Studies in oat evolution：a man's life with *Avena*. Belin，Heidelberg：Springer-Verlag.

LOSKUTOV I G，2008. On evolutionary pathways of *Avena* species. Genetic Resources and Crop Evolution，55（2）：211-220.

MUNKHTUYA Y，2017. 燕麦种质资源多样性及重要农艺性状的QTL分析. 北京：中国农业科学院.

第四章 燕麦种质资源收集与保存

燕麦种质资源广泛收集是燕麦种质资源保护的基础和先行，不断地收集才会使燕麦种质资源逐渐增加多样性，拓宽遗传基础。妥善保存是燕麦种质资源的安全保证，将收集起来的种质资源在适合的条件下保存，使之保持旺盛的生命力和遗传完整性。因此，只有开展好燕麦种质资源的收集和保存工作，才能实现对它们的有效研究和利用。

第一节 燕麦种质资源广泛收集

广泛收集是指通过考察、调查、国外引种等方式对作物种质资源进行全面收集（中国农学会遗传资源分会，1994）。中国燕麦种质资源的收集工作是从20世纪50年代开始的，迄今约70年的历史。经过燕麦科研人员的不断努力，通过全国性征集、调查和考察收集及国外引种等途径，收集到了大批燕麦种质资源材料，包括地方品种、育成品种、高代品系、遗传材料和野生种资源，涵盖了丰富的燕麦物种和遗传多样性。

在早期的收集中，通常只是燕麦育种家在田间寻找某些有用的遗传材料，目标集中在少数的特征特性上，考察的范围有限。随着农业的发展，现代育成品种的大面积推广和地方品种的淘汰，使大量燕麦种质资源丢失，才开始了以保护为目的的燕麦种质资源收集工作。

一、主要收集途径和方法

（一）普查征集

普查征集是通过国家行政部门或全国各农作物种质资源的组织协调单位，向地方有关单位发通知或征集函，由当地人员采集本地区或本单位的种质资源样本，送往指定单位进行繁殖、鉴定和保存。我国1952年、1955年，由农业部印发通知和统一表格，提出征集种质资源及其标本的数量标准，发至全国各地，以县为单位收集种质资源，送交本省（区、市）有关业务单位。

1979年国家科委和农业部联合发出《关于开展农作物品种资源补充征集的通知》，要求各省（区、市）尽一切努力把分散在农民群众手中的农作物品种和野生近缘植物收集起来。这两次大规模的征集工作，分别获得作物种质资源21.7万份（包括重复）和11万份（中国农学会遗传资源分会，1994）。燕麦种质资源普查征集工作是与其他作物同步开展的，主要征集在当地生产上正在应用的和已经淘汰的地方品种，目前在国家作物种质库保存的燕麦种质资源大部分是通过普查征集获得的。

（二）考察收集

考察收集是指由国家有关农业科研机构牵头组建考察队，对特定地区进行专项考察，在调查了解当地作物生产、分布、多样性的同时，对当地生产上应用的品种和农家保留的品种进行收集，然后带回科研机构进行繁殖、鉴定和入库保存。燕麦资源考察可以说是手段，具有计划性、科学性和完整性，从计划制定、地点选择和考察人员组成到收集方法和取样技术都需经过认真的研究、论证和培训。资源收集则是目的，是考察和调查的主要任务。种质资源收集的是燕麦群体，每一样品应包括充足的个体材料，尽可能获取到群体的多样性，根据燕麦群体的结构和特性、生态地理分布，正确选择取样点和取样方法，认真做好现场记录，这是种质资源收集者的重要工作。

为确保所收集种质资源的遗传完整性，考察收集应遵循一定的技术程序，包括准备工作、采集样（标）本、初步整理、临时编目和保存、考察总结、建立数据库（郑殿升 等，2007）。

1. 准备工作

燕麦种质资源考察收集准备工作包括确定考察地点、制定考察计划、组建考察组、物资准备等。

（1）确定考察地点。考察地点应是燕麦种质资源丰富的地区。我国燕麦主要分布在华北、西北、西南各省（区），并且在这些地区中，处于偏远的县份或海拔比较高的县份，由于路途遥远，加之交通不便，过去的燕麦种质资源征集工作和考察收集均未到达过，或者征集得很少，因此，这些县份的燕麦种质资源还有一定潜力，特别是野生燕麦潜力更大。

（2）制定考察计划。考察计划的内容主要有目的和任务、地区和时间、人员组成和经费预算等。

（3）组建考察组。燕麦种质资源考察组一般由3~5人组成，其中组长应该业务水平高、组织协调能力强。对未从事过考察的人员，应进行技术培训。

（4）物资准备。一是交通工具。二是采集样本的用品，如纱网种子袋和标签（号牌）、标本夹和吸水纸、卷尺、相机、全球定位系统（GPS）等。三是生活用品，如水壶或瓶装矿泉水、所需的衣物和鞋帽、必备的常用药品等。四是印制燕麦种质资源收集数据采集表，采集表的内容有采集号、采集地点、种质名称和类型、种子量、标本份数、采集地的海拔、采集者、野生燕麦的生境、附记（种质的特征特性、种植情况等）。

2. 采集样（标）本

（1）填写采集表。采集燕麦种质资源样（标）本时，应及时填写燕麦种质资源考察收集数据采集表。

（2）燕麦种质资源的采集方法。一是地方品种，应在随时取样的基础上，尽力将各种类型采集齐全。二是育成品种（系），应随机采样。三是野生种，应按居群取样，每居群取20株，各株相隔距离要大于10m。采集的种子量，每个品种取200g左右；从20株上收获种子（每株一穗），同时采集1~3份，以便鉴定分类。

（3）采集样（标）本编号方法。每份样（标）本必须挂上标签（号牌），并给予一个采集号，标签上除填写采集号外，还应写上采集地点、种质名称。如果一份种质资源既采集了样本，也采集了标本，其采集号必须同为一个。采集号由采集年份加采集地点的省份代码再加顺序号组成，如2010540123，代表2010年在西藏采集的第123号样本。省份代码遵照GB/T 2260—2007《中华人民共和国行政区划代码》。

（4）野生燕麦采集地点的定位。野生燕麦采集地点，应利用全球定位系统（GPS）定位，并估算居群面积，记录经纬度和海拔。同时照相和录像，这对野燕麦生境的了解和植物学分类都是有益的。

（5）采集样（标）本的保管。采集的燕麦种子要及时晾晒，并防止混乱。采集的样本要经常换吸水纸，特别是取样的第1~2天，这样可使样本尽早干燥。

3. 初步整理

考察收集结束回单位后，对收集的燕麦种质样本和标本、数据和信息、所获种质资源的价值均应进行初步整理。

（1）样本和标本的清理。对收集的燕麦种质样本和标本进行清理，首先核对每份样本和标本的采集号与数据采集表的记录是否一致，然后将样本和标本按顺序放置，并列出清单备用。

（2）数据和信息的整理。主要是对采集表、各种信息进行整理及各项数据的统计。

（3）收集的燕麦种质资源的初步鉴定。首先鉴别所收集种质资源的类型，如地方品种、育成品种（系）、野生种，然后研究分析这些种质资源中是否有珍稀种质，或有特殊利用价值的种质。对野生种的标本及时上台纸，制作成腊叶标本，并且请有关专家进行植物学分类鉴定。

4. 临时编目和保存

对考察收集的燕麦种质资源，经初步整理、鉴定后，应编写"燕麦种质资源考察收集名录"，以便进行深入鉴定评价和研究利用查询。临时名录的内容包括采集号、采集地点、种质名称、样本或标本数量、主要特征特性，如果是野燕麦，最好在种质名称后或备注栏中写出其拉丁学名。

凡是编入"燕麦种质资源考察收集名录"的种质，应繁种入短（中）期库保存，进行性状鉴定和编入中国燕麦种质资源目录，并繁种入国家作物种质资源长期库。

5. 考察总结

考察任务结束后，在对考察收集的燕麦样（标）本初步整理的基础上，要进行全面总结。考察总结是使考察所获燕麦样（标）本和资料数据完整化、系统化和理论化的过程，亦是考察收集的结晶。所以做好考察总结，是关系燕麦考察收集成绩大小的一个重要环节。

考察总结应尽可能详细，以便作为原始资料，供深入研究参考。考察总结大体包括7项内容。一是考察的目的和任务。二是燕麦在当地的种植情况；野生燕麦的分布、居群大小、伴生植物。三是考察地区的地理位置、地貌特征、海拔、气候条件、土壤类型和植被状况。四是所收集种质资源及其特征特性，野生燕麦的分类地位，这些种质资源对燕麦育种、起源演化和其他生物学研究的价值。五是新发现的物种（变种、变型）或珍稀种质资源的特征特性的详细描述，并附有关照片。六是考察收集中的经验和教训。七是对当地燕麦种质资源的保护、开发利用的建议。

6. 建立数据库

燕麦种质资源考察收集的计划、收集数据采集表、各种数据统计、各种记载信息、初步整理结果、收集名录、总结报告等，均应立卷归档。上述所有资料均应规范、完整地输入计算机，建立燕麦种质资源考察收集数据库。

（三）国外引种

国外引种是指从国外引入燕麦种质资源，通过检疫、试种，在我国种植和利用的过程，国外燕麦种质资源引种是燕麦种质资源收集的重要途径之一。实践证明，国外燕麦种质资源引种是简便易行、行之有效的方法，不但丰富我国燕麦种质资源及其多样性，也为生产和育种提供了更雄厚的物质基础（郑殿升和张宗文，2017）。

1. 燕麦国外引种的途径

国外燕麦种质资源引种的途径有6个方面。第一，赴国外考察收集。在国际允许的前提下，组织考察组赴国外考察收集燕麦种质资源。为此，首先要掌握燕麦种质资源丰富的国家作为考察收集的对象，其次是做好出国考察的物资准备。第二，国际科技协定。中国与许多国家之间建立了科技协定，通过国际科技协定可以引进所申请的燕麦种质资源。第三，国际合作交流。中国与燕麦种质资源丰富的国家或国际农业研究机构进行燕麦科技合作，从而交流燕麦种质资源。第四，科学家互访。中国科学家与国外科学家互相访问，在交流科学技术的同时，交换燕麦种质资源。第五，国家外事机构收集。通过中国驻国外的外事机构，如使馆、外贸系统等，收集当地的燕麦种质资源。第六，民间团体和国际友人赠送。

2. 归口管理

作物种质资源国外引种由农业农村部直接管辖，统一归口管理。《农作物种质资源管理办法》中规定，"农业农村部设立国家农作物种质资源委员会，研究提出国家农作物种质资源发展战略和方针政策，协调全国农作物种质资源的管理工作。委员会办公室设在农业农村部种植业管理司，负责委员会的日常工作""国家实行引种统一登记制度。引种单位和个人应当在引进种质资源入境之日起一年之内向国家农作物种质资源委员会办公室申报备案，并附适量种质材料供国家种质库保存""引进的种质资源，由国家农作物种质资源委员会统一编号和译名，任何单位和个人不得更改国家引种编号和译名"。

新引进的燕麦种质资源由全国归口管理单位统一登记，记入农作物种质资源国外引种数据采集表。农作物种质资源国外引种数据采集表及填写说明，依照农作物种质资源收集描述规范执行。这样有利于引进的燕麦种质资源的检疫、查对、全面鉴定和及时向全国提供利用。

3. 国外燕麦引种的程序

国外燕麦种质资源引种在统一归口管理的前提下，其工作程序为申报、引进、检疫、登记、隔离检疫试种、繁种保存、编写引种目录、中期库保存、提供利用、建立档案和数据库（图4.1）。

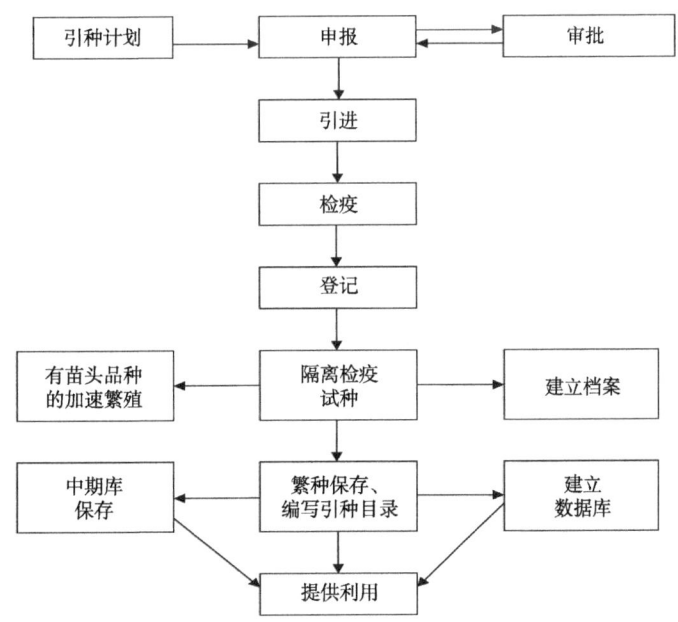

图4.1 燕麦种质资源国外引种工作程序

（1）制定引种计划、申报和引进。各单位或个人准备从国外引进燕麦种质资源，首先应制定引种计划。引种计划的内容包括引种国别、种质名称及其重要特性、引进数量等。

各引种单位或个人将引种计划报所在地区的有关主管部门，各地区有关主管部门审核后报全国归口管理单位。

全国归口管理单位进行汇总，删除重复和曾经引进过的材料，同时加以补充并审批。

经全国归口管理单位审批的燕麦种质资源引种计划，即可通过引进途径引进。然而，科学家出访和科技合作研究中收集到未经审批的或国外科学家、民间团体和友人赠送的燕麦种质资源，应事后补报全国归口管理单位。

（2）检疫和登记。《农作物种质资源管理办法》中规定，"单位和个人从境外引进种质资源，应当依照有关植物检疫法律、行政法规的规定，办理植物检疫手续"。引进的燕麦种质资源经检疫，未发现检疫对象的方可试种、鉴定。这样可防止危险性病虫草害在我国蔓延。

经检疫的燕麦种质资源，应进行登记。引种单位或个人引进的材料应逐个登记，登记的内容有引种编号、种质名称、引入时间（年、月）、引入途径、来源国家、种子量、粒色及特异性状等。如果引进了燕麦野生种，需注明物种的拉丁学名。

（3）隔离检疫试种。新引入的燕麦种质资源虽经检疫部门检疫，但还需要在隔离检疫圃中进行隔离检疫试种。隔离检疫试种的任务主要有3项，一是在试种的燕麦抽穗至籽粒灌浆期，请植物检疫部门的专家进行田间检疫；二是对试种的种质资源进行主要形态和农艺性状观察记载，从而做出初步评价；三是增殖较多种子。

检疫试种的种植方式、田间设计和管理、主要性状的记载标准和评价，应参照《燕麦种质资源描述规范和数据标准》中的标准和规范。增殖的种子要适期收获，防杂和妥善保存，待进一步利用。

（4）繁种保存和编写引种目录。经检疫试种的燕麦种质资源，应进一步繁殖足够量的合格种子，并入中期库保存。在繁种的同时，应继续观察记载主要形态和农艺性状，以便取得更可靠的数据。与此同时，对有苗头的种质应加速扩繁，以便有足够量的种子向全国供种，尽快充分利用。对珍稀种质应及时制作标本和拍摄照片或录像。

依据隔离检疫试种和繁种中观察记载的数据和有关信息，尽快编写引种目录，供全国有关科研单位查询。引种目录的内容应包括引种编号、种质名称、主要形态和农艺性状、来源地或原产地、备注。

（5）提供利用和建立数据库。本着种质资源共享的原则，燕麦种质资源引进单位在种质检疫试种和繁种结束后，应及时发布引种信息，向征集种质的单位或个人提供所需的种质。

为了更好地利用国外引进的燕麦种质资源，应建立"国外燕麦引种数据库"。从制定引种计划，一直到提供利用及利用结果的所有数据和信息，均输入"国外燕麦引种数据库"，在该数据库中可检索到所有相关的数据和信息。

二、收集材料的整理与编目程序

（一）整理工作程序

整理工作是指对收集的农作物种质进行登记、归类，通过试种观察，鉴定其主要植物学特征和农艺性状，淘汰重复材料，为种质资源编目和农艺性状鉴定提供数据和种子，并对相关数据进行处理和分析（方嘉禾 等，2008）。燕麦种质资源整理工作按下列程序进行。

1. 种质登记

燕麦种质资源有关单位对各种途径（考察收集、普查征集、国外引种等）获得的种质资源均应进行登记，登记的信息尽可能全面、翔实可靠，为下一步燕麦种质鉴定提供重要参考和依据。登记内容包括作物名称、学名、种质名称、种质类型、种质形态［如果实、种子、苗、根、茎、叶、芽、花（粉）、组织等］、引种号、引进日期、保存单位编号、来源地、采集号、繁殖特性、种质数量等信息。

2. 种子处理

把收集的燕麦种质资源在适宜含水量和温湿度条件下存放，以防霉变、发芽、坏死。经干燥至适宜贮存含水量的种子，一般应在低温、干燥、通风的风干室或临时库和中期库保存。

3. 试种

对收集的燕麦种质资源进行试种，以增加种子量，明确其适应性，为进一步繁殖保存和鉴定评价提供种子。一般对于种子数量太少的材料，要先选择适宜种植地区扩大繁殖后再试种观察。对栽培条件和繁殖特性不清楚的燕麦野生种，应在可能适应的生态区或可调控设施内安排试种。

每份种质材料设1个小区，每10个小区设1个对照，一般采用当地广泛应用的品种作为对照。可施用少量有机肥，尽可能不施用化肥。采用人工除草，适当灌水，确保试种的种质材料正常生长。

对每份种质材料进行观察鉴定，记录基本农艺性状，成熟后及时收获，对落粒性强的燕麦野生材料应在蜡熟期或籽粒80%成熟时开始收获。

（二）编目工作程序

根据国家"农作物种质资源保护与利用"专项要求，由中国农业科学院作物科学研究所牵头，组织全国主要燕麦科研单位协力完成，燕麦种质资源编目规则和技术要求如下。

1. 入目种质的条件

编入目录的种质为地方品种、育成品种、某一性状优良的稳定品系或特殊遗传材料、野生种。凡是随后编入目录的种质，不得与已编入目录的种质重复。要有2年（含2年）以上目录中列出性状的鉴定数据的平均值。

2. 入目种质的编号

燕麦种质资源编入目录的全国统一编号为8位串符，即ZY+6位数字，前缀ZY代表中国燕麦，后6位数字是种质的顺序号。

3. 目录的项目

中国燕麦种质资源目录的项目共25项，全国统一编号、保存单位编号、种质名称、种质类型、原产地或来源国、皮裸性、生育期、幼苗习性、幼苗颜色、株高、穗型、主穗长、轮层数、小穗形、主穗小穗数、内稃色、外稃色、粒型、粒色、芒性、芒形状、芒色、单株粒重、主穗粒重、千粒重，另外，可增加籽粒蛋白质、脂肪含量，黑穗病、红叶病、秆锈病的抗性。各性状的鉴定方法和分级标准，遵照《燕麦种质资源描述规范和数据标准》中的规定执行。

三、燕麦种质资源收集与编目概况

（一）国内收集概况

中国燕麦种质资源收集是伴随着全国作物品种资源征集和重点地区作物种质资源考察收集进行的。全国农作物品种资源征集有两次大规模的活动，第一次是在20世纪50年代，在全国发起征集农家品种工作；第二次是在20世纪70年代末至80年代初，组织了全国农作物品种资源补充征集（中国农学会遗传资源分会，1994）。通过两次全国性作物种质资源征集工作，从各地征集到大批燕麦种质资源。20世纪80年代，在国家支持下，中国农业科学院和有关单位开展了特定地区的作物种质资源考察收集，如西藏作物种质资源考察收集、云南作物种质资源考察收集等。此外，中国农业科学院还向全国燕麦育种和生产单位进行了燕麦品种资源的专项征集。

中国燕麦种质资源考察收集因人力、物力、财力所限，比较正规的考察收集寥寥无几。有一些考察收集的燕麦种质资源是随作物种质资源综合考察获得的，如西藏作物种质资源考察、云南作物种质资源考察、神农架及三峡地区作物种质资源考察、大巴山（含川西南）作物种质资源考察、黔南桂西山区作物种质资源考察、赣南粤北山区作物种质资源考察，都收集到燕麦种质资源，据不完全统计共获得170余份，其中四川76份、贵州56份、陕西27份，重庆和湖北分别为6份和5份。

随着国家对燕麦科研经费支持力度大大增加，全国燕麦科研队伍逐步增强。开展了燕麦种质资源的单作物考察收集工作，如中国农业科学院作物科学研究所与青海省农林科学院合作，于2008年在青海开展了燕麦种质资源考察收集，考察了青海东部湟中、平安、乐都及民和4个毗邻县内的33个村落，收集到60份燕麦种质资源，其中包括40份农家品种（王玉亭 等，2012）。经过初步鉴定，发现一批优良种质和特殊类型，如矮秆早熟品种肚里黄株高约35cm，成熟期70d左右。通过遗传冗余性研究，证明大部分收集材料具有独特性，并进行了编目和入库保存，由此说明我国燕麦种质资源还有考察收集的必要。这个结论也可以从"云南及周边地区农业生物资源调查"项目的调查结果得到证明，该调查共获得燕麦品种39份，均为收集的新种质资源。因此，我国应加强燕麦种质资源的单作物考察收集，特别是针对交通不便的偏远山区。

（二）国外引种概况

引进国外燕麦种质资源的目的是丰富中国燕麦种质资源多样性，拓宽中国燕麦的遗传基础，从而更好地为生产、育种和其他科研利用。自20世纪50年代以来，中国燕麦科研工作者就积极从国外引进燕麦种质资源，并及时地进行种植观察和鉴定评价，择优在生产和育种中利用，取得了非常显著的效果。

燕麦国外引种也是种质资源收集保护的有效途径。燕麦国外引种途径主要有国际科技合作、科学互访、驻外机构征集、友好团体或人士赠送，以及近年来国家设立的引种项目。从1949年以来，先后从苏联、匈牙利、保加利亚、罗马尼亚、蒙古国、加拿大、瑞士、美国、英国、法国、丹麦、荷兰、瑞典、澳大利亚、新西兰、阿根廷、日本、俄罗斯、智利、芬兰、捷克、德国、比利时、土耳其、以色列、巴基斯坦等国引进了多批种质资源（中国农学会遗传资源分会，1994）。

中国的国外燕麦种质资源引种工作起步较晚，自1949年（中华人民共和国成立）后才开始。迄今，已编入《中国燕麦品种资源目录》（第一册和第二册）的国外燕麦种质资源共1 023份，其中皮燕麦987份，裸燕麦36份。它们来源于25个国家，具体的来源国和引进的份数见表4.1。

表4.1 引进燕麦种质资源的来源国及引进的份数统计

欧洲				美洲		亚洲		大洋洲		其他
国别	份数/份	国别	份数/份	国别	份数/份	国别	份数/份	国别	份数/份	
苏联	84（15）	罗马尼亚	6	加拿大	106（10）	日本	19（1）	澳大利亚	23	46（1）
丹麦	502（1）	瑞士	6	美国	63	巴基斯坦	4	新西兰	2	
匈牙利	52（5）	捷克	5	阿根廷	1	土耳其	3			

（续表）

| 欧洲 | | 美洲 | | 亚洲 | | 大洋洲 | | 其他 |
国别	份数/份	国别	份数/份	国别	份数/份	国别	份数/份	国别	份数/份	
瑞典	23	英国	4	智利	25(2)	以色列	2			
法国	18(1)	荷兰	2			蒙古	2			
德国	15	比利时	2							
保加利亚	7	芬兰	1							
小计		727(22)		195(12)		30(1)		25		46(1)
总计										1 023(36)

注：1. 括号内的数字为该国引进燕麦种质资源中的裸燕麦份数。

2. 匈牙利资源中有2份砂燕麦（*A. strigosa*）和2份普通野燕麦（*A. fatua*）；美国资源中有野红燕麦（*A. sterilis*）和砂燕麦（*A. strigosa*）各1份；加拿大资源中有东方燕麦（*A. orientalis*）和地中海燕麦（*A. byzantina*）各1份。

从上述情况和表4.1可以看出，第一，从国外引进的燕麦种质资源，绝大多数是皮燕麦，裸燕麦极少。第二，从洲际看，引进最多的是欧洲，共727份；其次，是美洲，为195份，引进较少的是亚洲和大洋洲，分别为30份和25份。第三，从国家看，引进较多的国家有丹麦、加拿大、苏联、美国、匈牙利、瑞典、智利、澳大利亚等。

迄今尚未编目的引进燕麦种质资源约400份，主要引自美国、加拿大、澳大利亚、俄罗斯等国家。这批燕麦种质资源的突出特点，一是品种的综合性状好，产量比较高，有的经鉴定和品种比较试验，可以在生产上直接利用，或用作杂交育种的亲本。二是物种多样性丰富，除已编入《中国燕麦品种资源目录》（第一册和第二册）的7个物种以外，还有22个物种，至此，我国共有燕麦物种29个，其中我国2000年之前就已种植或自然生长的野生种有普通栽培燕麦、大粒裸燕麦、普通野燕麦、野红燕麦和绵毛燕麦（异颖燕麦）。

（三）种质编目概况

现已编写《中国燕麦品种资源目录》两册，其中第一册非正式出版，第二册正式出版，第三册待出版。入目种质共3 488份，其中国内的2 404份，国外的1 082份，未知来源2份；裸燕麦2 033份，皮燕麦1 455份。国内材料主要来自15个省（区），其中来自山西的居多，为1 216份；其次是内蒙古，为530份。这些编目种质资源分别从属于7个物种，其中栽培物种有普通栽培燕麦（*A. sativa*）、大粒裸燕麦（*A. nuda*或*A. sative* var. *nuda*）、砂燕麦（*A. strigosa*）和地中海燕麦（*A. byzantina*），野生燕麦有普通野燕麦（*A. fatua*）、野红燕麦（*A. sterilis*）和东方燕麦（*A. orientalis*）。

第二节 燕麦种质资源繁殖更新

繁殖更新是指通过种植燕麦种质材料，生产新个体、收获新种子的过程。繁殖更新是燕麦种质资源保存工作的重要环节，不但关系收获种子数量的多少，也关系种质材料的遗传完整性。通过繁殖，可以扩大和增加种子数量，为农艺性状鉴定、入库保存和分发利用提供足量的种子。当燕麦种质资源在种质库保存一定年限后，种子的生活力降低到85%以下时，应及时对相关种质材料进行更新，即选择适合地点进行种植，生产出新的种子，使该种质资源的生活力得到更新。

一、繁殖更新目的和要求

1. 增加新收集种质材料的种子量

对于新收集的燕麦种质资源材料，无论是从田间收集、野外采集，还是从农户家里获取，往往每份材料的种子量都较少，有些从农户手里收集的种质材料可能已经多年不种植，生活力已经很低，因此繁殖更新可以恢复其生活力，同时增加种子量，为下一步的鉴定和繁种入库奠定基础。

2. 提供种质材料入库保存用种子

为使收集的燕麦种质资源不再丢失，可以把种质材料的种子保存在低温种质库，可以长期保持其生活力。在低温种质库保存需要一定的种子量，每份入长期库保存的燕麦种质的活性和数量有具体的要求，种子的发芽率一般不低于85%，数量不少于250g。因此燕麦种质资源长期保存需要繁殖工作。

3. 提供用于种质材料分发的种子

为促进燕麦种质资源分发利用，国家作物中期库负责提供种子，为了确保有足量的种子用于分发，需要开展燕麦种质资源中期库繁种工作，以保障燕麦种质资源的有效利用。

二、繁殖更新技术规程

（一）繁种地点选择

1. 繁殖地区

应选种质原产地或与原产地生态环境条件相似的地区，能够满足繁殖更新材料的生长发育及其性状的正常表达。繁种地区应能保证燕麦种质正常生长发育，并且成熟期间天气适温和晴天少雨。繁种本国的燕麦资源应选择其原产地或与原产地类似的生态区，繁种来自国外的燕麦资源应选择与之来源国或者来源地相似的地区。

2. 试验地

应选择地势平坦、地力均匀、形状规整、排灌方便的田块；远离污染源，无人、畜侵扰，附近无高大建筑物；避开病虫害多发区、重发区和检疫对象发生区。土质应具有当地燕麦土壤代表性。

3. 配套条件

应具备播种、收获、晾晒、贮藏等试验条件和设施。

（二）种子准备

1. 核对种质

核对种质名称、编号、种子特征。

2. 发芽率抽测

按照10%~15%的抽样比例，抽样检测种子发芽率。

3. 播种量

根据抽测发芽率和更新群体大小确定播种量，确保出苗率，以满足有效群体的要求。

4. 分装编号

按种质类型进行分类、登记、分装和编号，每份种质一个编号，并在整个繁殖更新过程中保持不变。

（三）播种

1. 浸种催芽

浸种消毒。如需要，使用温室、培养箱等设备催芽。

2. 播种

根据种质光温性、熟期性等特性适时播种。按编号顺序每份种质播一个小区，稀播匀播，并插编号标签；各小区间充分隔开，避免种子错位和混杂。

3. 播种示意图

画出播种示意图，在图中标明南北方向、小区排列顺序、小区号、小区行数和人行道。

4. 有效群体

有效群体指确保每份燕麦种质遗传完整性的繁殖群体大小，地方品种不少于150

株，其余类型不少于100株。

5. 小区设置

根据群体大小、种植密度确定小区面积；长宽比为（2～3）：1，采用顺序排列，留操作走道，设保护行。按设计好的行序播种每份种质，并每隔10行插上行号牌。

（四）田间管理

1. 施肥水平

根据土壤肥力和种质类型确定施肥量。选育品种、品系、遗传材料以及突变体采用当地普通施肥水平，而地方品种少施肥或不施肥。

2. 栽培措施

按当地生产的管理方法，做好水分管理、病虫草害防治、鼠雀害防治等措施。高秆、软秆品种做好防倒处理。

（五）田间去杂

1. 去杂时期

幼苗期、抽穗期、黄熟期和考种期。

2. 地方品种

群体内异质个体的数量极少，其抽穗期、株型、穗型、粒型性状明显区别于主体类型，则当作杂株拔除。

3. 其他类型

对抽穗期、株型、叶型、叶色、穗型、粒型、粒色等主要表型性状与主体类型不一致的个体，都当作杂株去除。

（六）核对性状

核对繁殖更新材料的株型、叶型、穗型、粒型以及茎、叶、颖色泽等性状是否具有原种质的特征特性，对不符合原种质性状的材料应查明原因，及时纠正。

（七）收获、脱粒、干燥及清选

1. 收获

适时收获。每小区剔除四周边行后全部收获；按材料单收、单晾晒。

2. 脱粒

每份材料脱粒前，须清扫干净脱粒场地、机械、用具等，严防混杂；按材料单脱粒、单装袋；种子袋标签编号须与田间小区编号一致，袋内外各附有行号标签。

3. 干燥

脱粒装袋后及时晾晒，防止发热霉变及鼠雀损害。

4. 清选

去除瘪谷、病虫粒和泥沙等杂质。

（八）种子核对和包装

1. 整理

按材料编号顺序整理和登记，核对编号。

2. 核对

对照标本和种质目录核对种质。

3. 分装

根据入库种子需求量，用布袋、纸袋等分装和称重。需要邮寄时避免采用纸袋装种子。

第三节　燕麦种质资源入库保存

众所周知，20世纪以来随着作物新品种的推广、人口增长、环境变化，以及经济建设等方面的原因，作物种质资源多样性不断遭到破坏或丧失。因此，世界各国非常重视作物种质资源的安全保护。作物种质资源保护主要有异生境保护和原生境保护两种方式。异生境保护包括低温种质库、种质圃、试管苗库、超低温库和DNA库；原生境保护包括野生近缘种保护区（点）和利用性农家保护。燕麦种子属于正常型，主要采用异生境保护方式，即入库保存。

入库保存是指通过对种质资源进行繁殖、干燥、包装，然后放入低温库进行中期和长期保存、定期监测的过程（卢新雄 等，2008）。燕麦种质资源保存，主要是将种子分别入中期库、长期库保存，中期库保存的种质供科研用，长期库保存的种质仅是保持其生命力，不直接提供利用。在国家有关项目的支持下，我国对编目燕麦种质资源开展了入库保存。

一、种子数量和质量标准

入库的燕麦种质资源材料必须符合下列要求：

种子必须是当年繁殖的；

种子量栽培种不少于250g，野生种可适当减少；

种子发芽率栽培种不低于85%，野生种不低于70%；

种子含水量不得超过13%；

种子应清选干净，杂质不得超过2%，并且要去除破碎粒、虫蚀粒、无胚粒、秕粒、瘦小粒和杂粒。

二、包装标识清晰

入库的燕麦种质资源材料包装必须符合下列标准：

每份装入一个纸袋或布袋，每份种质包装要结实牢固、防漏、防潮；

在每个包装袋上标注作物名称、统一编号、种质名称和繁种年份；

包装好的种质材料按统一编号顺序排列。

三、提供种质清单

在送交入库种质材料的同时，提交相应的材料清单，清单内容包括作物名称、统一编号、学名、种质名称、原保存单位、繁种地点、收获年份等信息。

四、送交国家作物种质库

国家保种项目新繁殖的燕麦种质资源的种子，应及时送至位于中国农业科学院的国家作物种质库保存。国家作物种质库收到入库种子和清单，经核实无误后开具种质入库数量证明。

五、我国燕麦种质资源保存现状

我国燕麦种质资源是以种子形式在种质库保存，国家作物种质库设立在中国农业科学院（北京），由长期库和中期库组成，其中长期库负责种质资源长期保存，中期库负责繁殖、鉴定和分发。根据国家作物种质库要求，凡是入库保存的种质，必须编入国家种质资源目录，并且繁殖足够量的合格种子。

（一）长期保存

经过国内多个单位的共同努力，已经繁殖入国家作物种质库长期保存的燕麦种质资源5 228份，其中原产中国的3 129份，外引的2 099份（表4.2）。保存温度-18℃，种子含水量干燥至5%~6%，密封于铝箔袋或金属盒内，种子活力可保持30年以上。

表4.2 入长期库保存的燕麦种质资源的来源和份数

国内来源	份数/份	国外来源	份数/份
黑龙江	48	捷克	5
吉林	13	澳大利亚	27
内蒙古	610	保加利亚	7
河北	524	丹麦	502
山西	1 248	德国	18
甘肃	246	法国	17
宁夏	56	罗马尼亚	6
青海	180	匈牙利	52
陕西	52	瑞典	23
贵州	11	瑞士	6
四川	40	俄罗斯	78
西藏	2	加拿大	948
新疆	64	美国	207
云南	26	蒙古国	101
湖北	3	日本	19
河南	3	吉尔吉斯斯坦	5
安徽	3	土耳其	7
		其他	71
国内小计	3 129	国外小计	2 099
总计	5 228		

（二）中期保存

中国农业科学院作物科学研究所、山西农业大学农业基因资源研究中心等单位对已经入国家作物种质库长期保存的燕麦种质资源进行了全部扩繁，并保存在国家作物种质库的中期库中，主要用于鉴定评价和分发利用，免费向国内燕麦育种、科研和教学单位提供，利用者可以通过向国家农作物种质资源平台提出申请，经有关部门批准后，国家作物种质库的中期库将向申请者提供所需燕麦种质资源。

参考文献

方嘉禾，刘旭，卢新雄，2008.农作物种质资源整理技术规程.北京：中国农业出版社.

卢新雄，陈叔平，刘旭，2008.农作物种质资源保存技术规程.北京：中国农业出版社.

王玉亭，张宗文，李高原，等，2012.新收集燕麦种质的遗传多样性和冗余性鉴定.植物遗传资源学报，13（1）：16-21.

郑殿升，刘旭，卢新雄，2007.农作物种质资源收集技术规程.北京：中国农业出版社.

郑殿升，张宗文，2017.中国燕麦种质资源国外引种与利用.植物遗传资源学报，18（6）：1001-1005.

中国农学会遗传资源分会，1994.中国作物遗传资源.北京：中国农业出版社.

第五章 燕麦种质资源农艺性状鉴定

燕麦是草本植物，叶片扁平；花序开放、外散或收紧或侧散圆锥花序，花序梗着生小穗，具有一到几朵花，外层为两个颖片，彼此相等或不相等，内层为两个稃片，为皮质至壳质，有毛或光滑，最里面是三雄蕊和子房，子房呈卵形到披针形。籽粒多为长圆形，由外稃和内稃包裹或者裸露。燕麦种质资源农艺性状指那些与气候、生产和栽培条件密切相关的生物学、植物学、品质、抗病虫、抗逆等相关的特征特性。燕麦种质资源农艺性状鉴定指对收集到的燕麦种质资源材料的主要性状进行测定和测量，了解种质资源材料特性和特点，筛选具备各种优良性状的种质材料。燕麦种质资源农艺性状鉴定一般需要多年多点试验，鉴定性状一般30个以上，数据量大，工作烦琐，是燕麦种质资源研究的重要任务。

第一节 燕麦种质资源性状描述规范

燕麦种质资源性状描述规范指对燕麦各种性状进行调查、测量和记录时采用的单位、分级、格式和度量标准。燕麦种质资源性状描述规范有利于燕麦种质资源保护者、育种家和其他利用者根据需要查找燕麦种质材料，也便于建立燕麦种质资源数据库和信息交流交换。燕麦种质资源性状一般划分了生物学特性、形态学特性、品质特性、生物（病和虫）抗性和非生物（干旱、盐碱、光温、高湿）抗性。本燕麦种质资源性状描述规范主要摘自《燕麦种质资源描述规范和数据标准》（郑殿升 等，2006）。

一、生物学特性

播种期：燕麦种质资源的田间试验和繁种更新而播种的日期，以年月日表示，格式为YYYYMMDD，如19950515代表播种期为1995年5月15日。

出苗期：燕麦播种后全小区有50%的芽鞘露出地面1cm的日期，以年月日表示，格式为YYYYMMDD，如19950614代表出苗期为1995年6月14日。

分蘖期：观测对象为燕麦种质资源试验小区植株，目测植株分蘖情况，当全小区50%植株长出分蘖的日期，即为该种质资源的分蘖期，以年月日表示，格式为YYYYMMDD，如19950630代表分蘖期为1995年6月30日。

拔节期：观测对象为燕麦种质资源试验小区植株，目测和手摸植株拔节情况，当全小区50%植株的第一节间伸出地面1.5cm左右的日期，即为该种质的拔节期，以年月日表示，格式为YYYYMMDD，如19950715代表拔节期为1995年7月15日。

抽穗期：观测对象为燕麦种质资源试验小区植株，目测植株抽穗情况，当全小区50%植株穗子的顶部小穗抽出叶鞘时的日期，即为该种质资源的抽穗期，以年月日表示，格式为YYYYMMDD，如19950715代表抽穗期为1995年7月15日。

成熟期：观测对象为燕麦种质资源试验小区植株，目测植株成熟情况，当全小区80%植株穗子枯黄，其籽粒进入蜡熟时的日期，即为该种质资源的成熟期，以年月日表示，格式为YYYYMMDD，如19950908代表成熟期为1995年9月8日。

熟性：以当地燕麦的中熟品种为对照，比较燕麦种质资源成熟的早晚。根据比对照品种成熟早或晚的天数，确定参试种质资源的熟性类型。

1 特早熟 （比对照品种早熟5d以上）

2 早熟 （比对照品种早熟3～5d）

3 中熟 （与对照品种成熟期相当）

4 晚熟 （比对照品种晚熟3～5d）

5 特晚熟 （比对照品种晚熟5d以上）

生育期：燕麦种质资源从播种期至成熟期所经历天数，单位为d。如5月15日播种，9月8日成熟，共经历116d，即该种质资源的生育期为116d。

冬春性：根据燕麦种质资源幼苗春化所需低温程度和时间长短，将燕麦种质资源分为冬性、半冬性、春性等类型。目前，中国已有的燕麦种质资源仅有两种类型。根据下列标准确定种质的冬春性。

1 春性 在北方燕麦产区春、夏播和南方燕麦产区秋播均能正常生育成熟。

2 半冬性 在南方燕麦产区秋播正常成熟；在北方燕麦产区春播成熟晚、夏播不能正常抽穗或成熟不正常，籽粒相当瘪瘦。

二、形态特征特性

幼苗习性：在燕麦种质资源幼苗分蘖盛期，观测试验小区全区幼苗，目测和量角器相结合，测量幼苗分蘖和叶片与垂直方向的角度。单位为（°），精确至整数位。根据所测角度大小与燕麦种质资源幼苗习性模式图相结合，确定种质幼苗生长习性。

1 直立 （与垂直方向的角度<15°）

2 半匍匐 （与垂直方向的角度为15°～60°）

3 匍匐 （与垂直方向的角度>60°）

幼苗颜色：在幼苗分蘖期，目测全小区幼苗的颜色，按照最大相似原则，确定种质幼苗颜色。

1 浅绿

2 绿

3 深绿

上述没有列出的幼苗颜色,需另外给予详细的描述和说明。

有效分蘖: 在燕麦种质资源成熟期,随机取10株,目测每株的有效分蘖数,取10株有效分蘖数的平均值,即为该种质资源的有效分蘖数。单位为个,精确至0.1个。

株高: 燕麦种质资源成熟时,用尺子测量试验小区内10株的高度,测量是从植株主茎的地表面(或分蘖节)至穗顶部(不含芒),取10株的平均值,即为该种质资源的株高。单位为cm,精确至0.1cm。

旗叶长度: 在燕麦乳熟期,随机取10个主茎旗叶,用尺子测量每个旗叶叶片基部至叶尖的长度,取10个旗叶长度的平均值,即为该种质资源的旗叶长度。单位为cm,精确至0.1cm。

旗叶宽度: 在燕麦乳熟期,随机取10个主茎旗叶,用尺子测量每个旗叶叶片最宽处的宽度,取10个旗叶宽度的平均值,即为该种质资源的旗叶宽度。单位为cm,精确至0.1cm。

旗叶角度: 在燕麦乳熟期,随机取10个主茎,测量其旗叶与茎秆夹角的角度,取10个旗叶角度的平均值,即为该种质资源的旗叶角度。单位为(°),精确至整数位。根据所测旗叶与茎秆夹角的角度大小和下列说明,参照旗叶角度模式图,确定种质的旗叶角度。

1 锐角 (<90°)

2 中等 (大约90°)

3 钝角 (>90°)

旗叶硬度: 在燕麦乳熟期,以试验小区植株为观测对象,目测旗叶叶片是否弯曲和弯曲程度。比较硬的旗叶不弯曲,软的旗叶弯曲,以此为据,并参照下列说明和旗叶硬度模式图,评价种质旗叶硬度类型。

1 弯 (叶片弯曲)

2 稍弯 (叶片稍弯曲)

3 挺直 (叶片挺直)

叶鞘茸毛: 在燕麦抽穗期,以试验小区植株为观测对象,目测叶鞘是否有茸毛和茸毛的多少。根据叶鞘茸毛有无和茸毛的多少以及与对照材料的比较,确定种质叶鞘茸毛状态。

0 无 (叶鞘无茸毛)

1 少 (叶鞘有稀疏茸毛)

2 中　（叶鞘有较多茸毛）

3 多　（叶鞘有稠密茸毛）

叶缘茸毛：在燕麦抽穗期，以试验小区植株为观测对象，目测叶缘是否有茸毛和茸毛的多少。根据叶缘有无茸毛和茸毛的多少以及与对照材料的比较，确定种质叶缘茸毛状态。

0 无　（叶缘无茸毛）

1 少　（叶缘有稀疏茸毛）

2 中　（叶缘有较多茸毛）

3 多　（叶缘有稠密茸毛）

茎粗度：在燕麦成熟期，用卡尺（游标卡尺）测量试验小区内10株主茎地上第二节间中部的粗度，取10株的平均值，即为该种质资源的茎粗度。单位为cm，精确至0.1cm。根据测量结果，确定燕麦种质资源茎粗度类型。

1 细　（<0.3cm）

2 中等　（0.3~0.4cm）

3 粗　（>0.4cm）

茎节茸毛：在燕麦抽穗期，以试验小区植株为观测对象，目测茎节有无茸毛和茸毛的多少。根据观测结果及下列说明，确定种质茎节茸毛状态。

0 无　（茎节无茸毛）

1 少　（茎节有稀疏茸毛）

2 中　（茎节有较多茸毛）

3 多　（茎节有浓密茸毛）

茎叶蜡质：在燕麦抽穗至乳熟期，以试验小区植株为观测对象，目测茎秆和叶片上是否有蜡粉和蜡粉多少。根据观测结果及下列说明，确定种质茎叶蜡质。

0 无　（茎秆和叶片上无蜡粉）

1 少　（茎秆和叶片上有较少蜡粉）

2 多　（茎秆和叶片上蜡粉很多）

茎秆颜色：在燕麦蜡熟期，以试验小区植株为观测对象，目测茎秆的颜色，按照最大相似原则，确定种质茎秆颜色。

1 黄

2 紫

茎节数：在燕麦抽穗期后，在试验小区内随机取10个主茎，计数每个主茎的节数，取10个主茎的平均值，即为该种质的茎节数。单位为节。

穗下茎长度：在燕麦乳熟期后，在试验小区内随机取10个主茎，用直尺测量穗下茎间的长度，取10个主茎的平均值，即为该种质的穗下茎长度。单位为cm，精确至0.1cm。

穗长：在燕麦成熟期，用尺子测量试验小区内10个主穗的长度，测量是从穗基部第一个轮层至顶部小穗（不含芒），取10个主穗长度的平均值，即为该种质资源的穗长。单位为cm，精确至0.1cm。

穗色：在燕麦成熟期，目测试验小区内燕麦穗子的颜色，按照最大相似原则，确定种质的穗色。

1 白

2 黄

3 褐

穗型：在燕麦成熟期，目测试验小区内燕麦主穗的形状。根据观测结果，与燕麦种质资源穗型模式图结合，确定种质穗子形状的类型。

1 侧紧

2 侧散

3 周紧

4 周散

小穗形：在燕麦成熟期，目测试验小区内燕麦小穗的形状。根据观测结果，与燕麦种质资源小穗形模式图结合，确定种质小穗的形状。

1 纺锤形

2 串铃形

3 鞭炮形

穗直立性：在燕麦成熟期，以试验小区植株为观测对象，目测和量角器相结合，测量穗子与垂直方向的角度。单位为（°），精确至整数位。根据测量结果及下列标准，确定种质穗子的直立性。

1 直立　　（穗子与垂直方向角度<15°）

2 半直立　（穗子与垂直方向角度15°~60°）

3 下垂　　（穗子与垂直方向角度>60°）

小穗直立性：在燕麦成熟期，以试验小区植株为观测对象，目测和量角器相结合，测量小穗与垂直方向的角度。单位为（°），精确至整数位。根据测量结果及下列标准，确定种质小穗的直立性。

1 直立　　（小穗与垂直方向角度<15°）

2 半直立　（小穗与垂直方向角度15°~60°）

3 下垂　　（小穗与垂直方向角度>60°）

主穗小穗数：在燕麦成熟期，从试验小区随机取10个主穗，目测计数每个主穗的小穗数，取10个主穗的平均值，即为该种质资源主穗小穗数。单位为个，精确至0.1个。

不育小穗数：在燕麦成熟期，从试验小区内随机取10个主穗，计数每穗不育小穗数，取10个主穗不育小穗数的平均值，即为该种质的不育小穗数。单位为个，精确至0.1个。

小穗粒数：在燕麦成熟期，从试验小区内随机取10个主穗，计数每穗小穗数，然后脱粒并计数籽粒数，计算每小穗结实粒数，取10个主穗的平均值，即为该种质的小穗粒数。单位为粒，精确至0.1粒。

穗轮层数：在燕麦成熟期，从试验小区随机取10个主穗，目测计数每个主穗的轮生分枝的层数（见穗轮层数模式图），取10个主穗的平均值，即为该种质资源的穗轮层数。单位为层，精确至0.1层。

芒性：在燕麦成熟期，以试验小区植株为观测对象，目测和使用尺子相结合，观测穗上部小穗是否有芒和测量芒的长短。单位为cm，精确至0.1cm。根据观测和测量结果及下列标准，确定种质芒的有无和强弱。

0 无

1 弱　（芒长≤2cm）

2 强　（芒长>2cm）

芒型：在燕麦成熟期，以试验小区植株为观测对象，目测有芒种质资源芒形状。根据观测结果及下列说明和芒型模式图，确定种质芒的类型。

1 挺直　（芒挺直形）

2 弯曲　（芒似膝盖弯曲形）

芒色：在燕麦成熟期，以试验小区植株为观测对象，目测有芒种质资源芒的颜色。按照最大相似原则，确定种质芒色。

1 白

2 黑

上述没有列出的芒色，需另外给予详细描述和说明。

主穗粒重：在燕麦成熟期，从试验小区随机取10个主穗，待风干后分别脱粒。籽粒充分干燥后，用天平逐穗称重，取10个主穗籽粒重量的平均值，即为该种质资源的主穗粒重。单位为g，精确至0.1g。

单株粒重：在燕麦成熟期，从试验小区随机取10株，待风干后分别脱粒。籽粒充分干燥后，用天平逐株称重，取10株籽粒重量的平均值，即为该种质资源的单株粒重。单位为g，精确至0.1g。

籽粒皮裸性：在燕麦成熟期，以试验小区植株为观测对象，用手搓揉籽粒并目测籽粒是否带皮（稃）。内外稃紧贴籽粒，难以去掉的为带皮；内外稃不紧贴籽粒，容易去掉的为裸粒。根据观测结果和籽粒皮裸性模式图，确定种质的籽粒皮裸性。

1 带皮

2 裸粒

内稃色： 在燕麦成熟期，以裸粒燕麦种质资源试验小区植株为观测对象，目测籽粒内稃的颜色。按照最大相似原则，确定种质内稃色。

1 白

2 黄

3 褐

4 黑

上述没有列出的内稃颜色，需另外给予详细描述和说明。

外稃色： 在燕麦成熟期，以裸粒燕麦种质资源试验小区植株为观测对象，目测籽粒外稃的颜色。按照最大相似原则，确定种质外稃色。

1 白

2 黄

3 褐

4 黑

上述没有列出的外稃颜色，需另外给予详细描述和说明。

籽粒形状： 在燕麦正常成熟收割脱粒后，待籽粒自然充分干燥时，以试验小区植株的籽粒为观测对象，目测籽粒的形状。根据观测结果，结合燕麦种质资源籽粒形状模式图，确定种质籽粒形状。

1 长筒形

2 纺锤形

3 椭圆形

4 卵形

籽粒颜色： 在燕麦正常成熟收割脱粒后，待籽粒自然充分干燥时，以试验小区植株的籽粒为观测对象，目测籽粒的颜色。根据最大相似原则，确定种质籽粒颜色。

1 白

2 黄

3 红

4 褐

5 黑

上述没有列出的籽粒颜色，需另外给予详细描述和说明。

籽粒茸毛： 在燕麦正常成熟收割脱粒后，待籽粒自然充分干燥时，以试验小区植株的籽粒为观测对象，目测籽粒上部是否有茸毛和茸毛多少。根据观测结果及下列说明，确定种质籽粒茸毛类型。

0 无　（光滑无茸毛）

1 少　（有稀疏茸毛）

2 中 （有较多茸毛）

3 多 （有浓密茸毛）

千粒重：在燕麦正常成熟收割脱粒后，待籽粒自然充分干燥时，以试验小区植株的籽粒为观测对象。具体操作按GB/T 5519—2018《谷物与豆类 千粒重的测定》的规定进行。数两份1 000粒，分别用天平称重，两者重量之差不超过0.5g，取平均值，即为种质的千粒重。如果超过0.5g，则再数第三份1 000粒，同样称其重量，取3份之中重量之差不超过0.5g的两份的平均值，即为种质的千粒重。单位为g，精确至0.1g。

籽粒饱满度：正常成熟燕麦种质资源籽粒自然干燥时，以试验小区植株的籽粒为观测对象，随机取100～200粒，目测籽粒的充实度。根据观测结果及下列说明，评价种质籽粒饱满度。

1 不饱满 （籽粒皮凹陷不平或瘪瘦）

2 中等 （籽粒皮无凹陷，但充实度不够）

3 饱满 （籽粒皮光滑，充实度很好）

落粒性：在燕麦成熟期，以试验小区植株为观测对象，目测落粒程度。根据观测结果及下列说明，确定种质的落粒性。

1 口松 （成熟期间遇风或过迟收割落粒较重）

2 中等 （成熟期间不易落粒，遇风落粒较少）

3 口紧 （成熟期间遇风不落粒）

三、品质特性

籽粒皮壳率：燕麦正常成熟收割脱粒后，待籽粒自然充分干燥时，以皮燕麦种质资源试验小区植株的籽粒为观测对象，随机取两份200～300粒，分别用天平称重记录后，放入盛有清水的培养皿中浸泡72h左右，用镊子剥下籽粒秠壳，将剥下的秠壳烘干后称重，计算秠壳占籽粒重量的比率，以百分比（%）表示，精确至0.1%。取两份样品的平均值，即为该种质资源的籽粒皮壳率。

籽粒容重：在燕麦正常成熟收割脱粒后，待籽粒自然充分干燥时，以试验小区植株的籽粒为观测对象，随机取1 000g。遵照GB/T 5498—2013《粮油检验 容重测定》的规定操作。单位为g/L。

淀粉含量：在燕麦正常成熟收割脱粒后，待籽粒自然充分干燥时，以试验小区植株的籽粒为观测对象，遵照NY/T 11—1985《谷物籽粒粗淀粉测定法》的规定操作。以干基和百分比（%）表示，精确至0.1%。

蛋白质含量：在燕麦正常成熟收割脱粒后，待籽粒自然充分干燥时，以试验小区植株的籽粒为观测对象。遵照NY/T 3—1982《谷类、豆类作物种子粗蛋白质测定法

（半微量凯氏法）》的规定操作。以干基和百分比（%）表示，精确至0.1%。

脂肪含量：在燕麦正常成熟收割脱粒后，待籽粒自然充分干燥时，以试验小区植株的籽粒为观测对象。遵照NY/T 4—1982《谷类、油料作物种子粗脂肪测定方法》的规定操作。以干基和百分比（%）表示，精确至0.1%。

亚油酸含量：在燕麦正常成熟收割脱粒后，待籽粒自然充分干燥时，以试验小区植株的籽粒为观测对象。采用气谱法测定亚油酸含量（参考方法），以亚油酸占脂肪酸总量的百分比（%）表示，精确至0.1%。

亚麻酸含量：在燕麦正常成熟收割脱粒后，待籽粒自然充分干燥时，以试验小区植株籽粒为观测对象，采用气谱法测定亚麻酸含量（参考方法），以亚麻酸占脂肪酸总量的百分比（%）表示，精确至0.1%。

棕榈酸含量：在燕麦正常成熟收割脱粒后，待籽粒自然充分干燥时，以试验小区植株籽粒为观测对象，采用气谱法测定棕榈酸含量（参考方法），以棕榈酸占脂肪酸总量的百分比（%）表示，精确至0.1%。

氨基酸含量：在燕麦正常成熟收割脱粒后，待籽粒自然充分干燥时，以试验小区植株的籽粒为观测对象。遵照NY/T 56—1987《谷物籽粒氨基酸测定的前处理方法》的规定操作。以各种氨基酸占籽粒蛋白质的百分比（%）表示，精确至0.1%。

β-葡聚糖含量：在燕麦正常成熟收割脱粒后，待籽粒自然充分干燥时，以试验小区植株的籽粒为观测对象，随机取20g。遵照NY/T 2006—2011《谷物及其制品中β-葡聚糖含量的测定》的规定操作，以百分比（%）表示，精确至0.1%。

四、抗逆性鉴定

抗倒伏性：在燕麦抽穗至成熟阶段，遇大风、雨后，以试验小区植株为观测对象。参照GB/T 19557.2—2017《植物品种特异性、一致性和稳定性测试指南 普通小麦》中抗倒伏性鉴定的方法，目测和量角器相结合，观测全小区植株是否倒伏和倒伏恢复后植株倾斜的角度。根据观测结果和下列分级标准，确定种质资源抗倒伏性的级别。

3 抗　（植株倾斜度<15°）

5 中抗　（植株倾斜度15°~45°）

7 不抗　（植株倾斜度>45°）

苗期抗旱性：燕麦种质资源苗期抗旱性鉴定，采用两次干旱胁迫—复水法（参照GB/T 21127—2007《小麦抗旱性鉴定评价技术规范》）。根据幼苗干旱存活率的校正值及下列标准，确定种质的抗旱性等级。

1 极强（HR）　（幼苗干旱存活率≥70%）

3 强（R）　（幼苗干旱存活率60%~70%）

5 中等（MR）　（幼苗干旱存活率50%～60%）

7 弱（S）　（幼苗干旱存活率40%～50%）

9 极弱（HS）　（幼苗干旱存活率≤40%）

全生育期抗旱性：燕麦种质资源全生育期抗旱性鉴定，参照GB/T 21127—2007《小麦抗旱性鉴定评价技术规范》的田间鉴定方法。根据抗旱指数及下列标准，确定种质的抗旱性等级。

1 极强（HR）　（抗旱指数≥1.30）

3 强（R）　（抗旱指数1.10～1.29）

5 中等（MR）　（抗旱指数0.90～1.09）

7 弱（S）　（抗旱指数0.70～0.89）

9 极弱（HS）　（抗旱指数≤0.69）

芽期耐盐性：燕麦种质资源芽期耐盐性鉴定评价，参照陈新等（2014）、王苗苗等（2019）的方法（参考方法）。根据芽期的相对盐害率及下列标准，确定种质的耐盐性。

1 高耐（HT）　（相对盐害率0～20%）

3 耐（T）　（相对盐害率20%～40%）

5 中等（MT）　（相对盐害率40%～60%）

7 弱（S）　（相对盐害率60%～80%）

9 极弱（HS）　（相对盐害率80%～100%）

苗期耐盐性：燕麦种质资源苗期耐盐性鉴定评价，参照陈新等（2014）、王苗苗等（2019）的方法（参考方法）。根据苗期的相对盐害率及下列标准，确定种质的耐盐性。

1 高耐（HT）　（盐害指数0～20%）

3 耐（T）　（盐害指数20%～40%）

5 中等（MT）　（盐害指数40%～60%）

7 弱（S）　（盐害指数60%～80%）

9 极弱（HS）　（盐害指数80%～100%）

耐湿性：在燕麦全生育期，以试验小区植株为观测对象。参考大麦耐湿性大田直接鉴定方法（王军 等，2007）。根据调查性状的湿害指数的累计值，计算综合湿害指数。依据综合湿害指数和下列分级标准，评价种质的耐湿性等级。

1 耐　（综合湿害指数<10.0）

2 中等　（综合湿害指数10～20.0）

3 不耐　（综合湿害指数>20.0）

穗发芽性：在燕麦成熟期收获时，从试验小区中随机取10个穗为观测对象，目测每个穗子在人工保持饱和湿度的条件下穗发芽情况。参照GB/T 19557.2—2017《植物品种特异性、一致性和稳定性测试指南　普通小麦》中抗穗发芽的鉴定方法。根据穗发芽率和下列标准，确定种质的穗发芽性等级。

1 轻　　（穗发芽率<10%）

2 中　　（穗发芽率10%~20%）

3 重　　（穗发芽率>20%）

五、抗病虫性鉴定

散黑穗病抗性：燕麦散黑穗病是由燕麦散黑粉菌引起。对燕麦散黑穗病的抗性鉴定，采用人工接种的方法（参考方法）。具体操作如下：

第一，接种物用燕麦散黑穗病菌制成孢子粉。第二，准备好鉴定种质资源的种子，用接种物与种子混合拌种。第三，将拌种的种子播种于试验田。第四，燕麦生育期田间管理同大田。第五，待燕麦种质资源成熟期，按种质分别调查发病株和总株数，按下列公式计算发病株率。

$$DP = \frac{n}{N} \times 100\%$$

式中，DP为发病株率；n为发病株数；N为总株数。

根据发病株率和下列标准，评价种质的抗性级别。

1 高抗（HR）　　（无病株或病株率0~5%）

3 抗（R）　　（发病株率5%~10%）

5 中抗（MR）　　（发病株率10%~30%）

7 感（S）　　（发病株率30%~50%）

9 高感（HS）　　（发病株率50%~100%）

坚黑穗病抗性：燕麦坚黑穗病是由燕麦坚黑粉菌引起，对燕麦坚黑穗病的抗性鉴定，采用人工接种的方法（参考方法）。具体操作如下：

第一，接种物用燕麦坚黑穗病菌制成孢子粉。第二，准备好鉴定种质资源的种子，用接种物与种子混合拌种。第三，将拌种的种子播种于试验田。第四，燕麦生育期田间管理同大田。第五，待燕麦种质资源成熟期，按种质分别调查发病株和总株数，按下列公式计算发病株率。

$$DP = \frac{n}{N} \times 100\%$$

式中，DP为发病株率；n为发病株数；N为总株数。

第五章　燕麦种质资源农艺性状鉴定

根据发病株率和下列标准，评价种质的抗性级别。

1 高抗（HR）　　（发病株率<5%）

3 抗（R）　　　（发病株率5%~10%）

5 中抗（MR）　（发病株率10%~30%）

7 感（S）　　　（发病株率30%~50%）

9 高感（HS）　　（发病株率50%~100%）

红叶病抗性：燕麦红叶病由大麦黄矮病毒引起。发病叶片从叶尖向叶基逐渐变红。燕麦红叶病抗性鉴定，采用红叶病自然发病田间调查方法（参考方法）。当试验区内发病明显时，对成株叶片进行调查，记录叶片发病程度。

根据调查结果和下列标准，评价种质的抗性级别。

1 高抗（HR）　　（无病，叶片色泽正常）

3 抗（R）　　　（从叶尖向叶鞘发红，长度1~2cm，植株生长正常）

5 中抗（MR）　（从叶尖向叶鞘约1/3叶片长发红，植株略矮）

7 感（S）　　　（从叶尖向叶鞘约1/2叶片长发红，植株明显矮化）

9 高感（HS）　　（叶片严重发红，植株矮小，穗少而小）

注意事项：燕麦红叶病不同年份田间自然发病轻重不同，因此鉴定种质抗性试验中，应设对照品种为参照。如果感病对照品种不发病或发病不充分，则此鉴定无效。

秆锈病抗性：燕麦秆锈病是由禾柄锈菌引起。病菌在茎秆上形成孢子堆，破裂后散出橘红色的孢子。燕麦秆锈病抗性鉴定，采用秆锈病自然发病田间调查方法（参考方法）。当试验区内发病明显时，对成株茎秆进行调查，记录发病程度（孢子堆占茎秆总面积的相对比率）。

根据调查结果和下列标准，评价种质秆锈病抗性级别。

1 高抗（HR）　　（孢子堆无或占茎秆面积<3%）

3 抗（R）　　　（孢子堆占茎秆面积3%~15%）

5 中抗（MR）　（孢子堆占茎秆面积15%~25%）

7 感（S）　　　（孢子堆占茎秆面积25%~50%）

9 高感（HS）　　（孢子堆占茎秆面积50%~100%）

注意事项：燕麦秆锈病不同年份田间自然发病轻重不同，因此鉴定种质抗性试验中，应设对照品种为参照。如果感病对照品种不发病或发病不充分，则此鉴定无效。

冠锈病抗性：燕麦冠锈病是由禾冠柄锈菌引起。病菌在侵染的叶片上产生的点状孢子堆破裂后散出红褐色的孢子。燕麦冠锈病抗性鉴定，采用冠锈病自然发病田间调查方法（参考方法）。当试验区发病明显时，对成株叶片进行调查，记录叶片发病程度（孢子堆占叶片总面积的相对比率）。

根据调查结果和下列标准，评价种质秆锈病抗性级别。

1 高抗（HR）　（孢子堆无或占叶片面积<3%）

3 抗（R）　（孢子堆占叶片面积3%~15%）

5 中抗（MR）　（孢子堆占叶片面积15%~25%）

7 感（S）　（孢子堆占叶片面积25%~50%）

9 高感（HS）　（孢子堆占叶片面积50%~100%）

注意事项：燕麦冠锈病不同年份田间自然发病轻重不同，因此鉴定种质抗性试验中，应设对照品种为参照。如果感病对照品种不发病或发病不充分，则此鉴定无效。

蚜虫抗性：发生在燕麦上的主要蚜虫为麦长管蚜。燕麦蚜虫抗性鉴定，采用燕麦蚜虫自然发生田间调查方法（参考方法）。当试验区内蚜虫较多时，调查单株蚜虫数量和分布情况。

根据单株蚜虫数量和分布情况及下列标准，评价种质蚜虫抗性级别。

1 高抗（HR）　（单株有蚜虫5头以下）

3 抗（R）　（单株有蚜虫6~10头）

5 中抗（MR）　（单株有蚜虫11~30头）

7 感（S）　（植株上部叶片有较多蚜虫）

9 高感（HS）　（植株上部叶片密布蚜虫）

注意事项：燕麦蚜虫抗性鉴定应设高抗、中抗和高感的对照品种。参照对照品种，对种质的抗性做出更准确的判定。如果高感对照品种植株上无蚜虫或蚜虫头数不多，则此鉴定无效。

第二节　燕麦种质资源主要农艺性状鉴定方法

燕麦种质资源农艺性状指燕麦在生产和利用中表现出的重要特征特性，包括主要的生物学、形态学、品质和抗性特征特性。

一、基本生物学和形态学特性鉴定

（一）试验地点

试验地点的气候、土壤和农业环境条件应能够满足燕麦种质资源的正常生育及其性状的正常表达。

（二）田间设计

试验应选择土质和肥力一致的平坦地块，地力中等，具备灌溉条件。

1. 行长和行距

行距30cm，行长2m双行或行长6m单行。播种量为70粒/m，稀条播。

2. 对照品种和保护行设置

根据观测的项目种植相应的对照品种，一般每隔20行种2行对照。在每个小区的两端和试验地的四周种植2~4行保护行。

（三）田间管理

试验地的栽培措施与当地大田生产基本相同。施肥、灌水要一致，及时中耕除草，防治病虫害。

（四）数据采集

形态特征和生物学特性试验原始数据的采集应在燕麦种质资源正常生育情况下进行，如遇天灾人祸，采集方式和标准参照上一节相关描述规范和《燕麦种质资源描述规范和数据标准》（郑殿升 等，2006）。

（五）试验数据统计和整理

每份种质资源形态特征和生物学特性鉴定必须开展两年以上，对各年度观测值进行统计，计算每份种质资源各性状的平均值，即为该种质资源的各性状值。有的性状要与对照品种相比较后得到这些性状的相对值。

二、生物和非生物抗性鉴定

生物和非生物抗性鉴定一般采用设施控制环境条件进行鉴定，如温室、人工气候室、培养箱等设施，可以根据鉴定特性特点，对相关环境因素进行控制，达到鉴定各种抗性的目的。

（一）抗旱性鉴定

燕麦抗旱性指燕麦种质材料在大田生产中对水胁迫的抵御能力。一般对燕麦种质资源开展苗期抗旱性鉴定和全生育期抗旱性鉴定，具体鉴定方法可参照《燕麦种质资源描述规范和数据标准》中提供的苗期抗旱性鉴定和全生育期抗旱性鉴定方法。

（二）耐盐性鉴定

燕麦耐盐性指燕麦种质材料在大田生产中对盐胁迫的抵御能力。燕麦种质资源耐盐性鉴定非常重要，大量研究表明燕麦的耐盐性较强，对有效利用盐碱地有重要意义，因此应加强耐盐性鉴定。目前，对燕麦种质资源开展芽期耐盐性和苗期耐盐性鉴定评价，鉴定方法可参照《燕麦种质资源描述规范和数据标准》中提供的方法。

三、品质特性鉴定

燕麦种质资源品质特性鉴定指采用相关仪器设备对燕麦籽粒或者相关器官进行分析，获得特定营养成分的含量。品质特性是燕麦种质资源非常重要的性状，直接关系营养与健康，越来越受到重视。一般包括蛋白质、脂肪、淀粉等主要营养成分，也包括各种氨基酸、油酸等构成，还包括β-葡聚糖等功能成分。燕麦品质特性的鉴定方法可参照《燕麦种质资源描述规范和数据标准》中提供的方法。

第三节　燕麦种质资源主要农艺性状多态性

一、熟性不同

早熟性：鉴定发现，在北方最早熟燕麦品种的生育期仅70d，如山西的小莜麦生育期69d、甘肃的黄大燕麦70d、内蒙古的赤2莜麦71d。这些早熟资源可以用来培育早熟或超早熟燕麦新品种，以适应无霜期短的高寒山区或发展双季燕麦的需要。

中早熟性：中早熟燕麦品种生育期一般为70~90d，主要在北方山区种植，一般在5月中上旬播种，8月中上旬收获，产量水平较低，但适应性较强，典型品种包括花早2号、白燕2号、白燕7号等。

晚熟性：晚熟燕麦品种生育期在90d以上，主要在水肥条件较好的北方地区种植，一般在5月中下旬播种，8月下旬或9月上旬收获，产量水平较高，耐肥水，典型品种包括坝莜一号、坝莜二号、坝莜五号、草莜一号等。

二、形态特征多样

通过对我国收集保存的燕麦种质资源的形态特性分析，发现燕麦种质资源形态变异非常丰富。从类型分析，非常突出的特点是裸粒种质很多。在国内的5 000多份资源中，裸粒型资源2 100多份，占50%以上，而皮燕麦主要是国外引进的。我国的裸粒型燕麦种质资源在世界上是特有的，也是我国的主要栽培类型。裸燕麦另外两个特点是早熟性和多花多实性。此外，多数性状的差异较大，类型较多，充分表现出燕麦种质遗传多样性十分丰富。例如，株高最矮的只有50cm，而最高的为175cm，相差125cm。成熟期可分为特早熟、早熟、中熟、晚熟和特晚熟5类，在北方最早熟品种的生育期仅70d，而最晚熟的为120d，两者相差50d。籽粒千粒重差别亦显著，低者仅11g，高者可达40g以上，相差29g左右。同样，稃壳的颜色、籽粒的形状和颜色都表现出丰富的多样性（郑殿升，2010）（表5.1）。

表5.1 燕麦主要农艺性状统计*

性状	类型	极差	极小值	极大值	均值	标准差	方差
生育日数/d	裸燕麦	197.0	68.0	265.0	92.0	22.2	24.1
	皮燕麦	55.0	69.0	124.0	92.8	10.0	10.8
	平均	126.0	68.5	194.5	92.4	16.1	17.5
株高/cm	裸燕麦	126.3	43.2	169.5	104.7	15.5	14.8
	皮燕麦	125.4	50.0	175.4	112.1	20.2	18.0
	平均	125.9	46.6	172.5	108.4	17.9	16.4
有效分蘖/个	裸燕麦	11.3	0.1	11.4	2.3	1.7	73.0
	皮燕麦	8.4	0.1	8.5	2.2	1.2	54.4
	平均	9.9	0.1	10.0	2.3	1.5	63.7
主穗长/cm	裸燕麦	38.9	0.4	39.3	20.0	3.9	19.5
	皮燕麦	36.8	5.0	41.8	20.8	4.1	20.0
	平均	37.9	2.7	40.6	20.4	4.0	19.8
主穗小穗数/个	裸燕麦	78.1	0.6	78.7	22.7	8.6	38.1
	皮燕麦	84.7	3.8	88.5	32.5	13.3	40.8
	平均	81.4	2.2	83.6	27.6	11.0	39.5
轮层数/层	裸燕麦	8.6	0.4	9.0	5.7	1.2	21.3
	皮燕麦	7.2	1.8	9.0	6.1	1.0	16.0
	平均	7.9	1.1	9.0	5.9	1.1	18.7
单株粒重/g	裸燕麦	9.9	0.1	10.0	2.0	1.5	75.5
	皮燕麦	9.9	0.0	9.9	3.1	1.9	61.4
	平均	9.9	0.1	10.0	2.6	1.7	68.5
主穗粒重/g	裸燕麦	4.8	0.1	4.9	0.9	0.4	45.0
	皮燕麦	8.8	0.1	8.9	1.5	0.8	55.4
	平均	6.8	0.1	6.9	1.2	0.6	50.2
千粒重/g	裸燕麦	29.4	6.7	36.1	19.8	4.3	21.8
	皮燕麦	39.9	8.9	48.8	26.1	5.0	19.3
	平均	34.7	7.8	42.5	23.0	4.7	20.6

注：*表示基于1 670份裸燕麦和1 520份皮燕麦种质材料的统计结果。

燕麦资源的主穗粒数、主穗粒重、千粒重是影响产量的重要因素。鉴定中发现，山西裸燕麦的穗粒数较多,如华北1号(375粒)、雁莜6728(337粒)(马得泉和田长叶,1998)。裸燕麦单株主穗粒重最大的是广灵大莜麦(10g),其次是镇平燕麦,单株主穗粒重达9.1g。在千粒重方面,原产中国的裸燕麦品种千粒重≥34g者有10份,如蒙燕7306,千粒重达34.1g。这些籽粒性状优异的材料都是原产我国的裸燕麦地方品种,可以作为亲本材料,用于种质创新和新品种选育。

三、品质性状变异

燕麦品质主要表现在蛋白质、赖氨酸、脂肪、亚油酸、β-葡聚糖含量等方面。郑殿升(2010)研究表明,高蛋白质地方品种有武川县大裸燕麦(19.60%)、代县元颗莜麦(19.42%)、湟中县黄燕麦(19.06%)等;赖氨酸含量高的地方品种有华北1号、五寨三分三等;脂肪含量高的地方品种有昭觉堵吉、武川裸燕麦等,它们的脂肪含量都在9.3%以上。原产河北、山西、内蒙古等省(区)的燕麦地方品种的β-葡聚糖含量较高,其中不乏含量超过6%的地方品种。这些优质的燕麦地方品种为燕麦高品质育种提供了重要的原始材料。

通过对我国收集保护的2 000多份燕麦种质品质进行分析,发现蛋白质含量平均为14.4%,其中裸燕麦蛋白质含量为15.5%,而皮燕麦蛋白质含量为13.3%。脂肪平均含量为5.8%,裸燕麦的脂肪含量为6.3%,皮燕麦脂肪含量为5.2%。可以看出,裸燕麦的蛋白质和脂肪含量均高于皮燕麦。燕麦油酸含量平均为35mg,亚油酸含量平均为41.2mg,裸燕麦的油酸含量略高于皮燕麦,而亚油酸的含量低于皮燕麦(表5.2)。

表5.2 燕麦和皮燕麦主要品质性状统计*

性状	类型	全距	极小值	极大值	均值	标准差	方差
蛋白质	裸燕麦/%	9.8	10.1	19.9	15.5	1.7	11.2
	皮燕麦/%	10.0	8.7	18.7	13.3	1.8	13.4
	平均/%	9.9	9.4	19.3	14.4	1.8	12.3
脂肪	裸燕麦/%	8.1	2.5	10.6	6.3	1.1	17.5
	皮燕麦/%	7.3	2.2	9.5	5.2	1.6	30.8
	平均/%	7.7	2.4	10.1	5.8	1.4	24.1
油酸	裸燕麦/mg	39.6	15.0	54.6	35.4	4.7	13.3
	皮燕麦/mg	35.8	15.6	51.4	34.6	6.3	18.3
	平均/mg	37.7	15.3	53.0	35.0	5.5	15.8

（续表）

性状	类型	全距	极小值	极大值	均值	标准差	方差
亚油酸	裸燕麦/mg	16.4	33.3	49.7	40.8	2.6	6.3
	皮燕麦/mg	19.8	33.0	52.8	41.7	4.2	10.0
	平均/mg	18.1	33.2	51.3	41.2	3.4	8.2

注：*表示基于1 398份裸燕麦和1 018份皮燕麦种质材料的统计结果。

四、抗病虫性差异

（一）黑穗病抗性差异

燕麦黑穗病是我国南北方燕麦种植区常见种子和土壤传播病害，属于真菌病害，分坚黑穗病和散黑穗病两种。根据对国家作物种质库保存的2 155份燕麦种质的黑穗病抗性进行数据分析，发现我国燕麦种质资源的抗病性存在显著差异。黑穗病鉴定结果表明，燕麦种质中有335份未感病，占15.6%，高抗的259份，占12.0%。燕麦对黑穗病还是比较敏感的，高度感病材料达到了967份，占总数44.8%（表5.3）。

表5.3 我国燕麦种质资源的黑穗病抗性

抗性	种质材料/份	占总数比例/%
免疫	335	15.6
高抗	259	12.0
抗	107	5.0
中抗	213	9.9
中感	114	5.3
感	160	7.4
高感	967	44.8
总数	2 155	100.0

中国农业科学院作物科学研究所（相怀军，2010）于2006—2008连续3年采用田间自然鉴定法鉴定了458份燕麦种质对黑穗病的抗性。3年试验结果的平均表现表明，供试的458份种质材料对黑穗病的抗性存在着十分明显的差异，其中达到抗病水平的有313份，占鉴定总品种的68.3%；中感品种37个，占鉴定总品种的8.1%；感病品种108个，占鉴定总品种的23.6%。结合其他性状的调查结果，从中筛选出了25份综合性

状好的优异裸燕麦种质资源，可在燕麦抗病育种中利用。

（二）红叶病抗性差异

燕麦红叶病是常见病害，属于病毒性病害，靠蚜虫传染。通过对我国燕麦种质数据库中红叶病抗性数据进行分析，发现在2 810份燕麦种质材料中，燕麦的红叶病免疫材料为149份，高抗材料592份，分别占总数5.3%和21.1%。感病材料也较多，其中高感病材料805份，占总数28.6%（表5.4）。从地理分布看，免疫和高抗红叶病材料各主产区都有，包括内蒙古、河北、山西、贵州、云南、四川、黑龙江、甘肃、青海、新疆等。

表5.4　我国燕麦种质资源的红叶病抗性

抗性	材料数/份	占总数百分比/%
免疫	149	5.3
高抗	592	21.1
抗	529	18.8
中抗	85	3.1
中感	628	22.3
感	22	0.8
高感	805	28.6
合计	2 810	100.0

（三）白粉病抗性差异

郭斌等（2012）采用田间自然感病的方法，对128份燕麦品种进行了由白粉菌（*Blumeria graminis* f. sp. *avena*）引起的燕麦白粉病田间抗性鉴定和评价，结果表明所有供试材料均不同程度地感染燕麦白粉病，无免疫材料，2份材料表现高抗，8份材料表现中抗，其余118份材料表现中感、高感和极度感病。说明抗燕麦白粉病的材料严重匮乏，可利用的抗性种质资源相对更少。

（四）抗虫性差异

在对部分燕麦种质资源开展的抗蚜虫鉴定研究中，筛选出一批抗性强的优良材料，如对蚜虫具有一定抗性的品种内蒙古丰镇小裸燕麦等。这些对蚜虫抗性较强的地方品种，对燕麦抗蚜虫育种和基因发掘研究具有重要意义。

五、抗逆性差异

燕麦种质研究结果表明,燕麦的抗逆性很强,特别是在抗旱性、耐盐性方面表现突出。近年来,随着燕麦在沙地和盐碱地成功种植,燕麦的抗旱和耐盐碱作用越来越突出。

(一)抗倒伏性

抗倒伏性是燕麦的重要抗逆性之一。抗倒伏性的强弱直接关系燕麦的产量。一般地方品种植株较高,抗倒伏性较差,而育成品种植株较矮,抗倒性较强。根据对国家作物种质库燕麦数据库抗倒伏鉴定数据分析,在1 461份抗倒伏性鉴定材料中,发现高抗倒伏材料375份,占总数25.7%;中抗倒伏材料552份,占总数37.8%;低抗倒伏材料534份,占总数36.6%。

(二)抗旱性

抗旱性是重要农艺性状,也是燕麦的特点之一,燕麦总体比较抗旱,通过对燕麦种质资源进行抗旱性鉴定,可以选择出更抗旱的种质,以培育更加抗旱的品种。通过对国家作物种质库燕麦数据库抗旱性鉴定数据分析,在1 111份抗旱性鉴定材料中,发现高抗旱材料114份,占总数10.3%;中抗材料493份,占总数44.4%;低抗材料504份,占总数45.3%。

齐华等(2009)以种子萌发指数为依据,对14个燕麦品种在萌发期的发芽率、胚根长、胚根干重、贮藏物质转运率等鉴定指标方面进行了比较,分析指出胚根长、胚根干重、贮藏物质转运率可作为燕麦萌发期抗旱性的鉴定指标。牛瑞明等(2011)根据4种胁迫强度下的种子萌发指数、种子活力指数、发芽率、发芽势,从15份裸燕麦材料中筛选出了2份抗旱性较强的品种,即坝莜6号和坝莜3号。陈新等(2014a)对17个裸燕麦品种开展芽期抗旱性鉴定,用20%PEG-6000水溶液模拟干旱胁迫,测定各品种的发芽势、发芽率、发芽指数等11个鉴定指标,综合评价了裸燕麦品种的抗旱性,筛选出N-C33Ⅳ-45-16、grosse和高千四号3个抗旱性较强的裸燕麦品种,可用于抗旱栽培或抗旱育种研究。彭远英等(2011)通过盆栽控水试验,鉴定了燕麦属13个二倍体、7个四倍体和5个六倍体物种,共106份材料的主要抗旱性状表现,综合分析了燕麦植株抗旱的相关形态和生理指标,发现二倍体大西洋燕麦(*A. atlantica*)、威氏燕麦(*A. wiestii*)和砂燕麦(*A. strigosa*),四倍体种墨菲燕麦(*A. murphyi*),以及六倍体栽培燕麦(*A. sativa*)和普通野燕麦(*A. fatua*)的部分居群具有优良的综合抗旱性,建议通过远缘杂交途径,把威氏燕麦(*A. wiestii*)、砂燕麦(*A. strigosa*)和墨菲燕麦(*A. murphyi*)的抗旱性转移到栽培燕麦上。

(三）耐盐性

燕麦种质的耐盐性是非常突出的，已经在盐碱地上成功种植。研究表明，燕麦不但能够在盐碱地生长良好，而且可以吸收土壤中的盐分并贮存在茎秆中，进而降低了土壤含盐量和pH值，具有改良土壤的作用。燕麦不同品种的耐盐性是不同的，通过对燕麦种质资源进行耐盐性鉴定，能够筛选出耐盐性极强的燕麦种质材料。

赵晓军等（2012）采取人工模拟盐胁迫处理，对来自国内外不同地区、不同生境的燕麦属30份种质材料进行了萌发期耐盐性评价，根据其形态表现划分出耐盐、中度耐盐和敏盐的材料。综合发芽势、发芽率、根长、芽长等指标，对参试的30份燕麦种质材料进行耐盐性比较和综合性评价，认为品种4607的耐盐性最强，其次是474、440、473、白燕7号、424、199和初岛。罗志娜等（2012）对24个燕麦品种的种子萌发进行了不同盐浓度的抗性鉴定，结果表明高浓度盐胁迫对种子萌发有抑制作用。通过综合评价，筛选出最耐盐的品种青永久110。陈新等（2014b）对来自国内外的278个裸燕麦品种进行萌发期耐盐性的综合评价，以1.2%NaCl水溶液进行盐胁迫，通过种子萌发指标（发芽势、发芽率）和幼苗生长指标（最大根长、苗高）来鉴定供试品种对盐胁迫的反应，结果表明278个裸燕麦品种的耐盐性可分为5个级别，筛选出裸燕麦品种SHX75等17个品种具有萌发期高耐盐性，发现国外品种比国内品种耐盐性表现好，国内华北地区耐盐种质资源呈现丰富的多样性。

参考文献

陈新，宋高原，张宗文，等，2014a. PEG-6000胁迫下裸燕麦萌发期抗旱性鉴定与评价. 植物遗传资源学报，15（6）：1188-1195.

陈新，张宗文，吴斌，2014b. 裸燕麦萌发期耐盐性综合评价与耐盐种质筛选. 中国农业科学，47（10）：2038-2046.

郭斌，郭满库，郭成，等，2012. 燕麦种质资源抗白粉病鉴定及利用评价. 植物保护，38（4）：144-146.

罗志娜，赵桂琴，刘欢，2012. 24个燕麦品种种子萌发耐盐性综合评价. 草原与草坪，32（1）：34-41.

马得泉，田长叶，1998. 中国燕麦优异种质资源. 作物品种资源（2）：6-8.

牛瑞明，王燕，吴桂丽，等，2011. 裸燕麦种子萌发对模拟干旱胁迫的响应及其耐旱性综合评价. 麦类作物学报，31（4）：753-756.

彭远英，颜红海，郭来春，等，2011. 燕麦属不同倍性种质资源抗旱性状评价及筛选. 生态学报，31（9）：2478-2491.

齐华，许晶，孟显华，等，2009.水分胁迫下燕麦萌芽期抗旱指标的研究.种子，28（7）：7-10.

王军，周美学，许如根，等，2007.大麦耐湿性鉴定指标和评价方法研究.中国农业科学，40（10）：2145-2152.

王苗苗，周向睿，梁国玲，等，2019.不同燕麦种质萌发期耐盐性评价.草原与草坪，39（2）：84-92，97.

相怀军，2010.燕麦种质遗传多样性及坚黑穗病抗性QTL定位.北京：中国农业科学院.

赵晓军，王守顺，李生军，2012.30份燕麦种质材料萌发期耐盐性评价.黑龙江畜牧兽医（10）：90-91.

郑殿升，王晓明，张京，2006.燕麦种质资源描述规范和数据标准.北京：中国农业出版社.

郑殿升，2010.中国燕麦种质资源研究现状及展望//张宗文，郑殿升，林汝法.燕麦和荞麦研究与发展.北京：中国农业科学技术出版社.

第六章 燕麦种质资源基因型评价

燕麦种质资源基因型评价指采用现代生物技术，结合传统表型技术，对种质资源开展精准鉴定，解析特定性状的遗传机制，挖掘控制各种优异性状的基因资源，并开发相关基因的分子标记，为燕麦标记选择育种和分子设计育种提供基因来源和技术手段。

基因型评价是种质资源研究的重要任务之一，主要包括遗传多样性分析和优异基因资源挖掘。基因型评价可以在分子水平上了解种质资源的遗传背景，发现控制重要农艺性状的基因。随着生物技术、基因组学技术的不断发展，不但可以在DNA分子标记水平对种质资源进行区分，还可以在全基因组水平上更全面地了解种质资源的遗传多样性和群体结构，对控制相关性状的基因进行系统挖掘，促进优异种质基因和材料的有效利用。

第一节 基因型评价概念与方法

一、基因型评价概念

基因型用来描述生物的遗传组成，可以是整个基因组、单个基因的DNA序列或者不同遗传标记的组合。基因型与生物的表型或者可观察到的性状密切相关，所以通常用基因型来分析各种目标性状。就单个基因而言，一个基因型包含不同的等位基因，而不同的等位基因是由DNA突变产生的，并可能引起生物体相关性状的变化。如果一个等位基因以有利的方式发生突变，生物体会繁殖更多，该基因型在种群中的数量也会增加。在有性繁殖生物中，每个生物体都存在两个或两个以上等位基因，它们可以与其他基因发生复杂的相互作用。这些等位基因也可能发生突变，在减数分裂过程中可以产生新的组合，可以创造出很多不同个体。基因型的不断突变和重组是遗传多样性的主要来源。

基因型评价是通过将某一DNA序列与另一个样本或参考序列进行比较来确定遗传变异或多态性的技术。遗传变异是指DNA序列位点发生变化，包括一系列的序列变异，从只发生在单个碱基，如单核苷酸多态性，大到序列插入或缺失，从而产生多态性（Kockum，2023）。遗传变异的作用和效应取决于其所在位置，一般分为编码变异和非编码变异。编码变异发生在外显子上，可以影响氨基酸序列和潜在的蛋白质功能。非编码变异有几种不同的类型，内含子中的变异可以影响剪接，决定哪些外显子被翻译，从而导致产生不同性质的蛋白质，启动子或增强子区域的变异可以影响基因本身的表达水平或几个基因的表达。

二、基因型评价方法

（一）PCR分型技术

聚合酶链式反应（Polymerase chain reaction，PCR）是一种用于扩增特定的DNA片段的分子生物学技术。在20世纪70—80年代，限制性片段长度多态性（RFLPs）开始被用于基因型评价，利用PCR扩增目的基因，再利用限制性内切酶识别DNA序列的变异，并进行剪切，从而形成不同长度的DNA片段，根据片段大小选择琼脂糖凝胶电泳或聚丙烯酰胺凝胶电泳进行基因型检测。随后，一些更简便和更准确的技术不断产生，如利用特异引物PCR为基础的SSR检测技术，也称微卫星DNA（Microsatellite DNA），由于基因组中某一特定的微卫星的侧翼序列通常都是保守性较强的单一序列，因而可以将微卫星侧翼的DNA片段克隆、测序，然后根据微卫星的侧翼序列人工合成引物，通过PCR扩增将单个微卫星位点扩增出来，每一扩增位点就代表了这一位点的一对等位基因，该技术已广泛应用于目标基因的标定、遗传图谱的构建、指纹图谱的绘制等研究。此外，单核苷酸多态性（Single nucleotide polymorphism，SNP）是一种根据相关位点的碱基变化设计引物，在引物序列中人为引入1~2个错配碱基，形成限制性内切酶的酶切位点，然后对PCR扩增产物酶切，再通过琼脂糖凝胶电泳或聚丙烯酰胺凝胶电泳对SNP多态性进行检测的技术。该技术的自动化程度高，通量高，速度快，适合大规模种质资源的SNP基因型鉴定。

（二）基因组测序分型技术

全基因组测序（Whole genome sequencing，WGS）是对生物个体的基因组序列进行测序，获得生物基因组的全部DNA序列，属于分辨率最高的基因型鉴定技术。通过全基因组关联分析，从中找出相关变异，分析不同个体基因组间的结构差异，进行SNP及基因组结构注释，有助于预测DNA序列与性状之间的关系。近年来，随着新一代测序技术（Next-generation sequencing，NGS）的快速发展和广泛应用，全基因组测序变得更加容易，实现了种质资源的大规模、高通量测序和分析，极大地促进了种质资源基因型评价工作。

三、燕麦基因型评价的意义

采用基因型评价手段，分析燕麦物种和品种遗传多样性，明确种间和种内的遗传关系和分类，挖掘与重要农艺性状相关基因，以及探索燕麦的起源、演化和系统发育过程。燕麦种质资源基因型评价应重点研究那些与农艺性状有关的基因组成，基因型是性状表现的内在因素，肉眼看不到。基因型相同的个体，在不同的环境条件下，可能显示出不同的表现型。反之，基因型不同的个体，也可以呈现出同样的表现型。为真实反映基因型的表现，则需要在试验中去除环境因素的影响。

基因型评价对燕麦种质资源研究和有效利用非常重要。随着现代技术的发展，特别是发布了燕麦参考基因组（Peng et al., 2022），通过重测序等方式，可以在全基因组水平对燕麦种质资源进行系统的基因型鉴定，更加深入、全面地了解燕麦种质资源的遗传多样性和群体结构，可以快速鉴定和挖掘全基因组水平的优异等位变异，为种质资源的创新利用提供科技支撑。燕麦基因型评价也用于支持核心种质构建，验证燕麦核心种质的基因型代表性（张恩来 等，2008）。基因型评价技术也在燕麦育种中广泛应用，特别是分子标记辅助选择，可提升选择效率。因此，基因型评价是探索燕麦种质资源的遗传组成、挖掘优异基因和种质材料的重要技术手段，对促进燕麦种质资源保护和可持续利用具有重要作用。

第二节　分子标记种类及其应用

分子标记是指能反映生物个体间或种群间基因组中某种差异的特异性DNA片段，可直接反映DNA水平的遗传多态性。由于DNA分子标记的多态性丰富，核苷酸序列的多态性不受选择影响，是非常理想的遗传标记。分子标记的种类很多，下面重点介绍几种最常用的DNA分子标记，如限制片段长度多态性（RFLP）、随机扩增多态性DNA（RAPD）、扩增片段长度多态性（AFLP）、微卫星（SSR）、单核苷酸多态性（SNP）等技术的原理、优点和应用范围。

一、限制片段长度多态性（RFLP）

RFLP（Restriction fragment length polymorphism）技术发展得较早，其原理是利用限制性内切酶对不同个体基因组DNA的特定核苷酸切割后，电泳分离产生多态DNA片段，最后与同位素或非同位素标记的探针杂交，从而显示与探针同源序列的酶切片段在长度上的差异（Williams, 1989）。RFLP探针是很短的DNA片段，来源于对DNA序列克隆。由于RFLP在植物组织内普遍存在，多态性丰富，重复性好，不受选择影响以及显性遗传，可以用于检测单个位点显性等位基因频率。适合构建连锁图，鉴定品种和群体内及品种和群体间的多样性，分析系谱和亲缘关系等遗传研究工作。但RFLP的缺点是分析过程慢，费用高，存在放射性污染，带型分析需要一定的专业知识和经验。

二、扩增片段长度多态性（AFLP）

AFLP（Amplified fragment length polymorphism）结合了限制性内切酶消化和PCR技术。首先用特定的酶对基因组DNA进行限制消化，产生不同的核苷酸序列片段，然后将人工接头连接到片段的末端，再进行PCR扩增。扩增后的酶切片段在高分辨率序列分析凝胶上电泳，产生扩增片段长度不同的多态性带型（Vos et al.，1995）。AFLP所需DNA量少，检测结果稳定，可重复性强，检测出的位点呈典型的孟德尔遗传规律，多态性丰富，适合遗传多样性分析、基因定位、遗传图谱构建等研究。

三、随机扩增多态性DNA（RAPD）

RAPD（Random amplified polymorphic DNA）是由Williams et al.（1990）利用PCR技术发展起来的一种DNA多态性标记。以随机序列的寡核苷酸（一般12对或少于12对碱基）作引物，基因组DNA作模板进行扩增，用琼脂糖凝胶电泳来检测DNA序列的多态性。由于引物为任意引物，所以扩增的序列也不是特定的。RAPD检测灵敏、方便、多态性强，适合种质资源鉴定和分类、目标性状基因的标记、遗传图谱的快速构建等。RAPD为显性等位基因标记，不能鉴别杂合子，容易受反应条件的影响，稳定性较差。

四、微卫星（SSR）

SSR（Simple sequence repeats）是一种以特异引物PCR为基础的分子标记技术，由几个核苷酸（一般为1~6个）为重复单位组成的长达几十个核苷酸的串联重复序列，也称微卫星DNA（Microsatellite DNA）。由于每一SSR侧链序列是不同的，可以设计用于侧链区段的引物进行PCR扩增，将单个SSR位点扩增出来。SSR标记有很多优点，高突变率，通常有多个等位基因（Sambrook et al.，1989），属共显性标记。采用聚丙烯酰胺测序凝胶分离，可以分辨单个重复的差异，检测出所有等位基因。分析过程相对较快，已实现了自动化。SSR标记多用于检测种内水平的多样性，需要投入大量的时间和特别熟练的专业知识。

五、单核苷酸多态性（SNP）

SNP（Single nucleotide polymorphism）指在基因组上单个核苷酸的变异而形成

的遗传标记。SNP标记技术包括DNA分子杂交、引物延伸、等位基因特异的寡核苷酸连接反应、侧翼探针切割反应等技术（Sobrino et al.，2005）。基因组上单个核苷酸的变异包括置换、颠换、缺失和插入，分布非常广泛。位于基因序列不同区域的SNP都会影响基因的表达，如非同义编码SNP会直接改变基因编码蛋白质的氨基酸组成，内含子中SNP主要依靠影响剪切位点活性进而影响基因功能，包括翻译和蛋白质序列。SNP在种质资源基因型评价研究中发挥着巨大作用。

综上所述，各种遗传标记在遗传多样性的鉴定中起着不同的作用。表6.1比较了上述几种分子标记的优点、可靠性，在选择和应用这些技术时需要考虑的重要因素。

表6.1 几种常用的分子标记的比较

分子标记技术	RFLP	RAPD	AFLP	SSR	SNP
创建年份	1974	1990	1993	1991	1994
核心技术	电泳、分子杂交技术	电泳、随机PCR	电泳、专一PCR	电泳、专一PCR	电泳、专一PCR
遗传特性	共显性	显性	显性/共显性	共显性	共显性
多态性水平	低	中等	高	高	高
可检测座位数	1~4	1~10	100~200	$N×$（10~100）	1
检测基因组部位	单/低拷贝区	整个基因组	整个基因组	重复序列区	整个基因组
优点	稳定性、重复性好	操作简便、灵敏度高、安全性好	稳定性好、操作简便	操作简便、稳定性高、重复性好	稳定性高、易于自动化、高通量检测
可靠性	较高	较低	较高	较高	高

第三节 燕麦SSR标记开发

简单序列重复（Simple sequence repeat，SSR），又称微卫星DNA（Microsatellite DNA），是由1~6个碱基单元串联重复形成的DNA序列，在目前已知生物基因组中都能检测到它的存在。SSR标记被认为是一种中性标记，在各种分子标记中，SSR标记因其所需DNA量少、对DNA质量要求不太高、易于PCR检测、适合高通量分析、共显性遗传、多态性高以及在基因组中丰富且分布广泛等优点，广泛应用于遗传多样性鉴定、遗传图谱构建、重要性状QTL定位、品种指纹图谱绘制、品种纯度检测及目标性状分子标记筛选等领域。

一、SSR标记开发的原理及局限

（一）SSR标记开发的原理

大量证据表明SSR在基因组中的分布并非随机的，而且它的频率通常比单纯依靠碱基组成的预测要高。SSR是由DNA复制或修复过程中的滑动和错配或者有丝分裂、减数分裂期姐妹染色单体不均等交换引起的。错配修复系统的效率对SSR的稳定是十分重要的。重组能通过基因不平等交换和转变来改变SSR重复数。滑动和重组的相互作用，有可能发生在异源双链区，也能够影响SSR的稳定性。SSR在物种的不同位点或同一位点的不同位基因间的突变率差异很大，原因是序列的两端大多是保守的单拷贝序列，根据序列的两端可设计出一对特异性引物，利用PCR技术扩增出包含SSR标记的核苷酸序列，再通过电泳技术分析其长度的多态性。

（二）SSR标记开发的局限

SSR分子标记的开发就是根据检测出的SSR两侧的核苷酸序列设计PCR扩增引物，以便在不同品种或不同个体间扩增出多态性SSR DNA片段。虽然SSR标记具有可靠稳定的结果、信息量大、重复性好等优点，由于这种方法必须知道重复序列两端的序列信息，依此确定引物序列，必须要对所研究物种的SSR位点进行克隆和测序分析，以便设计相应的引物，因此非常费时、费力且成本高，所以给SSR标记开发的应用带来了一定困难。

二、SSR标记开发方法

（一）构建基因组文库开发SSR引物

SSR引物开发的经典方法首先是提取高质量基因组DNA，进行酶切或超声波处理获得基因组DNA片段。酶切一般用两种限制性内切酶，一种的识别位点为6个碱基，如*Eco*R I（G/AATTC）、*Bam*H I（G/GATCC）或者*Rst* I（CTGCA/G）；另一种的识别位点为4个碱基，如*Mbo* I（/GATC）、*Sau*3A（/GATC），由于4碱基识别酶酶切位点较识别位点为6个碱基的内切酶多，因而可得到较小的DNA片段，提高所构建的基因组文库丰度，酶切后的片段在1%琼脂凝胶电泳分离，切下大小为2~5kb或更小的片段后纯化。纯化的片段连接到λ载体上，转化大肠杆菌，将转化后的大肠杆菌涂布于含青霉素（100mg/L）、X-gal（40μg/L）、IPTG（400mg/L）的LB选择培养基上，以便判断连接、转化效果及选择相应的阳性克隆。人工合成带放射性同位素或化学发光物质标记的与SSR互补的探针，然后与文库中各个克隆的DNA杂交，鉴定出含有SSR标记的克隆。一般需要2~3次重复鉴定以确定目标克隆，筛选出的含SSR序列克隆在DNA测序仪上进行测序，根据测序结果设计SSR引物。所设计的引物必须经过PCR在对应克隆和基因组DNA中扩增出预计产物才能成为可用的SSR标记引物。由于需要建基因组文库，并需要对每个克隆进行SSR筛选和鉴定，找到一个有功能的SSR需要花费大量的人力物力和时间，影响了该方法的推广普及。

（二）基于富集技术的SSR标记开发

为了提高SSR阳性克隆的得率，人们提出了采取富集步骤开发SSR标记的策略——建立和筛选SSR富集文库法，其基本原理是在建立基因组文库之前先利用SSR探针杂交技术对基因组DNA片段进行富集。Kandpal et al.（1994）发明了磁珠富集法开发SSR标记，其具体步骤是：将生物素标记的探针与基因组DNA片段杂交，然后与包被一层链霉亲合素的磁珠混合温育，因亲合素能与生物素偶联，从而使与探针杂交上的、含SSR位点的DNA片段黏附在磁珠表面上，接着用洗液洗掉未杂交的DNA片段，最后利用高温变性将附着在磁珠上的DNA片段洗脱下来，PCR扩增富含SSR标记的序列并克隆到载体上测序，根据测序结果设计筛选引物。磁珠富集法使SSR的阳性克隆率提高了，获得有用序列的概率也比较高，提出后很快被广泛应用于SSR位点的筛选，但是由于SSR富集法仍然还需构建和筛选基因组文库，操作过程比较烦琐。

（三）基于公共数据库SSR标记开发

DNA测序技术的快速发展及公共数据库的开放为SSR标记的开发提供了新的途径。从公共数据库获得DNA序列开发SSR标记是一种非常快速、省时及高效的方法。越来越多物种的SSR标记通过这种方法开发出来，利用公共数据库中序列信息搜索SSR并开发SSR标记的方法已成为SSR标记开发的主流方法。该方法可以分为以下几个步骤：序列的获得、序列去冗余、SSR位点搜索及引物设计、SSR标记的建立与应用。

1. 基因组和EST序列的来源及去冗余处理

目前许多物种的基因组序列和EST序列都提交到了NCBI的GenBank数据库（http://www.ncbi.nlm.nih.gov），研究者可以针对感兴趣的物种，以FASTA格式下载此物种的基因组序列或EST序列。在获得序列后，为了避免由于序列冗余造成对同一个SSR位点设计多个引物的情况发生，用CAP3软件对序列进行拼接，去掉冗余序列。

2. 基因组和EST-SSR序列搜索及引物设计

利用SSR序列搜索软件对聚类后的EST序列进行分析，以发现EST序列所包含的SSR位点。这类SSR序列搜索软件很多，常用如Sputnik（http://espressosoftware.com/sputnik/index.html）、Tandem Repeats Finder（Benson，1999）和SSRfinder等，不同软件所采用的算法标准并不统一（如搜索的重复单元长度不同或SSR位点判别标准不同等），搜索到的结果也不尽相同。在应用中可根据实际情况选取合适的搜索软件或几个软件联用发掘EST-SSR位点。根据SSR标记开发的经验，重复序列越长，SSR标记的变异越丰富。因此，研究者一般选取重复长度≥16bp的二核苷酸、≥18bp的三核苷酸及≥20bp的四核苷酸和五核苷酸类型的微卫星设计引物。引物设计参数如下：引物长度18～23bp，最适长度为20bp；退火温度50～70℃，最适温度为55℃；GC含量50%，最少30%，最多70%；PCR预扩增产物100～400bp。

3. SSR标记的建立与应用

SSR引物设计好后，对研究材料进行PCR扩增，采用琼脂糖凝胶电泳或聚丙烯酰胺凝胶电泳检测扩增产物，从而确定设计的SSR标记的有效性。

三、燕麦SSR标记开发

如果在SSR开发过程中省去基因组文库的构建和克隆的筛选，并能在每个克隆质粒的一次测序中获得多个SSR位点的信息，将节省大量的费用和时间。中国农业科学院作物科学研究所小宗作物种质资源课题组研究人员利用SSR标记自身的序列特点和抑制性PCR技术，构建了简单重复序列标签文库，用于在目的基因组内进行SSR位点的快速鉴定，从中开发出了大批微卫星标记，用于燕麦种质资源遗传多样性分析和遗传图谱构建（Wu et al., 2012）。该方法的基本原理如图6.1所示。

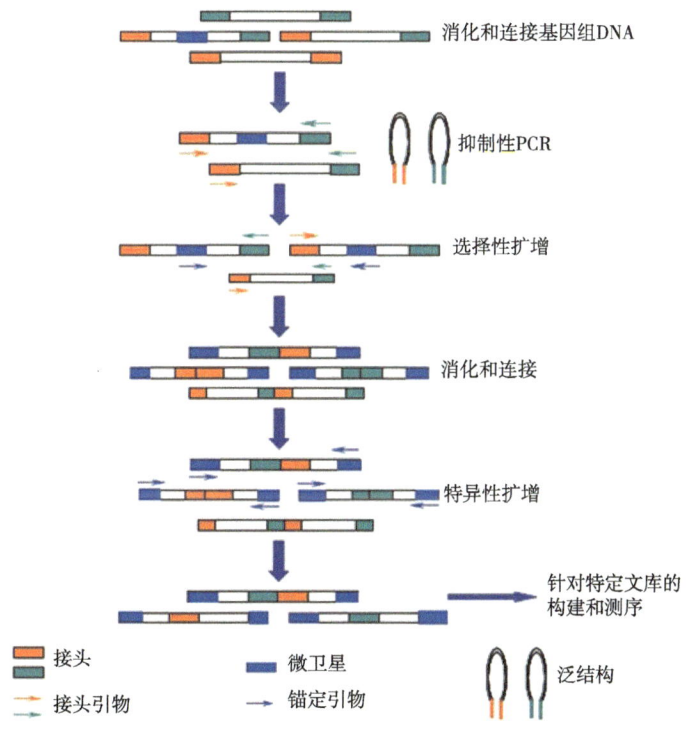

图6.1 重组微卫星扩增法原理

（一）SSR标记开发步骤

1. 基因组DNA酶切

用两种限制性内切酶（如Msp I和EcoR I）37℃酶切过夜，产生带黏性末端的DNA片段。DNA片段回收后连接人工合成的DNA接头，接头序列如下：EcoR I接头序列：5′-CTAATACGACTCACTATAGCCGGCAGACTGCGTACCAATT-3′，互补链序列：5′-GGTACGCAGTCTGCCGGCTATAGTGAGTCGTATTAGA-3′；Msp I接头序列：5′-CTAATACGACTCACTATAGCCGGCGACGACCGACGAG-3′，互补链序列：5′-CGCTCGTCGGTCGTCGCCGGCTATAGTGAGTCGTATTA-3′，连接上接头后，吸取2μL连接产物为模板，对连接产物进行抑制性PCR扩增，引物量为10pmol，序列为5′-CTAATACGACTCACTATAGCCG-3′。

2. 选扩SSR、重组

选扩含不同SSR位点的片段，酶切连接。选扩的引物是锚定SSR引物，PCT6和一个抑制引物，此处以CT重复序列为例，锚定SSR引物序列为5′-KKVRVRVCTCTCTCTCTCT-3′（其中K代表G和T；R代表A和G；V代表A、C和G）。取5μL稀释的产物作为模板，进行降落PCR（Touchdown PCR）。PCR程序为：92℃ 60s，退火温度从65℃降低到57℃ 60s，延伸72℃ 90s，扩增37个循环。扩增后用PCR纯化试剂盒纯化扩增产物，Nae I（5U）37℃酶切3h。酶切产物纯化以除去接头，以PCT6（40pmol）为引物，再进行Touchdown PCR。

3. 构建SSR文库

将PCR产物直接连接到质粒载体pCR2.1后转化到感受态大肠杆菌中，将克隆产物在含Amp的100μL LB培养基中37℃培养4h，PCR筛选，ABI3730xl测序。

4. SSR位点筛选设计反向引物

利用染色体步移得到全部SSR位点。阳性克隆测序后通过primer3设计SSR基序的引物，结合抑制引物，以连接接头的DNA为模板，扩增反向的SSR侧翼序列。接头端的巢式引物序列为：NP1：5′-ACTATAGCCGGCAGACTGCGT-3′（for EcoR I adaptor-ligated DNA），NP2：5′-ACTATAGCCGGCGACGACCGA-3′（for Msp I adaptor-ligated DNA），通过基因组步移得到特异SSR位点。

5. PCR扩增，设计合成引物

按照SSR位点测序结果设计特异序列SSR引物，PCR扩增，扩增产物变性，6%变性PAGE电泳后银染检测SSR扩增的目的条带。

(二) SSR标记适用性鉴定

首先构建一个栽培裸燕麦的CT重复序列特异性重组SSR文库，包含1 000多个克隆，平均插入片段大于400bp，筛选出CT重复序列后，随机挑选100个克隆进行测序。从测序的克隆中共获得164条CT侧翼序列，其中132条（80%）是唯一的。在这些序列中，结合锚定引物，设计了94条序列作为SSR位点扩增的引物。从测序克隆中设计引物产生SSR比例为94%，而传统方法的产出率为39%~54%（Röder et al., 1998；Squirrell et al., 2003；Torada et al., 2005）。

为了验证该方法的有效性，从组装好的完整SSR位点中设计SSR引物，对从国家种质库选取的24份栽培裸燕麦种质资源进行基因组DNA扩增，图6.2显示了在测序胶上电泳后引物CT48扩增产物，图的右侧显示了片段的色谱图。为了鉴定这些多态性片段是否来源于不同数量的CT重复序列，对这些条带进行了克隆和测序。测序结果表明，A-G条带的CT重复数在29~43，M和N条带没有SSR。使用多序列比对软件Clustal W（Larkin et al., 2007）对条带进行比较显示，条带A-G之间没有其他长度差异，表明该方法开发的SSR适用于栽培燕麦。

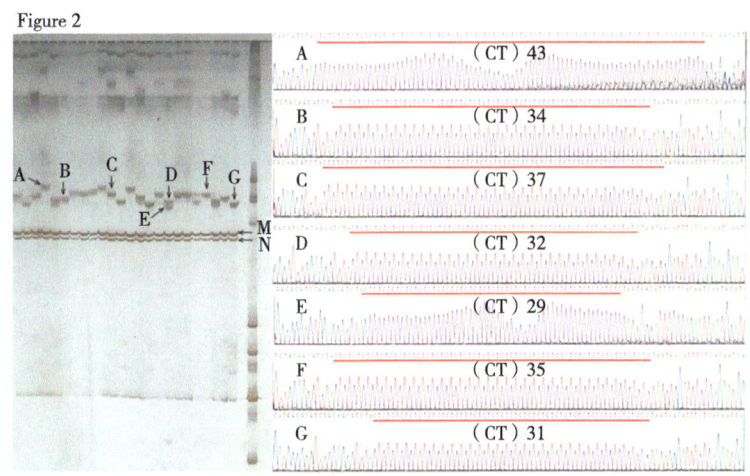

图6.2 SSR引物CT48在栽培燕麦基因组DNA中扩增结果

随着新一代测序技术的发展以及测序平台成熟，利用新一代测序技术所产生的大量基因组和转录组数据进行大规模多态性标记发掘将对SSR标记的开发带来深远影响。对一些缺少基因组序列信息的物种进行SSR标记开发，可以采用新一代测序技术有针对性地对目标材料进行高通量测序，根据测序结果，利用生物信息学方法快速发掘大量具有多态性的genic-SSRs、EST-SSR，并根据所发掘的多态性标记，实现SSR标记开发。

第四节 燕麦种质资源遗传多样性分析

遗传多样性主要指种内遗传多样性，即种内个体之间或群体间的遗传变异总和。种内遗传多样性是物种多样性的最重要来源。燕麦栽培物种内的多样性是人工选择和自然选择的结果，种内遗传变异程度反映其进化的趋势。燕麦遗传多样性可以表现在多个层次上，如分子、细胞、个体、群体等，但归根结底是由遗传变异即不同的基因变化产生的。燕麦在长期的选择进化过程中，形成了各种各样的地方品种、育成品种和品系，具有丰富多彩的特征特性，特别是与人类需求相关的性状，如高产、优质、抗病、抗逆等。通过遗传多样性分析，可以有效了解燕麦遗传多样性的丰富度、区分不同类型、分析群体结构，为种质资源创新利用奠定基础。

一、遗传多样性指标

（一）引物多态性

1. 引物多态性百分比

多态性是指以适当频率在一个群体的某个特定遗传位点（基因序列或非基因序列）发生两种或两种以上变异的现象，可通过直接分析DNA或基因产物来确定。引物多态性百分比是反映遗传位点多态性的指标之一，是指多态性引物占总扩增引物的百分比（P），计算公式如下：

$$P = \frac{该群体的多态位点数}{位点总数} \times 100\%$$

2. 等位基因总数

等位基因（Allele）指位于一对同源染色体相同位置上控制同一性状不同形态的基因，即同一位点可能存在多个等位基因，两两组合控制着同一性状的不同表现。如果位于同源染色体上某一基因的两个等位基因是相同的，那么该性状为纯合子。如果等位基因不同，该性状为杂合子。在杂合子组合中，只表现显性等位基因的性状。等位基因的总数是指某一位点所有的等位基因的总和。

位点的等位基因数（Na）（The number of alleles per locus）计算公式如下：

$$Na = \frac{\sum_{i=1}^{n} a_i}{n}$$

式中，n为检测的位点总数；a_i表示第i个位点的等位变异数。

3. 多态信息量（PIC）

多态信息量（Polymorphism information content，PIC）是衡量标记多态性的指标之一，取决于检测的等位基因的数目和它们的频率分布，其计算公式如下：

$$PIC = 1 - \sum_{i=1}^{k} P_i^2$$

式中，P_i为扩增的某个等位基因的频率；k为扩增带的总数。

（二）多样性指数

1. 基因多样性指数

基因多样性指数（Gene diversity index）指一个群体中每个位点上平均期望杂合度，一般采用由根井正利（Masatoshi Nei）提出来的测量基因多样性的指数，计算公式如下：

$$He = \sum_{i=1}^{n} \frac{1 - \sum_{j=1}^{m} P_{ij}^2}{n}$$

式中，He表示基因多样性指数；n表示检测位点数；m表示第i个位点等位变异总数；P_{ij}表示第i个位点上第j个等位变异的频率。

2. Shannon-Wiener多样性指数

香农—威纳多样性指数（Shannon-Wiener diversity index）是由美国科学家Shannon和Wiener提出的，可用于衡量作物种质资源物种的遗传多样性和丰富性，也可以用于比较不同来源的种质资源多样性差异，计算公式如下：

$$H = -\sum_{i=1}^{n} P_i \log_2 P_i$$

式中，P_i表示第i个等位变异存在的频率；n表示等位变异总数。

3. 辛普森多样性指数

辛普森多样性指数（Simpson diversity index）可以用于衡量作物种质资源遗传多样性，该指数既考虑了丰度，也衡量了均匀度，是衡量多样性的综合性指标，其计算公式如下：

$$D = \sum_{i=1}^{n} P_i^2$$

式中，n为位点数，P_i为任一位点的等位基因出现的频率。

二、群体结构分析方法

（一）主成分分析

主成分分析（Principal component analysis，PCA）是把多个变量转为几个主要变量的统计分析方法。这些主要变量在问题研究中可以反映大部分的信息，在保持可信度的条件下，缩小变量的个数，使研究目的更加清晰，研究方法更加简单。主成分分析通常用离差平方和或方差来衡量。在种质资源研究中，往往涉及很多变量，例如多个性状、多个标记等，通过主成分分析，可以发现影响变异的主要性状或者基因。

（二）聚类分析

聚类分析（Cluster analysis）是一类将数据所对应的研究对象进行分类的统计方法。通过聚类分析，测量不同组合之间的距离，采用不同的测量距离的方法，将所有组合中距离最近的两个组合结合为一个组合，如此反复运算，使得最具有相似性的样品聚在一起。聚类分析在种质资源研究中广泛采用，分析种质资源材料之间遗传和进化关系。

（三）群体结构

群体遗传结构指遗传变异在物种或群体中的一种非随机分布。群体结构又称群体分层，指所研究的群体中存在基因频率不同的亚群。在种质资源遗传评价研究中，可根据分子标记将种质材料分为若干亚群，处于同一亚群内的种质资源材料之间的亲缘关系较高，而亚群之间的亲缘关系较远。通过种质资源群体结构分析，有助于理解特定作物的进化过程。

三、中国燕麦种质资源遗传多样性

（一）裸燕麦种质资源AFLP遗传多样性分析

中国农业科学院作物科学研究所小宗作物种质资源课题组（徐薇 等，2009）采用AFLP引物，对中国燕麦核心种质中的281份裸燕麦材料的遗传多样性进行分析。20对AFLP引物共扩增出1 137条带，其中260条为多态性带。不同引物组合的扩增效果差异较大，扩增出带数40～88条不等，平均56.85条；多态性条带4～23条，平均13条。引物组合E+GTT/M+ACG的多态性百分率最高，为40.00%；E+ACA/M+CAA最低，为6.25%；平均多态性百分率22.96%。不同引物的多态信息量（PIC）变化范围为0.009 8～0.063 9，平均为0.032 6（表6.2）。

表6.2 AFLP 20对引物组合的扩增结果

引物组合	总带数/条	多态性带数/条	多态性百分率/%	多态信息量（PIC）
E+AAC/M+CAG	40	7	17.50	0.019 3
E+ACA/M+CAA	64	4	6.25	0.009 8
E+ACC/M+CAA	56	9	16.07	0.019 8
E+ACG/M+CAA	88	17	19.32	0.033 7
E+ACG/M+CAC	65	23	35.38	0.063 9
E+ACG/M+CAT	58	18	31.03	0.046 5
E+ACT/M+CAA	53	10	18.87	0.027 2
E+AGA/M+ACG	60	12	20.00	0.034 1
E+AGG/M+CAA	55	12	21.80	0.037 1
E+AGG/M+CTA	61	17	27.87	0.036 6
E+ATG/M+GAG	78	21	26.92	0.043 6
E+CAG/M+CGA	58	17	29.31	0.038 7
E+CAG/M+CGC	50	15	30.00	0.037 4
E+GAC/M+GAC	55	8	14.50	0.021 0
E+GTC/M+CCC	45	5	11.11	0.024 3
E+GTC/M+GAC	52	19	36.54	0.042 1
E+GTT/M+ACG	40	16	40.00	0.031 3
E+GTT/M+CGC	43	7	16.28	0.021 5
E+TAT/M+ACG	53	13	24.53	0.037 8
E+TAT/M+CCT	63	10	15.87	0.025 9
合计	1 137	260	—	—
平均	56.9	13.0	22.96	0.032 6

1. 遗传变异分析

分析表明，12个组群的多态性位点数变化范围为67~250个，内蒙古组群最多（250），其次是山西（249）和河北（217），国外其他组群最低；组群内变异贡献率范围在0.30%~33.34%，贡献率最大的3个组群依次是山西（33.34%）、内蒙古（19.17%）、河北（6.59%），国外其他组群最低；Simpson多样性指数（D）范围为1.235~1.495，内蒙古最高（1.495），其次是山西（1.489）和东欧（1.453），青海最低（1.235）；Shannon-Wiener多样性指数（H）范围在0.155 8~0.443 7，最高的3个组群依次是山西（0.443 7）、内蒙古（0.441 2）和东欧（0.406 4），国外其他组群最低。12个组群间变异对总变异的贡献率为16.55%，组群内变异贡献率为83.45%（表6.3）。

表6.3　不同来源或不同类型的组群大小及相关遗传参数

组群	组群大小（品种个数）	多态性位点数/个	组群内变异贡献率/%	D	H
中国甘肃+宁夏	13	171	3.23	1.350	0.331 7
中国河北	25	217	6.59	1.361	0.365 4
中国东北	8	132	1.57	1.274	0.254 0
中国内蒙古	56	250	19.17	1.495	0.441 2
中国青海	10	111	1.64	1.235	0.224 9
中国山西	99	249	33.34	1.489	0.443 7
中国陕西	10	127	1.93	1.277	0.253 3
中国西南	24	173	5.44	1.317	0.313 8
美洲	12	191	3.62	1.440	0.388 0
东欧	20	213	6.30	1.453	0.406 4
西欧	2	74	0.33	1.285	0.172 1
国外其他	2	67	0.30	1.258	0.155 8
总体	281	260	—	1.520	0.462 6

注：组群内变异大小由分子方差分析（AMOVA）的平方和来衡量。

比较不同品种类型之间的差异，发现在多态性位点数和组群内变异贡献率两项参数上，由高到低依次为国内地方品种（256，56.77%）、国内选育品种（249，27.54%）、国外品种（227，11.71%）；而对于Simpson多样性指数及Shannon-Wiener多样性指数，则国内选育品种最高，分别为1.535和0.454 9；其次是国内地方品种，为1.491和0.447 1；国外品种最低，为1.469和0.429 0。3个组群间变异对总变异的贡献率为3.98%，组群内变异贡献率为96.02%（表6.4）。

进一步比较国内外品种之间的差异，发现国内品种Simpson多样性指数（1.518）及Shannon-Wiener多样性指数（0.459 5）均高于国外品种相应指数（1.469和0.429 0）；国内组群变异贡献率（86.79%）显著大于国外组群变异比例（11.71%）。

表6.4 不同品种类型的组群大小及相关遗传参数

不同品种类型的组群	组群大小（品种个数）	多态性位点数/个	组群内变异贡献率/%	D	H
国内品种	245	260	86.79	1.518	0.459 5
国内地方品种	169	256	56.77	1.491	0.447 1
国内选育品种	76	249	27.54	1.535	0.454 9
国外品种	36	227	11.71	1.469	0.429 0

2. 组群及群体的遗传结构

聚类分析结果显示，在遗传距离0.05处，12个不同来源的组群可被划分为两大组（图6.3）。A组包括3个国内组群和3个国外组群，B组包含4个国内组群，东北和国外其他组群遗传背景特殊，与两大组关系较远。从地理来源上看，A组中国内组群主要来自华北地区，包括内蒙古、山西及河北，其中内蒙古和山西组群的遗传关系最近，国外组群中东欧与国内资源的遗传关系更近；B组中各组群均来自我国西部地区，包括青海、甘肃+宁夏、陕西及西南组群，其中青海与甘肃+宁夏的资源遗传距离更小，西南组群与其他来自西北的组群遗传关系稍远。

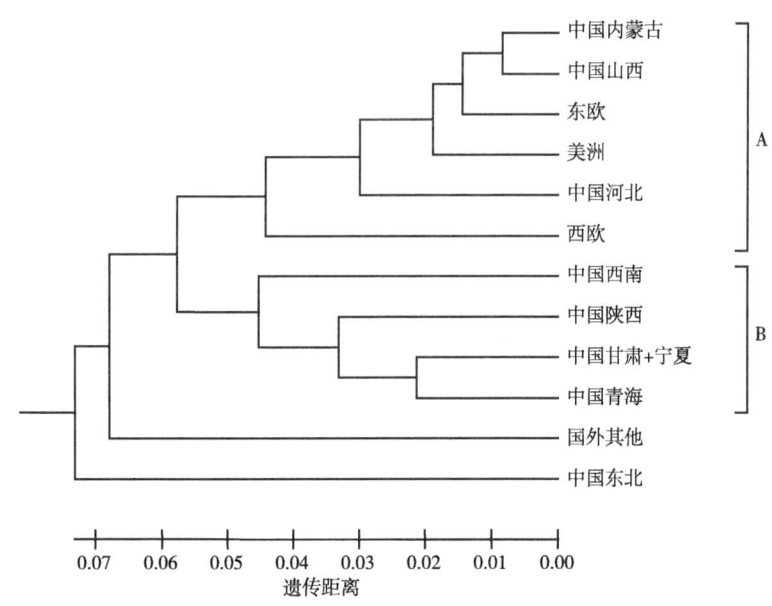

图6.3 基于Nei's遗传距离的12个组群的聚类

采用邻接法（Neighbor-joining）分析281份裸燕麦的遗传关系，聚类图显示全部材料可划分为9个类群（图6.4），不同类群包含的材料数差异较大，但均涵盖多个地理来源（表6.5）。资源数量最多的第Ⅸ类包含了来自6个地区的50份材料，以我国西部资源为主。第Ⅵ类除1份甘肃材料外,其余24份均来自国外,集中了国外材料总数的67%。东北资源全部分布在第Ⅳ类。资源最少的第Ⅴ类只涵盖了8份材料,且无明显地理分布规律,遗传背景较为独特。其余各类中的资源主要来自内蒙古和山西。由此可见,内蒙古和山西两省(区)的材料分布最分散,均覆盖6个类群,遗传背景复杂。而河北、东北、青海、陕西和西南地区的资源集中在一个或两个类群,遗传结构较单一。国外各组群中东欧材料分布最分散,覆盖了6个类群。从材料类型上看,地方品种和选育品种的分布呈现既集中又分散的特点,除第Ⅴ、Ⅵ类外,在其余各类群中皆有分布,但地方品种有51%的材料集中在第Ⅷ和第Ⅸ类,选育品种有55%集中在第Ⅰ类和第Ⅱ类。

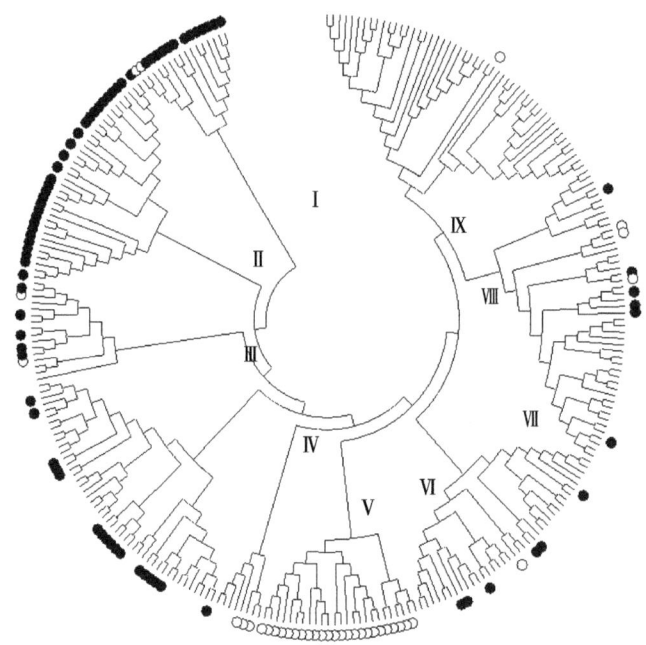

图6.4 燕麦核心种质中281份裸燕麦种质的聚类

表6.5 281份裸燕麦资源在各类群中的分布情况

组群	Ⅰ	Ⅱ	Ⅲ	Ⅳ	Ⅴ	Ⅵ	Ⅶ	Ⅷ	Ⅸ	合计
中国甘肃+宁夏			1		2	1		1	8	13
中国河北				23				2		25
中国东北				8						8
中国内蒙古		6	9	15	2		19	5		56
中国青海								2	8	10
中国山西	14	30	4				17	33	1	99
中国陕西					1				9	10

（续表）

组群	I	II	III	IV	V	VI	VII	VIII	IX	合计
中国西南								1	23	24
美洲	2			1		9				12
东欧			2		2	12	1	2	1	20
西欧						2				2
国外其他						1		1		2
合计	16	36	16	46	8	25	37	47	50	281

3.国内与国外材料的遗传关系

组群聚类结果显示，国外大部分裸燕麦材料与国内华北地区的材料遗传关系相近，分在同一组（图6.4）。按该组中6个组群之间的Nei's遗传距离，内蒙古与东欧组群的距离最小（表6.6）。

表6.6 聚类结果的A组中6个组群间的Nei's遗传距离

组群	东欧	美洲	西欧
中国内蒙古	0.023 7	0.039 6	0.091 0
中国山西	0.034 0	0.042 2	0.094 6
中国河北	0.056 0	0.075 6	0.117 7

我国裸燕麦种质资源遗传多样性比较丰富，聚类结果与地理来源一致性较强。山西和内蒙古的资源遗传变异大，多样性丰富；西部各省的资源遗传结构较单一；东欧与内蒙古资源的遗传关系最近。建议在遗传多样性丰富地区进一步收集燕麦资源，并加强对材料少、代表性较差的地区，如西北和西南地区的燕麦地方品种的收集，以丰富我国的燕麦基因资源。

（二）皮燕麦种质资源AFLP遗传多样性分析

中国农业科学院作物科学研究所小宗作物种质资源课题组（相怀军 等，2010），选取了国家种质库保存的177份皮燕麦资源作为试验材料，包括国内材料71份，国外材料106份。所选取的177份材料是张恩来等（2008）构建的核心种质中的所有皮燕麦资源。这些材料不仅覆盖了国内所有的燕麦种植地区，也包含了世界上主要燕麦种植区的材料，能较好地代表我国收集保存的皮燕麦种质多样性。为了便于分析，根据材料的来源将177份材料分为15个组群，其中国内材料7个组群，国外材料8个组群，每个组群的材料数不等，最少的4份，最多的30份（表6.7）。

表6.7 试验材料和按主要地理来源分组情况

国内来源	材料数/份	国外来源	材料数/份
黑龙江	10	北美洲（加拿大6份，美国12份）	18
河北	8	南美洲（阿根廷2份，智利2份）	4
内蒙古	9	北欧（丹麦30份）	30
甘肃	11	西欧（法国5份、匈牙利3份，德国1份，比利时1份）	10
青海	16	东欧（保加利亚2份，土耳其1份，苏联12份）	17
新疆	13	澳大利亚	9
国内其他（四川1份，陕西2份、宁夏1份）	4	日本	7
		国外其他（未知来源9份，蒙古国1份，巴基斯坦1份）	11
国内来源小计	71	国外来源小计	106
合计			177

1. AFLP引物多态性

从供试材料中选取12份来源不同，并且表型差异较大的材料，对80个AFLP引物组合进行了筛选，结果显示大部分引物组合在12份供试材料中均能找到具有多态性的条带。从中选择多态性丰富、扩增谱带清晰的引物组合20个，用于分析177份皮燕麦材料的遗传多样性。由表6.8可知，20对引物组合共扩增出976条带，其中185条为多态性条带，平均每对引物组合扩增出48.8条，其中多态性条带9.3条。不同引物组合的扩增效率差异较大，扩增条带数在35～76条。多态性条带数最多的引物是E37/M48、E38/M61、E39/M37，均为14条；最少的是E38/M49，只有5条。引物组合E38/M61的多态性百分率最高，为35.9%；E37/M61最低，为9.3%；平均多态性百分率为19.0%。不同引物的多态信息量（PIC）变化范围在0.018 6～0.063 5，平均为0.042 3。

表6.8 AFLP引物组合的多态性情况

引物组合	总带数/条	多态性带/条	多态性带百分率/%	多态信息量（PIC）
E37/M47	40	13	32.5	0.047 6
E37/M48	59	14	23.7	0.055 6

（续表）

引物组合	总带数/条	多态性带/条	多态性带百分率/%	多态信息量（PIC）
E37/M50	53	9	17.0	0.039 0
E37/M59	76	10	13.2	0.051 1
E37/M60	60	8	13.3	0.045 0
E37/M61	54	5	9.3	0.023 2
E37/M62	58	10	17.2	0.050 2
E38/M47	50	6	12.0	0.028 5
E38/M48	47	7	14.9	0.034 0
E38/M49	35	5	14.3	0.018 6
E38/M59	37	9	24.3	0.042 8
E38/M60	36	6	16.7	0.024 2
E38/M61	39	14	35.9	0.054 7
E38/M62	40	8	20.0	0.043 9
E39/M37	46	14	30.4	0.063 5
E40/M47	66	9	13.6	0.035 9
E40/M48	40	6	15.0	0.032 9
E40/M49	50	8	16.0	0.041 1
E64/M64	43	12	27.9	0.048 2
E76/M64	47	12	25.5	0.066 3
合计	976	185		
平均	48.8	9.3	19.0	0.042 3

AFLP结合了RFLP的稳定性和PCR技术的高效性，并且分析的遗传位点在基因组上分布比较均匀。单个反应分析的遗传位点数较多，平均每对引物分析的遗传位点数根据物种基因组大小的不同，在几十个甚至上百个，被广泛应用于植物资源的遗传多样性研究及遗传图谱构建。本研究每对引物平均扩增出9.25条多态性带，远高于王茅雁等（2004）利用RAPD标记得到的每个引物扩增出4.4条，多态性比RAPD丰富得多，由此证明皮燕麦种内存在丰富的AFLP片段多态性，很好地反映出不同来源材料间的遗传差异。

2. 皮燕麦种质的遗传多样性

不同地理来源的15个组群的材料数、Simpson多样性指数和Shannon-Wiener多样性指数见表6.9。Simpson多样性指数范围为1.229 9~1.429 5，最高为西欧材料，其次为北欧（1.370 7）、国外其他（1.351 0）、北美（1.321 4）和东欧材料（1.315 5），黑龙江材料最低。Shannon-Wiener多样性指数的变化范围在0.190 0~0.341 2，不同组群的Shannon-Wiener多样性指数差异较大，西欧材料最高，其次是北欧（0.326 9）、日本（0.307 2）、东欧（0.294 9）和北美材料（0.290 4），黑龙江材料最低。同时为了便于分析国内与国外材料的差异，将国内材料和国外材料分别计算，其Simpson多样性指数和Shannon-Wiener多样性指数的结果显示，国内材料Simpson多样性指数（1.299 9）低于国外材料（1.350 1），国内材料的Shannon-Wiener多样性指数（0.301 5）也是明显低于国外材料（0.343 5）。全部材料的Simpson多样性指数和Shannon-Wiener多样性指数分别为1.365 2和0.334 6。

表6.9 不同来源组群的材料数、Simpson多样性指数和Shannon-Wiener多样性指数

国内来源	材料数/份	Simpson多样性指数	Shannon-Wiener多样性指数	国外来源	材料数/份	Simpson多样性指数	Shannon-Wiener多样性指数
黑龙江	10	1.229 9	0.190 0	北美	18	1.321 4	0.290 4
河北	8	1.261 3	0.200 6	南美	4	1.283 2	0.214 4
内蒙古	9	1.264 5	0.215 7	北欧	30	1.370 7	0.326 9
甘肃	11	1.230 8	0.203 0	西欧	10	1.429 5	0.341 2
青海	16	1.263 3	0.229 7	东欧	17	1.315 5	0.294 9
新疆	4	1.280 0	0.201 6	澳大利亚	9	1.243 0	0.223 3
国内其他	13	1.244 0	0.237 2	日本	7	1.276 3	0.307 2
				国外其他	11	1.351 0	0.289 4
全部国内材料	71	1.299 9	0.301 5	全部国外材料	106	1.350 1	0.343 5
总体					177	1.365 2	0.334 6

在皮燕麦遗传多样性分析中，无论是Simpson多样性指数，还是Shannon-Wiener多样性指数，都表明西欧和北欧材料具有较高遗传多样性，说明燕麦在西欧和北欧国家的栽培历史悠久，并形成了丰富的多样性，支撑了燕麦育种，使该地区成为世界上燕麦生产水平最高的区域。通过比较发现，国内材料的Simpson多样性指数和Shannon-Wiener多样性指数（1.299 9，0.301 5）均低于国外材料（1.350 1，0.343 5），这说明国内皮燕麦种质的遗传多样性较低。事实上国内主要种植裸燕麦，

而皮燕麦的种植面积相对较小，品种也比较单一，这也是导致国内材料遗传多样性不够丰富的原因之一。因此进一步从欧洲特别是西欧和北欧国家收集和引进皮燕麦资源对丰富我国皮燕麦资源的多样性有重要意义。

3. 皮燕麦种质的种群关系

用Popgen软件计算出各组群间遗传距离数值，发现甘肃材料与澳大利亚材料的遗传距离最大，北美和国外其他组群的遗传距离最小。国内新疆材料与内蒙古材料间的遗传距离最大，而青海与内蒙古之间的最小。国外组群间遗传距离最大的为日本与澳大利亚之间，最小的为北美与国外其他之间。将各组群间的遗传距离数值导入NTSYSpc2.2，绘制出群体间树状聚类图（图6.5）。在遗传距离0.35处，可将15个组群分为两组，第Ⅰ组包含所有的国外群体，以及国内群体中的内蒙古和青海组群；第Ⅱ组包括的组群均来自国内。进一步分析可以发现，第Ⅰ组又可分为4个亚组，第一亚组包括东欧、西欧、北欧组群；第二亚组包括北美和国外其他组群；第三亚组包括内蒙古和青海组群；第四亚组包含南美、日本和澳大利亚组群。第Ⅱ组也可分为3个亚组，第一亚组包括黑龙江和河北组群；第二亚组包括新疆和甘肃组群；第三亚组包含国内其他组群。

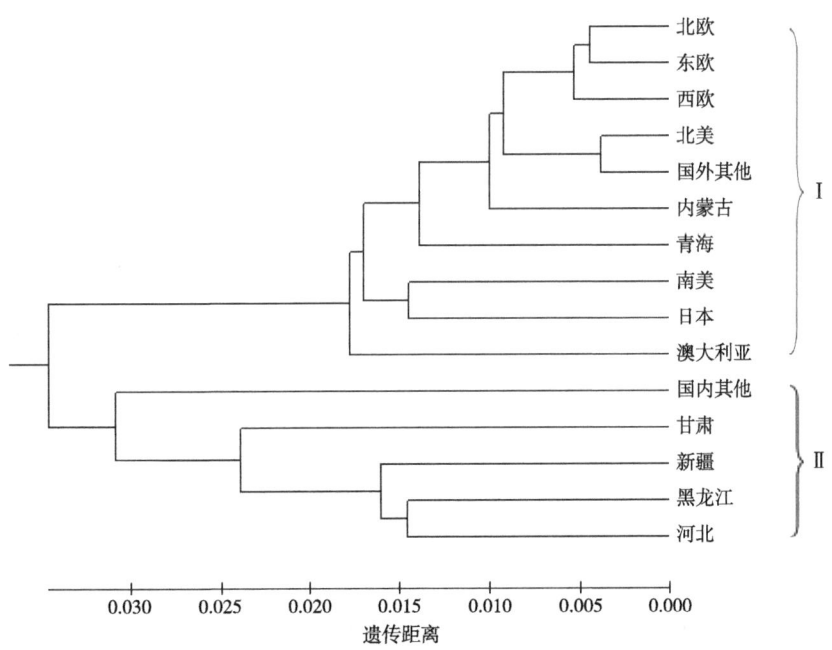

图6.5 基于Nei's遗传距离的皮燕麦种质组群的聚类

4. 主坐标分析

用NTSYSpc2.2软件对所有参试材料进行主坐标分析，绘制三维空间聚类图（图6.6）。由图6.6可见，所有的材料较为明显地分为两组，第一组包含甘肃、河北、黑龙江、新疆、国内其他的大部分材料，以及北欧、东欧的部分材料。第二组包含了北美、南美、西欧、东欧、北欧、澳大利亚、日本、国外其他、中国内蒙古以及青海的大部分材料。从分类上看，第Ⅰ组主要是国内材料，而北欧、东欧材料也有分布，同时本组中黑龙江、新疆组群的分布比较集中，而其他组群分布较为分散，不同组群相互交错，没有明显的界限。第Ⅱ组主要是国外材料，其中也包含了大部分的内蒙古和青海材料，本组中各组群分布相对较集中，但是各组群间相互交错。此结果与聚类的结果基本一致。

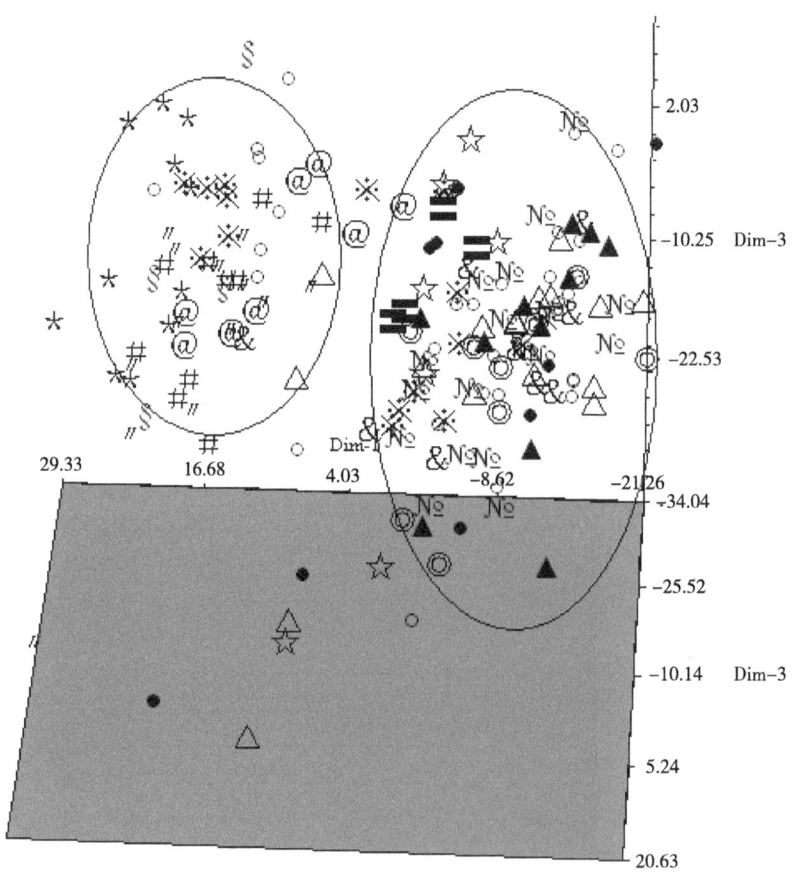

#黑龙江 @河北&内蒙古 ＊甘肃 ※青海 §国内其他 ″新疆 №北美
=南美 ○北欧 ●西欧 △东欧 ◎澳大利亚 ☆日本 ▲国外其他

图6.6 皮燕麦资源主坐标分析的三维空间聚类

聚类和主坐标分析表明，不同地理来源的材料之间遗传多样性差异较大。组群聚类分析发现，国内和国外组群明显分为两大类。国内类群又可分为3个亚类，其中新疆和甘肃材料分在同一个亚类，地理位置上同属西北地区，此地区也是国内燕麦资源较为丰富的区域；河北与黑龙江材料分在同一个亚类，河北是中国燕麦的主要种植区，而黑龙江基本没有燕麦种植，由此推断黑龙江的材料可能源于河北；国内其他来源材料分在一个亚类。国外类群明显分为4个亚类，第一亚类为东欧、西欧、北欧材料,它们在地理位置上相互交错,品种的交流也比较频繁,多样性最为丰富,支持该地区是皮燕麦起源中心学说;第二亚类为北美和国外未知来源材料,由此可以推测国外未知群体材料可能就是来源于北美地区或是引自北美的材料,此地区皮燕麦资源也比较丰富,种植范围较广;第三亚类为南美、日本、澳大利亚、国外未知群体,其中日本和澳大利亚本国燕麦材料较少,绝大多数为引进品种,由此推测这些国家的材料很可能引自美洲;第四亚类是内蒙古和青海材料,虽是国内群体,却与国外种群遗传距离较近,说明这两个地区的参试材料可能有国外遗传背景。主坐标分析把大部分材料也明显分为两类,第一类均是国内群体;第二类不仅包含所有国外群体,还包括内蒙古和青海群体,这与聚类分析结果一致。类内组成分析发现,各组群材料相互交错,很难清晰地将其明确区分,而且青海材料和北欧材料在两类内均有分布。总体而言,国内组群与国外组群差异较为显著,组群内的差异相对较小,特别是国内组群材料的遗传距离较近,说明我国皮燕麦种质交流比较充分。为丰富我国皮燕麦资源多样性,应该加大国外引种力度,积极推进与国外皮燕麦种质的交流与交换。

四、不同国家燕麦种质资源SSR遗传多样性分析

中国农业科学院作物科学研究所小宗作物种质资源课题组(Munkhtuya,2017)采用83对SSR引物,对来自6个国家的286份燕麦种质资源材料进行了遗传多样性分析,结果表明,这些燕麦种质材料间存在丰富的遗传差异。

1. 燕麦种质材料的遗传变异

通过计算等位基因数、基因型数、主要等位基因频率、Nei遗传多样性和杂合度,比较了来自5个国家的燕麦种质群体间的遗传变异。表6.10表明,组内等位基因数从222个(巴西)到279个(美国)不等,并且随着组内材料数的增加而增加。组内主要等位基因频率从0.35(巴西和加拿大)到0.37(美国)。Nei遗传多样性指数在不同国家的群体间没有显著差异,杂合度介于0.46(美国种质)到0.52(中国种质)之间,表明中国燕麦种质的遗传背景较为复杂。

表6.10 不同国家燕麦种质材料的遗传参数

来源	材料数/份	等位基因数/个	等位基因频率	Nei遗传多样性指数	杂合度
巴西	19	222	0.35	0.74	0.48
加拿大	30	255	0.35	0.74	0.48
中国	69	261	0.36	0.74	0.52
蒙古国	50	253	0.36	0.73	0.50
美国	118	279	0.37	0.74	0.46
合计	286	290	0.36	0.74	0.49

2. 遗传关系

利用Jaccard模型比较了不同来源间和所有材料间的遗传距离，并据此进行了聚类分析（图6.7）。中国燕麦种质与蒙古国燕麦种质的亲缘关系较近，而巴西燕麦种质与美国燕麦种质的亲缘关系较近。来自加拿大的燕麦种质与其他4个国家的燕麦种质有较大差异，表明加拿大群体的遗传背景较特殊。

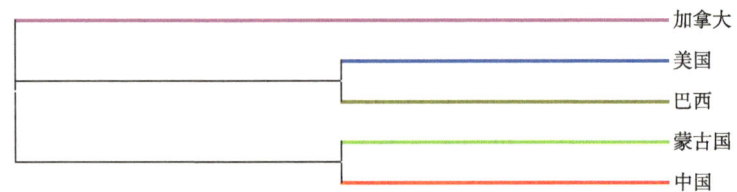

图6.7　5个国家的燕麦种质材料的遗传关系

根据所有286份材料的标记等位基因频率计算遗传差异，用DARwin6进行聚类分析，所有材料的系统进化树（图6.8）显示出6个聚类群，前两个类群各有48份材料来自美国；第Ⅲ类包括来自巴西（19份）、加拿大（7份）和美国（22份）的48份材料；第Ⅳ类是由23份加拿大种质和25份中国种质组成的混合类群；第Ⅴ类由44份中国种质和5份蒙古国种质组成；第Ⅵ类包括来自蒙古国的45份材料。总的来说，聚类显示了遗传多样性和地理分布之间的密切关系。

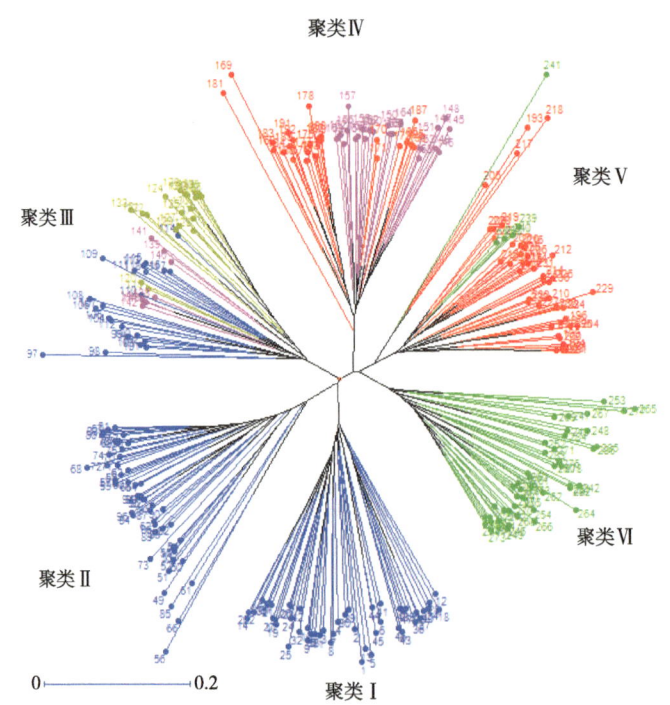

图6.8　基于SSR标记等位基因频率计算的286个燕麦资源之间的遗传聚类

注：黄色为巴西材料，粉色为加拿大材料，红色为中国材料，绿色为蒙古国材料，蓝色为美国材料。

基于遗传差异的主坐标分析也揭示出各来源材料的变异趋势。总体而言，美国燕麦种质材料分为2组，而来自巴西、加拿大和美国的部分种质材料分成1组，来自中国的部分种质材料和蒙古国的种质材料分成1组，来自加拿大和中国的部分种质材料分成1组。然而，聚类分析明显形成独特组的蒙古国种质材料与中国种质材料聚在一起。所有来自巴西和美国的种质与第一坐标呈正相关，而来自中国和蒙古国的种质与第一坐标呈负相关。来自加拿大的种质与第一坐标既有正相关，也有负相关（图6.9）。

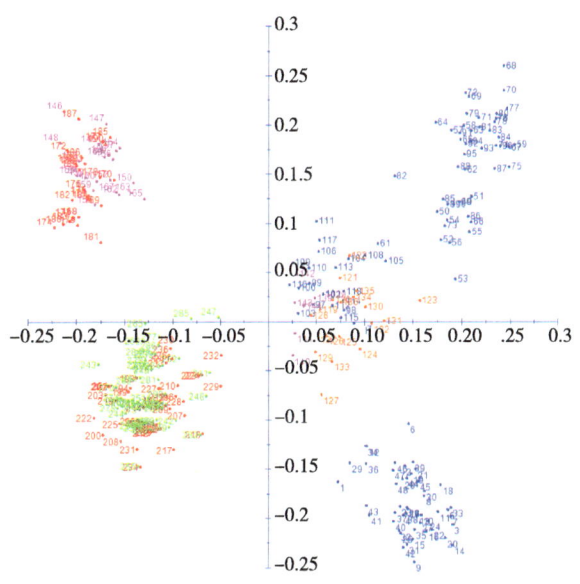

图6.9 基于SSR标记等位基因频率计算的286份燕麦种质材料主坐标分析

注：黄色为巴西材料，粉色为加拿大材料，红色为中国材料，绿色为蒙古国材料，蓝色为美国材料。

3. 群体结构

利用Structure软件进行总体遗传结构分析，将286份燕麦种质分为6个亚群（图6.10），每个基因型的混合比例较小。亚群1包括来自中国（44份）和蒙古国（4份）的48份材料；亚群2和亚群3各包含48份来自美国的材料；亚群4由来自加拿大（23份）和中国（25份）的48份材料组成；亚群5包含46份来自蒙古国的材料；亚群6由来自巴西（19份）、加拿大（6份）和美国（23份）的48份材料组成。Structure的结果与基于聚类分析的结果非常吻合。

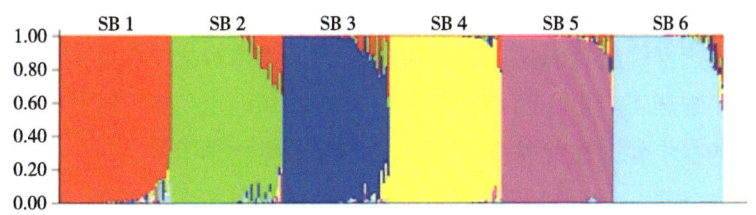

图6.10 不同国家燕麦种质材料的群体结构（$k=6$）

总体而言，SSR标记可以有效反映燕麦种质遗传多样性，并发现燕麦种质多样性与种质的地理来源明显相关，反映了美洲国家间、亚洲国家间以及亚洲与美洲国家间燕麦种质交流的趋势。

第五节　燕麦种质资源的重要基因发掘

燕麦功能基因挖掘是种质资源基因型评价的重要研究领域，通过挖掘和研究燕麦种质资源中的功能基因，可以为燕麦遗传改良和育种提供有力的支持。燕麦功能基因是决定燕麦性状和生产性能的关键基因，挖掘燕麦种质资源中的功能基因是促进燕麦品种改良，提高燕麦产量和品质的重要手段。通过功能基因挖掘研究，可以识别和筛选出与燕麦生产性状密切相关的基因，为燕麦育种工作提供基因来源，如抗病、高产、优质等性状相关的基因，用于培育高产优质燕麦新品种。燕麦功能基因挖掘有助于促进燕麦性状形成的分子机制解析，深入了解燕麦生物学特性和农艺性状的遗传规律，以便开展更加精准的品种选育和遗传改良研究工作。功能基因挖掘方法很多，主要包括QTL定位、图位克隆、关联分析、同源克隆、基因组学等方法。基因组学方法是近年来发展非常快的基因挖掘技术，如Peng et al.（2022）通过对燕麦基因组测序，鉴定出1 269个与抗病相关的R基因，为燕麦抗病基因的定位和克隆奠定了基础。

一、基因挖掘概念和方法

（一）基因挖掘概念

基因是指携带有遗传信息的DNA序列，是控制性状的基本遗传单位。基因存在于生物染色体上，通过编码特定的蛋白质序列来影响其形态特征、生理特性和化学成分组成。基因由DNA（脱氧核糖核酸）分子组成，呈现为双螺旋结构。基因含有遗传信息，指导蛋白质的合成来实现遗传信息的表达。基因的表达同时受到内外环境因素的影响，包括遗传变异、营养、温度和辐射等因素，以及与其他基因的相互作用。

基因挖掘是指根据育种等研究需要，采用各种先进的生物技术手段，从优异种质资源中寻找控制各种目标性状的基因，探明其DNA序列信息，明确其在染色体上的位置，分析其等位变异的数量、分布和遗传规律，并验证其功能，为转化利用奠定基础。基因挖掘是燕麦种质资源基因型评价研究的重要内容之一，通过建立遗传连锁图谱等方式，把控制燕麦产量、品质、抗性等性状的基因定位到燕麦的染色体上，这也是基因挖掘的基本步骤，在此基础上可以利用分子生物学手段进一步分离目标基因，获取其DNA序列信息，然后进行这些目标基因的功能分析，包括其等位基因数量、分布和遗传规律分析，并进行转化试验验证其功能。

（二）基因挖掘方法

1. 连锁分析与QTL定位

遗传连锁图（Genetic linkage map），是通过分析遗传标记之间的连锁关系而建立起来的染色体图谱。遗传图谱的构建基于遗传连锁现象，即两个位点（通常是遗传标记）在染色体上的相对距离越近，它们之间的连锁频率越高。通过对某一群体的不同个体的遗传标记进行测定，例如分子标记（如微卫星标记、SNP标记）或生物学标记（如形态特征、生化性状），可以统计它们之间的连锁关系，并根据这些连锁关系绘制出遗传连锁图谱。遗传连锁图谱是了解基因组结构和遗传特性的重要工具，基于连锁分析的QTL定位是进行复杂性状基因定位的基本方法，即以遗传连锁图谱为基础，通过目标性状的表型值与分子标记间的连锁分析，当标记与目标性状连锁时，不同标记基因型个体的表型值间存在显著性差异，以此来确定各个性状基因座位在染色体上的位置和效应，以及各个QTL间、与环境之间的互作效应。

连锁图谱构建和QTL定位的基本过程包括：首先通过双亲配置组合，构建作图群体，如双单倍体（Doubled haploid，DH）群体、重组近交系（Recombinant inbred line，RIL）等；然后基于作物群体，利用分子标记（AFLP、SSR、SNP等）构建遗传连锁图谱，同时对作图群体进行目标性状的多年、多点鉴定；最后利用软件进行连锁分析，将控制目标性状的基因/QTL定位在特定的遗传连锁区段内。基因定位的准确性依赖于定位的统计模型和方法，常见的方法有单标记分析法、区间作图法、复合区间作图法、完备区间作图法等。

2. 基因分离与克隆

基因克隆是将目标基因从宿主生物体中剪切出来，并将其克隆到载体分子中的过程。基因克隆的主要步骤包括从生物体提取DNA，经限制性内切酶切割目标基因的DNA序列，将目标基因的DNA片段连接到载体上，再把连接好的目标基因和载体转化到寄主细胞，通常为大肠杆菌细胞，最后进行鉴定和筛选，确认克隆细胞是否含有目标基因以及序列是否正确。

基因克隆方法很多，涉及一系列的分子生物学技术，如目的DNA片段的获得、载体的选择、各种工具酶的选用、体外重组、导入宿主细胞技术和重组子筛选等技术。根据被克隆基因的序列信息知晓程度，可分为已知序列克隆、已知探针克隆和未知序列的基因打靶，其中前两种方法相对简单，有DNA序列可以借鉴，而最后一种是创新性工作。

二、燕麦重要农艺性状QTL定位

（一）籽粒性状相关QTL定位

中国农业科学院作物科学研究所小宗作物种质资源课题组（宋高原 等，2014）

选用张家口市农业科学院育成品种578（大粒）为父本和来自山西的农家品种三分三（小粒）为母本进行杂交获得F_1，种植F_1并收获单株的全部种子，然后种植F_1形成包含有202个家系的F_2群体。F_2群体中，籽粒长度的变异范围为6.04~8.385mm，多数介于两亲本之间，少数个体表型差于母本。偏度为-0.616，偏正态分布，表型倾向于大粒品种。籽粒宽度的变异范围为1.813~2.356mm，峰度和偏度分别为0.183和-0.214，基本符合正态分布。籽粒千粒重的变异范围为12.88~23.873g，峰度和偏度分别为0.206和-0.13，基本符合正态分布。籽粒长度和宽度与籽粒千粒重均为极显著正相关，相关系数分别为0.734和0.768。籽粒长度和宽度极显著正相关，相关系数为0.611。

选出232对SSR多态性引物，用于分离群体的基因型鉴定，有36对SSR引物无多态性或在群体中存在严重偏分离，约占15.52%，将这部分引物淘汰。有21对引物有2处多态性，约占9.05%，最终获得217个多态性标记。通过JoinMap 4.0软件分析构建了包括172个SSR标记、覆盖1 643.81cm、由21个连锁群组成的遗传连锁图。最大的连锁群上含有22个SSR标记，最小的连锁群上有2个SSR标记，每个连锁群平均约有8.18个标记。连锁群上两标记间的最小图距为0.53cm，最大图距为46.08cm，两标记间的平均图距为9.56cm，符合QTL作图要求。

用软件WinQTLCart 2.5中的复合区间作图（Composite interval mapping，CIM）功能，取LOD临界值为2.5，对籽粒性状包括长度、宽度和千粒重进行QTL定位，共检测到17个QTL位点，分布在第1（LG1）、3（LG3）、6（LG6）、9（LG）、21（LG21）号连锁群上（图6.11）。其中与籽粒长度相关的6个QTLs分别为 $qGL-1$、$qGL-2$、$qGL-3$、$qGL-4$、$qGL-5$、$qGL-6$；与籽粒宽度相关的5个QTLs分别为 $qGW-1$、$qGW-2$、$qGW-3$、$qGW-4$、$qGW-5$；与籽粒千粒重相关的6个QTLs分别为 $qTGW-1$、$qTGW-2$、$qTGW-3$、$qTGW-4$、$qTGW-5$、$qTGW-6$。

与籽粒长度相关的QTL位点分别分布在3号连锁群（$qGL-1$、$qGL-2$、$qGL-3$）、6号连锁群（$qGL-4$、$qGL-5$）和9号连锁群（$qGL-6$）。其中$qGL-2$位于3号连锁群上AM1089~AM1512，对籽粒长度的表型贡献率为12.83%，其加性效应和显性效应分别为0.233 8和-0.031 2，为主效QTL位点。$qGL-1$在3号连锁群上与标记AM876的位置重合，对表型的贡献率为4.26%。$qGL-3$、$qGL-4$、$qGL-5$和$qGL-6$对籽粒长度的表型贡献率分别为0.7%、3.5%、9.12%和9.61%。

与籽粒宽度相关的QTL位点分别分布在1号连锁群（$qGW-1$、$qGW-2$）、3号连锁群（$qGW-3$）、6号连锁群（$qGW-4$）、21号连锁群（$qGW-5$）。其中$qGW-5$位于第21号连锁群AM3217~AM965，对籽粒宽度的贡献率为12.92%，其加性效应和显性效应分别为0.047 4和-0.031 9，为主效基因所在位置。其余4个QTL位点$qGW-1$、$qGW-2$、$qGW-3$、$qGW-4$对表型的贡献率分别为6.58%、4.19%、9.61%、0.77%。

与籽粒千粒重相关的QTL位点分别分布在1号连锁群（*qTGW-1*、*qTGW-2*）、3号连锁群（*qTGW-3*、*qTGW-4*、*qTGW-5*）和21号连锁群（*qTGW-6*），其中*qTGW-3*、*qTGW-4*分别位于第3连锁群上AM955-1～AM1688和AM1089～AM1512，对表型的贡献率分别为10.64%和10.05%，两个QTL位点的加性效应分别为0.733 7、0.925 0，显性效应分别为-0.554 6和-0.234 1，均为主效QTL位点。*qTGW-2*的位置与1号连锁群上标记AM1921位置重合，该位点对表型的贡献率为0.77%。*qTGW-1*、*qTGW-5*、*qTGW-6*对籽粒千粒重的表型贡献率分别为4.67%、0.58%和9.10%。

该研究首次以六倍体裸燕麦大粒品种和小粒品种的杂交后代F_2分离群体为作图群体，用SSR分子标记构建了与燕麦籽粒性状相关的遗传连锁图，通过对籽粒性状进行QTL分析，发现4个与籽粒长度（*qGL-2*）、宽度（*qGW-5*）和千粒重（*qTGW-3*、*qTGW-4*）相关的主效QTL位点。检测到3号连锁群的AM1089～AM1512区间与籽粒的长度、宽度和千粒重均相关。

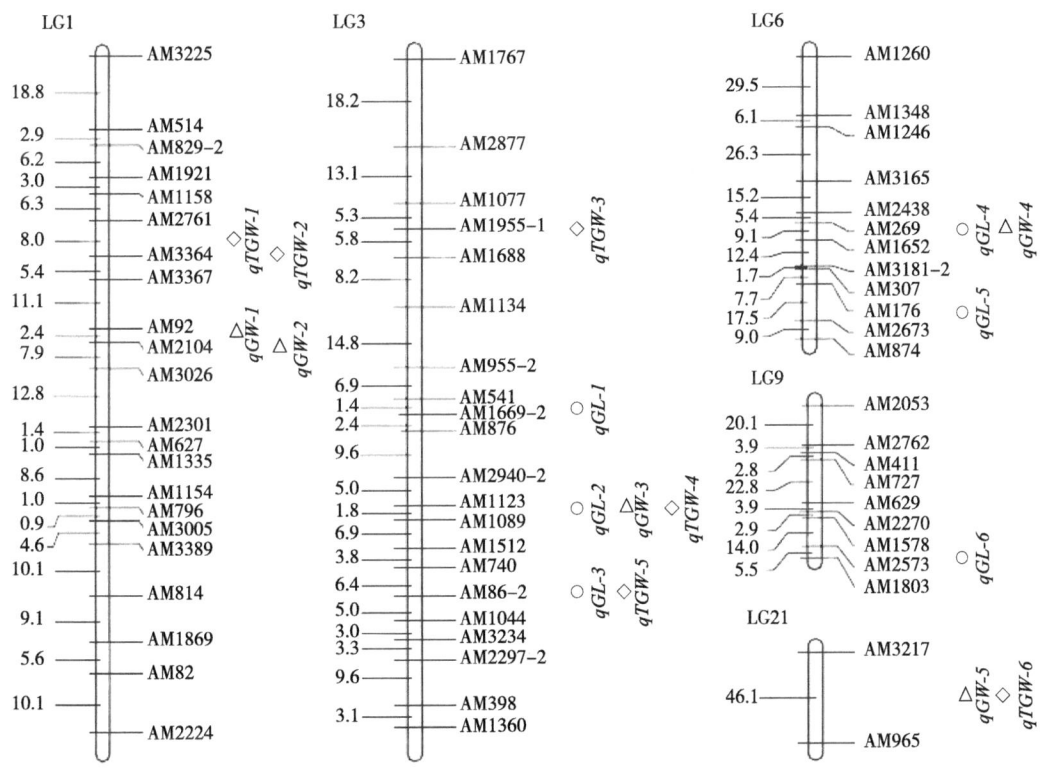

图6.11 燕麦籽粒性状QTL位点分布

（二）株高性状相关QTL定位

中国农业科学院作物科学研究所小宗作物种质资源课题组（Munkhtuya，2017）以燕麦品种Hi Fi（带稃型）为母本，坝莜1号（裸粒型）为父本进行杂交，2015年获得224株F$_2$群体，并进行粒型鉴定。统计每个单株生产的裸粒型种子和带稃型种子分别占总数的百分比。然后采用140对SSR引物对该F$_2$群体进行基因型分析。

1. 群体的籽粒皮裸性表现

首先确定燕麦F$_2$群体224个单株的籽粒类型。若籽粒类型为全带稃型，则记为0。若籽粒类型完全裸露，记为100%。如果籽粒类型是带稃型和裸粒型的混合，使用带稃型种子的百分比。从图6.12可以看出，F$_2$群体粒型变异范围为0（裸粒）~100%（带稃），呈连续分布。所有个体均在两个亲本之间。F$_2$个体的表现趋向于裸粒型或带稃型。

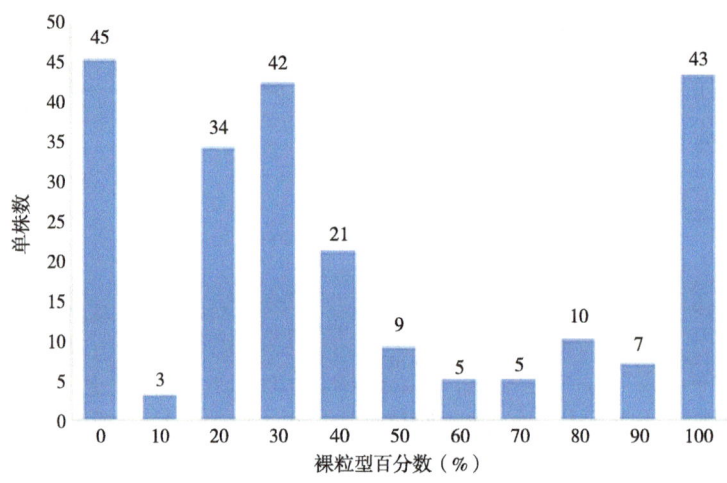

图6.12　皮裸类型单株的分布情况

注：0代表全皮类型；100代表全裸类型。

2. 遗传连锁图谱构建

利用JoinMap4.0软件构建遗传连锁图谱。该图谱包含88个SSR位点，覆盖基因组975.3cM，由17个连锁群组成。最大连锁群上有19个SSR标记，最小连锁群上只有2个SSR标记。每个连锁群上平均约有5.17个标记。连锁群上2个标记间的最小作图距离<0.01cM，最大作图距离为39.6cM。两标记间的平均定位距离为11.6cM（表6.11）。

表6.11　利用SSR标记构建的燕麦遗传连锁图谱

连锁群	标记数目/个	长度/cM	最小距离/cM	最大距离/cM	平均距离/cM
LG1	19	129.3	0.7	18.8	6.81
LG2	3	40.9	19.1	21.8	13.63
LG3	9	135.9	4.0	34.6	15.1
LG4	4	48.4	13.3	21.4	12.1

（续表）

连锁群	标记数目/个	长度/cM	最小距离/cM	最大距离/cM	平均距离/cM
LG5	7	81.8	3.1	27.3	11.68
LG6	7	73.5	9.5	18.7	10.5
LG7	2	14.3	0.0	14.3	7.15
LG8	6	97.7	5.2	39.6	16.28
LG9	6	52.6	8.5	14.3	8.77
LG10	5	66.2	10.0	21.0	13.24
LG11	5	49.1	1.9	25.3	9.82
LG12	3	44.7	19.5	25.2	14.9
LG13	3	55.3	26.4	28.9	18.43
LG14	3	23.1	11.1	12.1	7.7
LG15	2	16.0	0.0	16.0	8.0
LG16	2	27.1	0.0	27.1	13.55
LG17	2	19.4	0.0	19.4	9.7
合计	88	975.3			
平均					11.6

3. 皮裸性QTL分析

利用复合区间作图法，选择LOD临界值4.0以上，对籽粒皮裸性进行QTL定位分析。在第8连锁群上检测到2个QTLs（表6.12和图6.13），分别被定义为qGT-1和qGT-2。qGT-1位于AM48和AM2666标记区间26.0cM处。可解释粒型表型变异的10.77%。qGT-2与标记AM1094的位置重合，在43.1cM处，可解释7.07%的粒型表型变异。2个QTLs（qGT-1和qGT-2）的加性效应分别为-25.02和22.92，显性效应分别为-0.61和1.76。由此认为这2个位点是与籽粒皮裸性密切相关的位点。

表6.12 籽粒皮裸性QTLs及其遗传参数

QTLs	连锁群	位置	LOD值	表型变异（PVE）/%	加性效应	显性效应
qGT-1	LG8	AM84-AM2666	4.64	10.77	-25.02	-0.61
qGT-2	LG8	AM1094	4.44	7.07	22.92	1.76

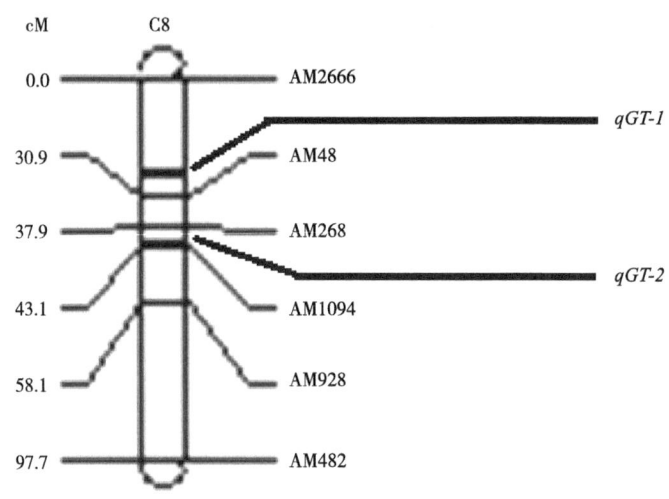

图6.13 燕麦遗传连锁图谱上的籽粒皮裸性QTLs分布

(三) β-葡聚糖含量相关QTL挖掘

中国农业科学院作物科学研究所小宗作物种质资源课题组（吴斌 等，2014）以高β-葡聚糖地方品种夏莜麦为父本，育成品种赤38莜麦为母本构建的包含215个$F_{2:3}$家系为图谱构建群体。利用筛选出的231对SSR引物在F_2后代群体上进行检测，共得到261个多态性标记位点，利用JoinMap4.0软件对上述获得多态性分子标记进行遗传连锁分析，在LOD≥5.0情况下，构建遗传图谱，得到包含26个连锁群、182个标记位点的遗传图谱，连锁群总长度为1 869.7cM，标记间平均距离为10.6cM，每个连锁群上的标记数在2~14个，连锁群长度在10.6~235.1cM（表6.13，图6.14）。

表6.13 遗传连锁图谱中26个连锁群的图距和分布

连锁群	标记数/个	长度/cM	平均图距/cM
LG1	13	102.0	7.8
LG2	4	53.8	13.5
LG3	14	76.5	5.5
LG4	10	88.7	8.9
LG5	9	84.3	9.4
LG6	4	29.1	7.3
LG7	10	83.9	8.4

（续表）

连锁群	标记数/个	长度/cM	平均图距/cM
LG8	8	69.5	8.7
LG9	4	23.4	5.9
LG10	7	51.1	7.3
LG11	5	52.6	10.5
LG12	12	99.7	8.3
LG13	8	64.8	8.1
LG14	3	45.9	15.3
LG15	3	25.0	8.3
LG16	2	19.7	9.9
LG17	2	10.6	5.3
LG18	11	86.1	7.8
LG19	7	94.8	13.5
LG20	4	104.1	26.0
LG21	5	67.5	13.5
LG22	4	57.3	14.3
LG23	8	51.4	6.4
LG24	13	235.1	18.1
LG25	10	171.9	17.2
LG26	2	20.9	10.5
合计	182	1 869.7	10.6

利用复合区间作图法检测到4个与燕麦β-葡聚糖含量相关的QTL位点（表6.14，图6.15）。QTL遗传效应表现为加性-显性效应。这些QTL在连锁群上的分布不均匀，LG20上1个，LG23上2个，LG25上1个。

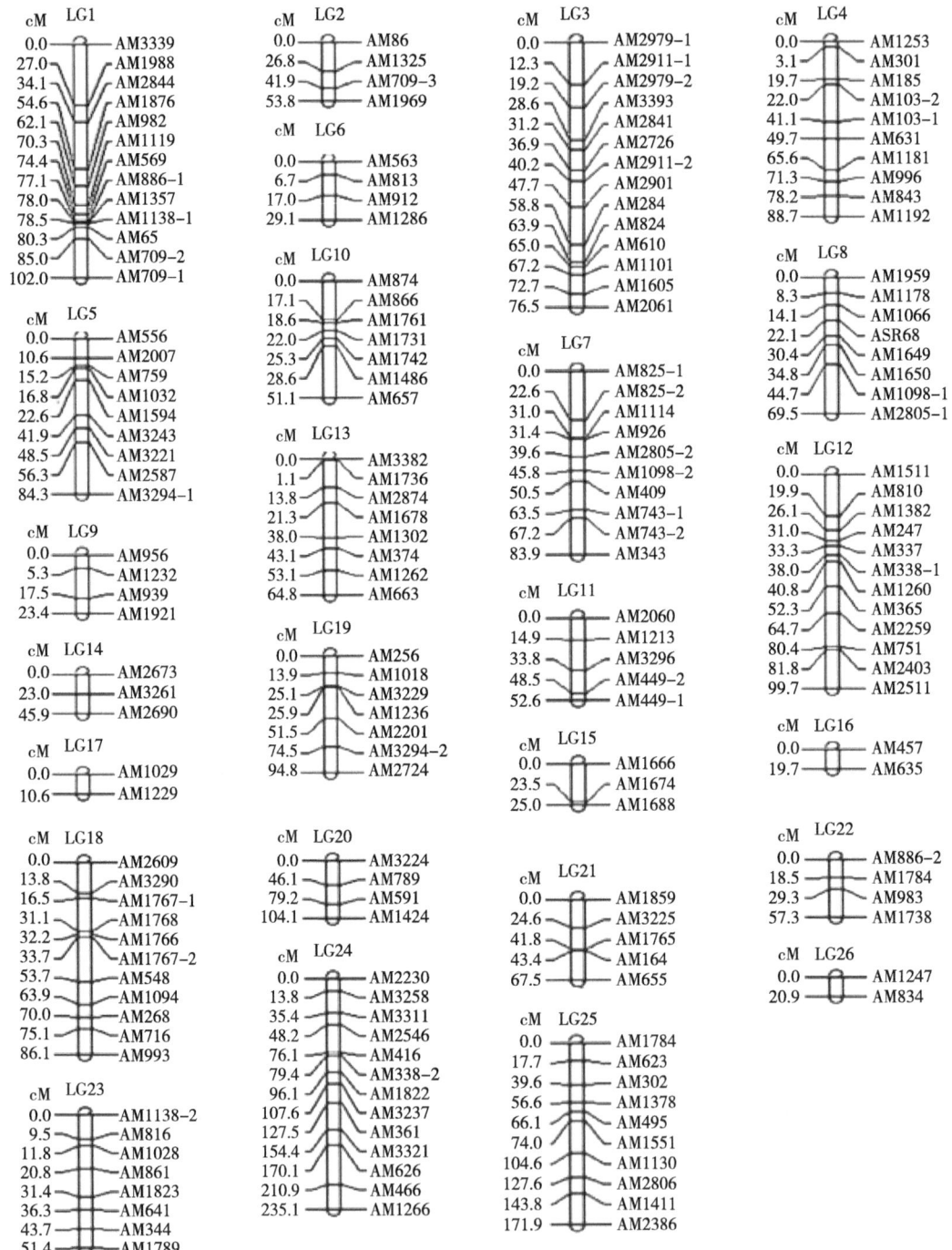

图6.14 裸燕麦SSR分子标记连锁

注：左为连锁群图距，右为分子标记。

由表6.14可知，第1个QTL定位在第20连锁群上，命名为 *Qbg-1*，位于区间长度24.9cM的范围内，与最近的标记AM591的距离10.0cM。加性效应为0.21，可以解释的表型变异为10.9%；还有2个QTL定位在第23连锁群上，其中$Qbg\text{-}2$（位于区间长度10.6cM的范围内，与最近的标记AM1823的距离4.6cM）、$Qbg\text{-}3$（位于区间长度4.9cM的范围内，与最近的标记AM641的距离1.9cM），加性效应分别为-0.23和-0.22，可以解释的表型变异分别为3.2%和2.7%；最后一个QTL定位在第25连锁群上，命名为$Qbg\text{-}4$，位于区间长度17cM的范围内，与最近的标记AM302的距离6.8cM。显性效应为-0.77，可以解释的表型变异为27.6%。其中存在的两个主效QTL的加性效应来自品种夏莜麦。

表6.14 裸燕麦的β-葡聚糖含量QTL及其效应分析

QTL位点	连锁群	LOD值	标记区间	QTL位置/cM	加性效应	显性效应	贡献率/%
$Qbg\text{-}1$	LG20	4.13	AM591-AM1424	89.2	0.21	-0.28	10.9
$Qbg\text{-}2$	LG23	4.31	AM861-AM1823	27.8	-0.23	-0.21	3.2
$Qbg\text{-}3$	LG23	4.62	AM1823-AM641	34.4	-0.22	-0.25	2.7
$Qbg\text{-}4$	LG25	2.51	AM302-AM1378	46.4	0.84	-0.77	27.6

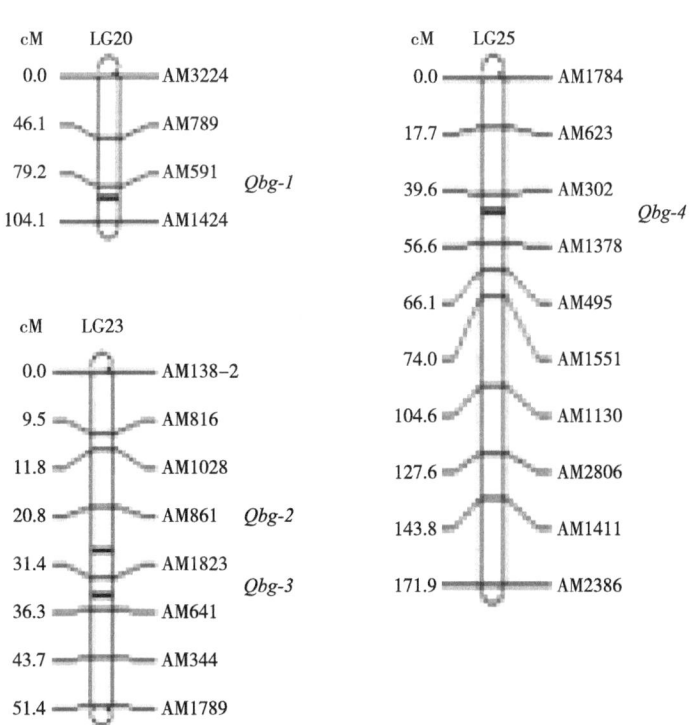

图6.15 裸燕麦β-葡聚糖含量相关的QTL的连锁群定位

注：左为连锁群图距，右为分子标记和复合区间作图LOD≥5.0条件下β-葡聚糖含量的QTL。

三、燕麦β-葡聚糖相关关键基因克隆

燕麦β-葡聚糖是一种可溶性膳食纤维,有助于降低胆固醇和血糖,减少肥胖的发生。燕麦籽粒β-葡聚糖含量的高低决定着其保健作用的大小,分离其合成关键基因有助于解析燕麦β-葡聚糖积累的分子机制。中国农业科学院作物科学研究所小宗作物种质资源课题组(吴斌和张宗文,2011)以高β-葡聚糖燕麦地方品种夏莜麦为材料,通过RACE和染色体步移的方法克隆了燕麦β-葡聚糖合酶基因*AsCSLH*并分析其序列结构特征,采用半定量RT-PCR方法研究该基因组织表达特性,其主要结果如下。

(一)*AsCSLH*基因结构与调控区序列

*AsCSLH*基因的编码区自起始密码子(ATG)至终止密码子(TAA)长2 277bp,由7个外显子组成,分别为Ex1至Ex7(图6.16)。Splign分析结果表明,*AsCSLH*基因的6个内含子5′端为GU而3′端为AG。起始密码子后第1个碱基为G,起始密码子上游约15bp范围的侧翼序列内富含GC碱基,其中C含量为40%、G含量为33%,这表明预测的起始密码子为翻译起始位点。通过对上游启动子区段的分析,发现*AsCSLH*基因启动子区段存在与生长素和环境相关序列,推测该基因受生长素调节和环境条件影响。

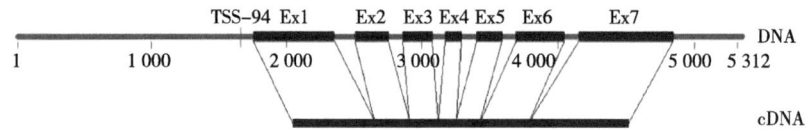

图6.16 燕麦*CSLH*基因座结构(含起始于94bp处的TSS)(吴斌和张宗文,2011)

(二)*AsCSLH*基因编码蛋白质的氨基酸序列分析

利用NCBI提供的在线工具ORF Finder分析所获得的*AsCSLH*基因序列,其开放阅读框为2 277bp,编码758个氨基酸,所编码蛋白质的分子量为83.15kD,等电点(pI)为6.8。利用ProtComp和PSORT对蛋白的亚细胞定位分析表明,该蛋白定位于高尔基体和内质网上。结构域分析表明,燕麦CSLH蛋白质包含β-糖苷转移酶的保守氨基酸序列。根据碳水化合物活性酶数据库(CAZy)对燕麦CSLH蛋白质进行分类,CSLH蛋白属于糖基转移酶家族2(GT2)里的成员,这类蛋白质能以尿苷二磷酸-葡萄糖(UDP-glucose)为底物催化合成β-糖苷链,表明所克隆的*AsCSLH*基因编码蛋白质具有催化多糖合成功能。

(三)*AsCSLH*的同源性比较

与已公开发表的其他作物CSLH蛋白质氨基酸序列比较表明,不同物种间的CSLH蛋白质大小不同,其中燕麦的最大,包含758个氨基酸残基,水稻的最小,有750个残

基，大麦则有751个残基。尽管长度不同，这3个物种的CSLH蛋白质有着较高的相似性，尽管有不同的进化过程，但功能区域仍相当保守。

（四）燕麦*AsCSLH*基因组织表达分析

RT-PCR分析结果表明，*AsCSLH*基因在正常生长的燕麦的根、茎、叶和灌浆期籽粒均有表达，其中灌浆期籽粒中的表达量最高，其次在叶中，而在茎和根中的表达量最低（图6.17），由此推测*AsCSLH*基因在燕麦籽粒的β-葡聚糖合成中起重要作用。

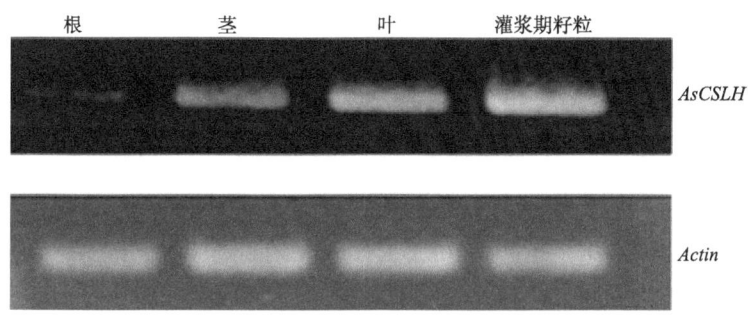

图6.17　*CSLH*在燕麦不同组织中的表达模式（吴斌和张宗文，2011）

参考文献

宋高原，霍朋杰，吴斌，等，2014. 裸燕麦籽粒性状的QTL分析. 植物遗传资源学报，15（5）：1034-1039.

王茅雁，傅晓峰，张凤英，2004. 利用RAPD标记研究燕麦属不同种的遗传差异. 华北农学报，2004，19（4）：24-28.

吴斌，张茜，宋高原，等，2014. 裸燕麦SSR标记连锁群图谱的构建及β-葡聚糖含量QTL的定位. 中国农业科学，47（6）：1208-1215.

吴斌，张宗文，2011. 燕麦葡聚糖合酶基因*AsCSLH*的克隆及特征分析. 作物学报，37（4）：723-728.

相怀军，张宗文，吴斌，2010. 利用AFLP标记分析皮燕麦种质资源遗传多样性. 植物遗传资源学报，11（3）：271-277.

徐微，张宗文，吴斌，等，2009. 裸燕麦种质资源AFLP标记遗传多样性分析. 作物学报，35（12）：2205-2212.

张恩来，张宗文，王天宇，等，2008. 构建我国燕麦核心种质的取样策略研究. 植物遗传资源学报，9（2）：151-156.

BENSON G，1999. Tandem repeats finder: a program to analyze DNA sequences. Nucleic acids research, 27（2）: 573-80.

KANDPAL R P, KANDPAL G, WEISSMAN S M, 1994. Construction of libraries enriched for sequence repeats and jumping clones, and hybridization selection for region-specific markers. Proceedings of the National Academy of Sciences, 91（1）: 88-92.

KOCKUM I, HUANG J, STRIDH P, 2023. Overview of genotyping technologies and methods. Current Proteomics, 3（4）: e727.

LARKIN M A, BLACKSHIELDS G, BROWN N P, et al., 2007. Clustal W and Clustal X version 2.0. Bioinformatics, 23（21）: 2947-2948.

LEVAN A, FREDGA K, SANDBERG A A, 1964. Nomenclature for centromeric position on chromosomes. Hereditas, 51（2）: 201-220.

MUNKHTUYA Y, 2017. 燕麦种质资源多样性及重要农艺性状的QTL分析. 北京: 中国农业科学院.

PENG Y, YAN H, GUO L, et al., 2022. Reference genome assemblies reveal the origin and evolution of allohexaploid oat. Nature Genetics, 54（8）: 1248-1258.

RÖDER M S, KORZUN V, WENDEHAKE K, et al., 1998. A microsatellite map of wheat. Genetics, 149（4）: 2007-2023.

SAMBROOK J, FRITSCH E F, MANIATIS T, 1989. Molecular cloning: a laboratory manual. Woodbury NY: Cold Spring Harbor Laboratory Press.

SOBRINO B, BRION M, CARRACEDO A, 2005. SNPs in forensic genetics: a review on SNP typing methodologies. Forensic Science International, 154: 181-194.

SQUIRRELL J, HOLLINGSWORTH P M, WOODHEAD M, et al., 2003. How much effort is required to isolate nuclear microsatellites from plants? Molecular Ecology, 12（6）: 1339-1348.

TORADA A, KOIKE M, MOCHIDA K, et al., 2005. SSR-based linkage map with new markers using an intraspecific population of common wheat. Theoretical & Applied Genetics, 112（6）: 1042-1051.

VOS P, HOGERS R, BLEEKER M, et al., 1995. AFLP: a new technique for DNA fingerprinting. Nucleic Acids Research, 23: 4407-4414.

WILLIAMS R C, 1989. Restriction fragment length polymorphism（RFLP）. Yearbook of Physical Anthropology, 32: 159-184.

WILLIAMS J G K, KUBELIK A R, LIVAK K J, et al., 1990. DNA polymorphisms amplified by arbitrary primers are useful as genetic markers. Nucleic Acids Research, 18: 6531-6535.

WU B, LU P, ZHANG Z, 2012. Recombinant microsatellite amplification: a rapid method for developing simple sequence repeat markers. Molecular Breeding, 29（1）: 53-59.

第七章 燕麦种质资源细胞学分析

燕麦属有30多个种,包括二倍体、四倍体、六倍体3种不同的倍性,因为种类多,给分类造成一定困难,目前的分类依据还未统一。燕麦细胞学鉴定,是燕麦种质资源鉴定工作的重要组成部分,能够为燕麦种质资源保护和利用提供倍性和核型的基础资料,也能为燕麦种质资源收集、鉴定和种类划分提供依据。同时,燕麦细胞学研究可以为燕麦的进化、基因组组成研究提供有用的分子标记,而对细胞染色体的观察是燕麦属内种的重要分类依据。随着细胞学技术的发展,燕麦细胞学研究也在不断进步。1970年,Pardue和Gall因发现用Giemsa可以对经酸碱处理过的染色体进行区分性染色而产生带纹,从而建立了C-分带技术。因为C-分带是一项很有价值的实用技术,所以有一些研究者试图将C-分带技术运用于燕麦研究上,直到20世纪80年代末,Fominaya et al.(1988)报道了二倍体和四倍体燕麦的C-带研究情况,发现在显带分析中所有C组染色体均比A组染色体染色深,并根据C-带核型可鉴定二倍体和四倍体燕麦的各对染色体。后来在二倍体、四倍体燕麦研究的基础上,又有了较多对六倍体燕麦染色体C-带研究的报道,Linares et al.(1992)研究发现,六倍体燕麦C组染色体比A、D组染色体染色深,并借此区分C组染色体和A、D组染色体。C-带技术可以揭示燕麦材料间高度串联重复的DNA序列富集区的变异,因此在有限的试验条件下,C-带技术仍不失为一种研究燕麦染色体结构特点的简便、有效的方法。

本章主要介绍燕麦种质资源细胞学鉴定技术和方法,包括细胞显微技术和核型分析方法,以及这些技术和方法在燕麦种质资源倍性和核型分析上的应用研究。本章内容还包括采用分子标记技术区分燕麦不同倍性和物种,以及构建的不同物种的分子指纹图谱。

第一节 细胞学技术和方法

一、细胞显微技术

用显微镜观察染色体的结构特点。用光学显微镜对染色体进行基本的染色体核型分析,一般采用去壁低渗法,制成装片,然后进行染色体核型分析。用相差显微镜进行染色体显带分析是另一个分析染色体结构的方法。染色体分带技术是20世纪60年代后期发展起来的一个细胞学技术，借助一套特殊的处理程序，可以使染色体显现出深浅不同的带纹（Caspersson，1968），而带纹的位置、数量、浓度和宽窄具有相对稳定性，因此可用作识别染色体的一种重要的细胞遗传学标记（窦全文 等，2004）。染色体分带技术又可分为G带、C带、R带、N带、T带等，一般来说，染色体G带和C带分析应用较多。

二、核型分析方法

李懋学和陈瑞阳（1985）提出，统计30个以上染色体分散较好的有丝分裂中期细胞进行染色体计数，其中85%以上的细胞具恒定一致的染色体数，即可认为是该植物的染色体数目。植物染色体核型分析软件是核型分析专业工具，在分析核型时采用5个细胞的数据平均值。染色体核型分析的内容包括染色体长度、臂比、随体、核型等方面的分析。

（一）染色体长度

1. 绝对长度（或实际长度）

染色体绝对长度以微米（μm）表示。一般在放大的照片或图像上进行测量，然后按下列公式进行换算：

$$绝对长度 = 放大的染色体长度（mm） / 放大倍数 \times 1\,000$$

因为预处理条件和染色体缩短的程度不同，绝对长度不是一个可靠的比较数值。所以即使是同一植物，不同研究者所测量的绝对长度值也会出现明显的差异，这可能是无法避免的。但是相比较而言，相对长度值则是相对比较稳定的可比较的数值，因此在核型分析研究中往往只采用相对长度。

2. 相对长度

染色体相对长度以百分比表示。以Levan et al.（1964）的公式为准：

$$相对长度 = 染色体长度 / 染色体组总长度 \times 100（精确到0.01）$$

3. 染色体长度比

染色体长度比即核型中最长染色体与最短染色体的比值。

$$染色体长度比 = 最长染色体长度 / 最短染色体长度$$

可简写为Lt/Ls。染色体长度比是衡量核型对称或不对称的两个主要指标之一。

（二）臂比值

染色体臂比值即长臂与短臂的长度比值。

臂比值=长臂/短臂（精确到0.01）

根据臂比值可确定着丝点的位置（表7.1），进而可将染色体分成相应的类型。这一分类已被国内外广为采用。

表7.1 着丝点位置命名

臂比值	着丝点位置	简写
1.00	正中着丝点	M
1.01~1.70	中部着丝点区	m
1.71~3.00	近中部着丝点区	sm
3.01~7.00	近端部着丝点区	st
7.00以上	端部着丝点区	t
∞	端部着丝点	T

（三）副缢痕及随体

副缢痕的有无及位置，随体的有无、形状和大小都是重要的染色体形态指标，带随体的染色体用SAT或星号"*"标记。

（四）核型分类

按Stebbins（1971）的方法进行染色体核型分类。依据核型中染色体的长度比和臂比两项主要特征进行核型分类，用以区分核型的对称和不对称程度。核型可分为12种类型，如表7.2所示。

表7.2 核型分类

染色体的长度比	臂比大于2∶1的染色体的百分比			
	0.0	0.01~0.5	0.51~0.99	1.0
<2∶1	1A	2A	3A	4A
（2~4）∶1	1B	2B	3B	4B
>4∶1	1C	2C	3C	4C

注：该分类方法在分析和讨论核型进化时具有一定的参考价值。

(五)核型不对称系数

核型不对称系数是反映染色体对称与否、进化程度的一个参数指标。计算公式如下:

$$核型不对称系数 = 长臂总长 / 全组染色体总长 \times 100\%$$

第二节 燕麦种质资源倍性与核型分析

燕麦属种类多,倍性复杂,给分类造成一定困难,目前分类依据尚未统一。通过对一些燕麦种质资源进行细胞学鉴定和比较分析,可以为燕麦育种家和分类工作者提供细胞学基础资料。同时,燕麦细胞遗传学的研究可以为燕麦的进化、基因组组成研究提供有用的线索,而对细胞染色体进行观察是燕麦属内种的重要分类依据,也是燕麦种质资源收集、鉴定与种类划分的主要方法。

中国农业科学院作物科学研究所小宗作物种质资源课题组(刘伟 等,2013)利用30份燕麦材料(25份皮燕麦材料,5份裸燕麦材料),包括国外引进的燕麦材料(22份)以及国内搜集的燕麦材料(8份),对所有材料开展了倍性和核型研究。通过对不同倍性的燕麦种质的核型鉴定,建立不同倍性燕麦种质的核型鉴定技术体系,探讨不同种间的遗传和进化关系,为燕麦属内种的分类提供依据,为燕麦种质资源编目、保护和创新利用提供参考。

一、燕麦种质材料的倍性鉴定

采用染色体核型分析方法对选取的燕麦材料进行鉴定分析,研究发现,30份燕麦材料中包括4种二倍体材料共16份(3份裸燕麦材料,13份皮燕麦材料),其中序号14、15与16这3份材料为二倍体裸燕麦,*A. nuda*为国外引进时的名称,认为是*A. nudabrevis*。四倍体材料3份(均为皮燕麦,两个已知种名的种,一个未知种名的种),4种六倍体材料11份(2份裸燕麦材料,9份皮燕麦材料)。将染色体数和核型类型列于表7.3,染色体组参照彭远英(2009)对燕麦属分类总结。

表7.3 燕麦种质材料核型鉴定结果

序号	原编号	种名	来源地	皮裸性	染色体数	染色体组	核型类型
1	CN3065	*A. strigosa*	国外	皮	$2n=2x=14$	AsAs	2A
2	CN22002	*A. strigosa*	国外	皮	$2n=2x=14$	AsAs	2A

（续表）

序号	原编号	种名	来源地	皮裸性	染色体数	染色体组	核型类型
3	CN36502	*A. strigosa*	国外	皮	$2n=2x=14$	AsAs	2A
4	CN36507	*A. strigosa*	国外	皮	$2n=2x=14$	AsAs	2A
5	CN54021	*A. strigosa*	国外	皮	$2n=2x=14$	AsAs	2A
6	CN54037	*A. strigosa*	国外	皮	$2n=2x=14$	AsAs	2A
7	CN81768	*A. strigosa*	国外	皮	$2n=2x=14$	AsAs	2A
8	CN3075	*A. brevis*	国外	皮	$2n=2x=14$	AsAs	2A
9	CN5019	*A. brevis*	国外	皮	$2n=2x=14$	AsAs	2A
10	CN88826	*A. brevis*	国外	皮	$2n=2x=14$	AsAs	2A
11	CN25698	*A. hispanica*	国外	皮	$2n=2x=14$	AsAs	2A
12	CN25727	*A. hispanica*	国外	皮	$2n=2x=14$	AsAs	2A
13	CN25767	*A. hispanica*	国外	皮	$2n=2x=14$	AsAs	2A
14	CN73510	*A. nuda*（*A. nudabrevis*）	国外	裸	$2n=2x=14$	AsAs	2A
15	CN79350	*A. nuda*（*A. nudabrevis*）	国外	裸	$2n=2x=14$	AsAs	2A
16	ZY000718	*A. nuda*（*A. nudabrevis*）	国外	裸	$2n=2x=14$	AsAs	2A
17	CN21886	*A. sativa*	国外	皮	$2n=6x=42$	AACCDD	2B
18	CN53590	*A. sativa*	国外	皮	$2n=6x=42$	AACCDD	2B
19	CN54079	*A. sativa*	国外	皮	$2n=6x=42$	AACCDD	2B
20	CN54468	*A. sativa*	国外	皮	$2n=6x=42$	AACCDD	2B
21	ZY000798	*A. fatua*	国内	皮	$2n=6x=42$	AACCDD	2A
22	ZY000799	*A. fatua*	国内	皮	$2n=6x=42$	AACCDD	2A
23	ZY000811	*A. sterilis*	国内	皮	$2n=6x=42$	AACCDD	2B
24	ZY000812	*A. sterilis*	国内	皮	$2n=6x=42$	AACCDD	2B
25	ZY000818	*A. sterilis*	国内	皮	$2n=6x=42$	AACCDD	2B
26	CN18136	*A. sativa* subsp. *nudisativa*（*A. nuda*）	国外	裸	$2n=6x=42$	AACCDD	2B
27	CN46819	*A. sativa* subsp. *nudisativa*（*A. nuda*）	国外	裸	$2n=6x=42$	AACCDD	2B
28		*A. maroccana*	国内	皮	$2n=4x=28$	AACC	2A
29		*A. murphyi*	国内	皮	$2n=4x=28$	AACC	2A
30		未知种	国内	皮	$2n=4x=28$		2A

二、燕麦二倍体种核型特征及差异

显微镜下观察结果显示，30份燕麦材料中有16份二倍体材料，分为四个二倍体种，体细胞染色体数目均为2n=2x=14。染色体照片、核型及核型模式见图7.1。

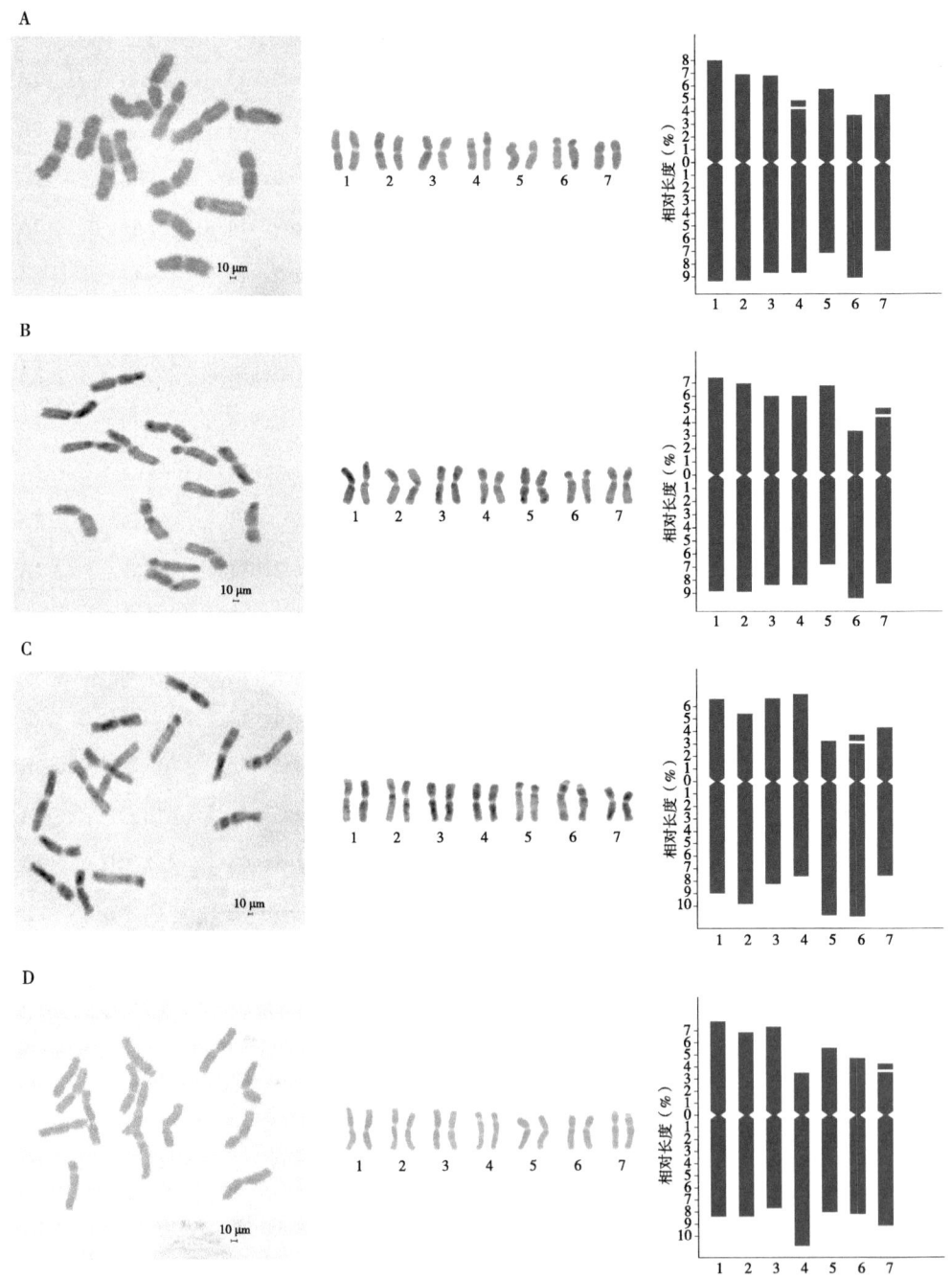

图7.1 燕麦二倍体种的染色体照片（左）、核型（中）及核型模式（右）

注：A为*A. strigosa*；B为*A. hispanica*；C为*A. brevis*；D为*A. nudabrevis*

（一）二倍体种核型特征

1. *A. strigosa* 核型

体细胞染色体数目 $2n=14$，为二倍体。核型公式为 $2n=2x=14=10m+4sm$（2SAT），第4号和第6号为近中部着丝点染色体，其余均为中部着丝点染色体。在第4对染色体组的短臂上有1对随体（图7.1A）；染色体相对长度变化范围为 12.31%~17.39%（表7.4）；最长染色体与最短染色体的比值为1.41，臂比大于2的染色体数目的百分比为0.29，核不对称系数为68.17%，核型属2A型（表7.5）。

2. *A. hispanica* 核型

体细胞染色体数目 $2n=14$，为二倍体。核型公式为 $2n=2x=14=10m+4sm$（2SAT），第6号和第7号为近中部着丝点染色体，其余均为中部着丝点染色体。在第7对染色体组的短臂上有1对随体（图7.1B）；染色体相对长度变化范围为 12.73%~16.25%（表7.4）；最长染色体与最短染色体的比值为1.28，臂比大于2的染色体数目的百分比为0.14，核不对称系数为59.31%，核型属2A型（表7.5）。

3. *A. brevis* 核型

体细胞染色体数目 $2n=14$，为二倍体。核型公式为 $2n=2x=14=6m+4sm+4st$（2SAT），第2号和第7号为近中部着丝点染色体，第5号和第6号为近端部着丝点染色体，其余均为中部着丝点染色体。在第6对染色体组的短臂上有1对随体（图7.1C）；染色体相对长度变化范围为 11.86%~15.63%（表7.4）；最长染色体与最短染色体的比值为1.32，臂比大于2的染色体数目的百分比为0.29，核不对称系数为63.91%，核型属2A型（表7.5）。

4. *A. nudabrevis* 核型

体细胞染色体数目 $2n=14$，为二倍体。核型公式为 $2n=2x=14=8m+4sm$（2SAT）$+2st$，第6号和第7号为近中部着丝点染色体，第4号为近端部着丝点染色体，其余均为中部着丝点染色体。在第7对染色体组的短臂上有1对随体（图7.1D）；染色体相对长度变化范围为12.68%~16.15%（表7.4）；最长染色体与最短染色体的比值为1.27，臂比大于2的染色体数目的百分比为0.29，核不对称系数为60.78%，核型属2A型（表7.5）。

表7.4 燕麦二倍体种染色体类型参数

种名	染色体序号	相对长度/% (S+L=T)			臂比 (L/S)	类型
		S	L	T		
A. strigosa	1	8.02	9.37	17.39	1.17	m
	2	6.90	9.32	16.22	1.35	m
	3	6.78	8.70	15.48	1.28	m

（续表）

种名	染色体序号	相对长度/%（S+L=T）			臂比（L/S）	类型
		S	L	T		
A. strigosa	*4	4.17	8.72	12.89	2.09	sm
	5	5.73	7.16	12.89	1.25	m
	6	3.71	9.11	12.82	2.46	sm
	7	5.31	7.00	12.31	1.32	m
A. hispanica	1	7.40	8.85	16.25	1.20	m
	2	6.94	8.90	15.84	1.28	m
	3	6.02	8.39	14.41	1.39	m
	4	5.99	8.42	14.41	1.41	m
	5	6.56	7.03	13.59	1.07	m
	6	3.36	9.41	12.77	2.80	sm
	*7	4.42	8.31	12.73	1.88	sm
A. brevis	1	6.62	9.01	15.63	1.36	m
	2	5.40	9.85	15.25	1.82	sm
	3	6.63	8.23	14.86	1.24	m
	4	6.98	7.63	14.61	1.09	m
	5	3.19	10.77	13.96	3.38	st
	*6	2.99	10.84	13.83	3.63	st
	7	4.28	7.58	11.86	1.77	sm
A. nudabrevis	1	7.73	8.42	16.15	1.09	m
	2	6.87	8.41	15.28	1.22	m
	3	7.32	7.70	15.02	1.05	m
	4	3.49	10.84	14.33	3.11	st
	5	5.56	8.06	13.62	1.45	m
	6	4.70	8.22	12.92	1.75	sm
	*7	3.55	9.13	12.68	2.57	sm

表7.5 燕麦二倍体种的核型

种名	核型公式	不对称系数/%	染色体长度比	臂比大于2的染色体数目的百分比	核型类型
A. strigosa	$2n=2x=14=10m+4sm$（2SAT）	68.17	1.41	0.29	2A
A. hispanica	$2n=2x=14=10m+4sm$（2SAT）	59.31	1.28	0.14	2A
A. brevis	$2n=2x=14=6m+4sm+4st$（2SAT）	63.91	1.32	0.29	2A
A. nudabrevis	$2n=2x=14=8m+4sm$（2SAT）$+2st$	60.78	1.27	0.29	2A

（二）二倍体种的核型差异

通过表7.5的染色体类型比较发现，4个二倍体燕麦种的染色体的类型有所不同，A. strigosa和A. hispanica的染色体均有5个m和2个sm，表明这两个种的染色体类型很相似。A. brevis和A. nudabrevis的染色体类型较复杂，前者包括3个m、2个sm和2个st，后者包括4个m、2个sm和1个st，表明A. brevis和A. nudabrevis的染色体类型更具多样性。但A. strigosa的核型不对称系数、染色体的长度比及臂比大于2的染色体数目最高，说明A. strigosa的染色体形态更具多态性。从表7.5的染色体组型分析可以看出，4种燕麦的染色体组型均为2A型。

（三）二倍体种核型研究比较分析

国内外对A. strigosa的核型研究结果差异较大，余懋群等（1995）的研究认为A. strigosa具2对随体染色体，1对近端着丝粒染色体。而本研究的结果与武生辉（1989）的报道一致，观察到A. strigosa具1对随体染色体，2对近中部着丝点染色体，且每对染色体的类型与武生辉所报道的结果完全一致，均是第4对染色体为带有随体的染色体。国内对A. nudabrevis核型的研究较少，本研究发现A. nudabrevis的染色体类型包括m、sm和st 3种，且有一对随体的染色体，核型类型为2A类型，此结果与武生辉（1994）的研究结果一致，但是每种类型的染色体数目有所不同。对A. strigosa和A. nudabrevis核型与以往研究结果的差异是否是由于材料来源地不同所致，需要更进一步的探索。而本研究中A. brevis和A. hispanica系加拿大引进，目前在国内是首次对其染色体核型进行分析，以期对燕麦种质资源的分类提供细胞学资料依据。

A. strigosa、A. brevis、A. hispanica和A. nudabrevis的基因组型都为AsAs（彭远英，2009），但这4种燕麦核型参数上存在较大差异，每个种的染色体类型与随体在染色体的位置都有所差异，核型中不对称系数和染色体长度比都有一定的差异，这些差异的结果显示了AsAs基因组物种间有一定的区别，这可能是由于这4种燕麦所处的进化环境不同而产生的。由上可知4个燕麦种的不同也体现在染色体核型的特征上，这有力地证明了染色体核型分析可以为燕麦种质资源的鉴定分类提供方法。

三、燕麦四倍体种核型特征及差异

显微镜下观察结果显示，30份燕麦材料中有3份四倍体材料，其中两个为已知种名的材料，一个为未知种名的四倍体材料。3份四倍体燕麦的体细胞染色体数目均为$2n=2x=28$。染色体照片、核型及核型模式见图7.2。

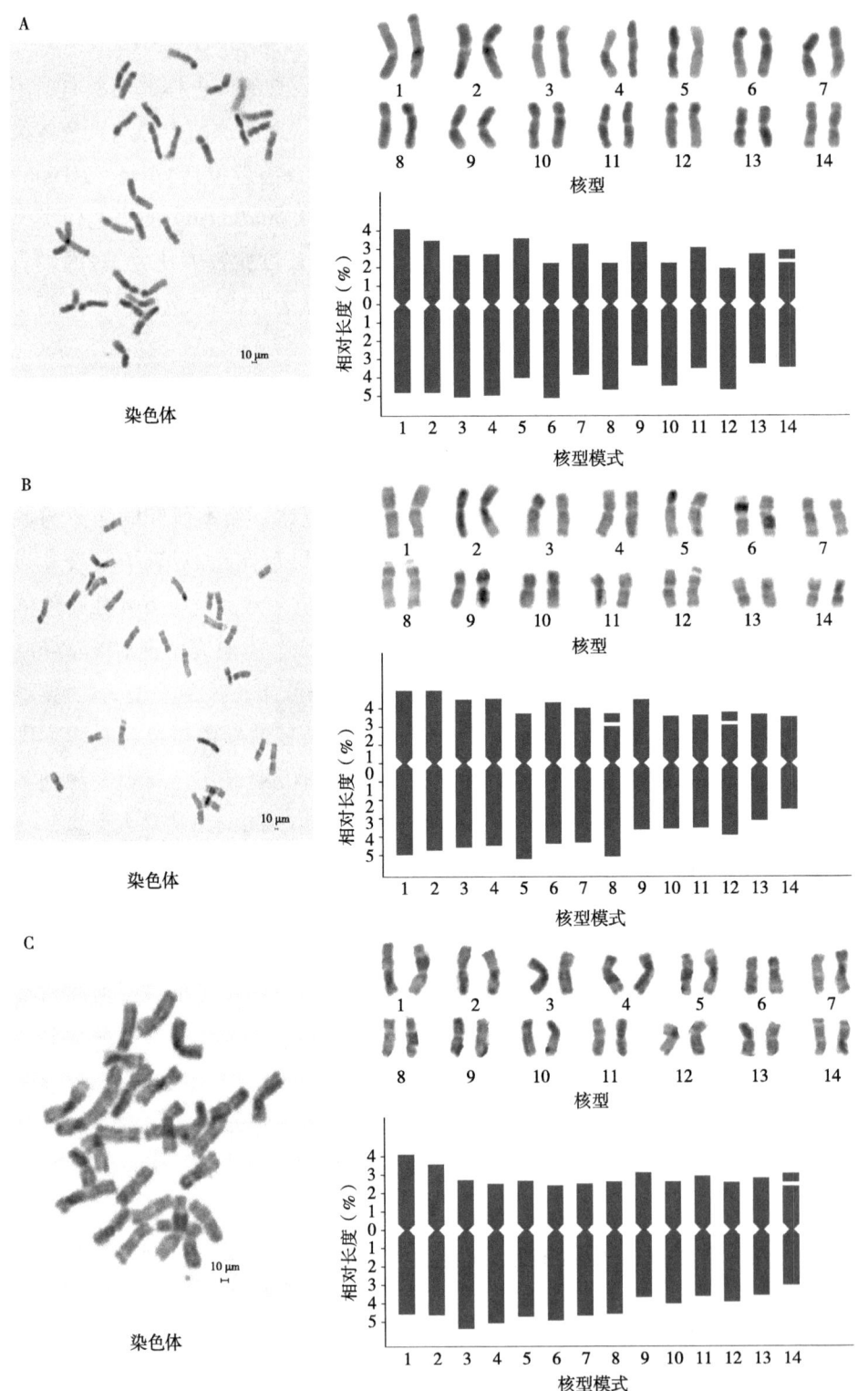

图7.2　燕麦四倍体材料的染色体（左）、核型及核型模式（右）

注：A为*A. maroccana*；B为*A. murphyi*；C为未知四倍体种。

（一）四倍体种核型特征

1. *A. maroccana* 核型

体细胞染色体数目 $2n=28$，为四倍体。核型公式为 $2n=2x=28=16m（2SAT）+12sm$，第3、4、6、8、10、12号为近中部着丝点染色体，其余均为中部着丝点染色体。在第14对染色体组的短臂上有1对随体（图7.2A）；染色体相对长度变化范围为 11.36%~17.90%（表7.6）；最长染色体与最短染色体的比值为1.58，臂比大于2的染色体数目的百分比为0.29，核不对称系数为60.72%，核型属2A型（表7.7）。

2. *A. murphyi* 核型

体细胞染色体数目 $2n=14$，为四倍体。核型公式为 $2n=2x=28=22m+6sm$（4SAT），第5、8和12号为近中部着丝点染色体，其余均为中部着丝点染色体。在第8对和12对染色体组的短臂上各有1对随体（图7.2B）；染色体相对长度变化范围为 10.14%~17.96%（表7.6）；最长染色体与最短染色体的比值为1.77，臂比大于2的染色体数目的百分比为0.07，核不对称系数为58.33%，核型属2A型（表7.7）。

3. 未知种名的四倍体燕麦种核型

体细胞染色体数目 $2n=14$，为四倍体。核型公式为 $2n=2x=28=16m（2SAT）+12sm$，第3、4、5、6、7和8号为近中部着丝点染色体，其余均为中部着丝点染色体。在第14对染色体组的短臂上有1对随体（图7.2C）；染色体相对长度变化范围为 10.82%~17.36%（表7.6）；最长染色体与最短染色体的比值为1.60，臂比大于2的染色体数目的百分比为0.21，核不对称系数为60.73%，核型属2A型（表7.7）。

表7.6 燕麦四倍体种染色体类型参数

种名	染色体序号	相对长度/% (S+L=T)			臂比 (L/S)	类型
		S	L	T		
A. maroccana	1	8.18	9.72	17.90	1.19	m
	2	6.90	9.72	16.62	1.41	m
	3	5.28	10.18	15.46	1.93	sm
	4	5.36	9.98	15.34	1.86	sm
	5	7.10	8.14	15.24	1.15	m
	6	4.36	10.26	14.62	2.35	sm
	7	6.52	7.76	14.28	1.19	m
	8	4.44	9.42	13.86	2.12	sm
	9	6.68	6.78	13.46	1.01	m
	10	4.40	9.04	13.44	2.05	sm

(续表)

种名	染色体序号	相对长度/% (S+L=T)			臂比 (L/S)	类型
		S	L	T		
A. maroccana	11	6.10	7.14	13.24	1.17	m
	12	3.76	9.36	13.12	2.49	sm
	13	5.44	6.62	12.06	1.22	m
	*14	4.40	6.96	11.36	1.58	m
A. murphyi	1	7.92	10.04	17.96	1.27	m
	2	7.88	9.46	17.34	1.20	m
	3	6.92	9.16	16.08	1.32	m
	4	7.00	8.96	15.96	1.28	m
	5	5.38	10.48	15.86	1.95	sm
	6	6.62	8.82	15.44	1.33	m
	7	6.00	8.72	14.72	1.45	m
	*8	4.02	10.16	14.18	2.53	sm
	9	6.86	7.32	14.18	1.07	m
	10	5.06	7.24	12.30	1.43	m
	11	5.24	7.06	12.30	1.35	m
	*12	4.12	7.86	11.98	1.91	sm
	13	5.28	6.28	11.56	1.19	m
	14	5.04	5.10	10.14	1.01	m
未知四倍体种	1	8.16	9.20	17.36	1.13	m
	2	7.08	9.28	16.36	1.31	m
	3	5.38	10.76	16.14	2.00	sm
	4	4.96	10.20	15.16	2.06	sm
	5	5.32	9.50	14.82	1.79	sm
	6	4.80	9.90	14.70	2.06	sm
	7	5.04	9.44	14.48	1.87	sm
	8	5.22	9.16	14.38	1.75	sm
	9	6.16	7.44	13.60	1.21	m
	10	5.20	8.06	13.26	1.55	m
	11	5.84	7.32	13.16	1.25	m
	12	5.08	7.86	12.94	1.55	m
	13	5.58	7.24	12.82	1.30	m
	*14	4.72	6.10	10.82	1.29	m

表7.7 燕麦四倍体种的核型

种名	核型公式	不对称系数/%	染色体长度比	臂比大于2的染色体数目的百分比	核型类型
A. maroccana	2*n*=2*x*=28=16m（2SAT）+12sm	60.72	1.58	0.29	2A
A. murphyi	2*n*=2*x*=28=22m+6sm（4SAT）	58.33	1.77	0.07	2A
未知四倍体种	2*n*=2*x*=28=16m（2SAT）+12sm	60.73	1.60	0.21	2A

（二）四倍体种的核型差异

通过表7.7的染色体类型比较发现，3份四倍体燕麦材料的染色体的类型有所不同，其中*A. maroccana*和未知种名的四倍体燕麦种很相似，都是6个sm和8个m，而*A. murphyi*是3个sm和11个m。通过分析3份四倍体燕麦材料的核型参数可以发现，*A. maroccana*和未知种名的四倍体燕麦种的核型不对称系数、染色体的长度比及臂比大于2的染色体数目都比较相近，且与*A. murphyi*相比有较大的不同，但3份四倍体燕麦材料的染色体组型均为2A型。

（三）四倍体种核型研究比较分析

经过核型分析发现，*A. maroccana*、*A. murphyi*和未知种名燕麦种的染色体数均为28条，为四倍体。它们的核型均是比较对称的2A型，说明其在进化程度上较为原始。*A. maroccana*与*A. murphyi*的基因型都为AACC，但是它们的核型参数有一定的差异，尤其是*A. murphyi*有两条随体染色体，而*A. maroccana*只有一条随体染色体。分析它们的不对称系数，可以初步推断*A. maroccana*是比*A. murphyi*较进化的种。

通过分析3份燕麦材料的核型参数发现，未知种名的四倍体种与*A. maroccana*的染色体类型、随体染色体数、核型不对称系数、染色体的长度比及臂比大于2的染色体数目都较为一致，且明显区别于*A. murphyi*，可以初步推测未知种名的四倍体种与*A. maroccana*非常相近，若要证明它们为一个种需要更进一步地研究。

从董玉琛和刘旭（2006）对燕麦属分类来看，四倍体燕麦基因型AACC的种为*A. magna*和*A. murphyi*两个，并未有*A. maroccana*。而彭远英（2009）采用的燕麦属分类表中四倍体燕麦基因型AACC的种有*A. maroccana*和*A. murphyi*，未出现*A. magna*。由于采用不同的分类系统，*A. maroccana*和*A. magna*是否是同一种四倍体而只是名称不同则需要研究证明。同时也说明燕麦属不同倍性种及同一倍性多个种的复杂性，目前对燕麦属分类的研究还没有形成统一的标准，因此还需要加强研究。

四、燕麦六倍体种核型特征及差异

显微镜下观察结果显示，30份燕麦材料中共有11份六倍体材料，分为4个六倍体种，体细胞染色体数目均为2*n*=6*x*=42，其中 *A. sativa* subsp. *nudisativa* 为国外的命名，国内一般称之为 *A. nuda*。染色体照片、核型及核型模式见图7.3。

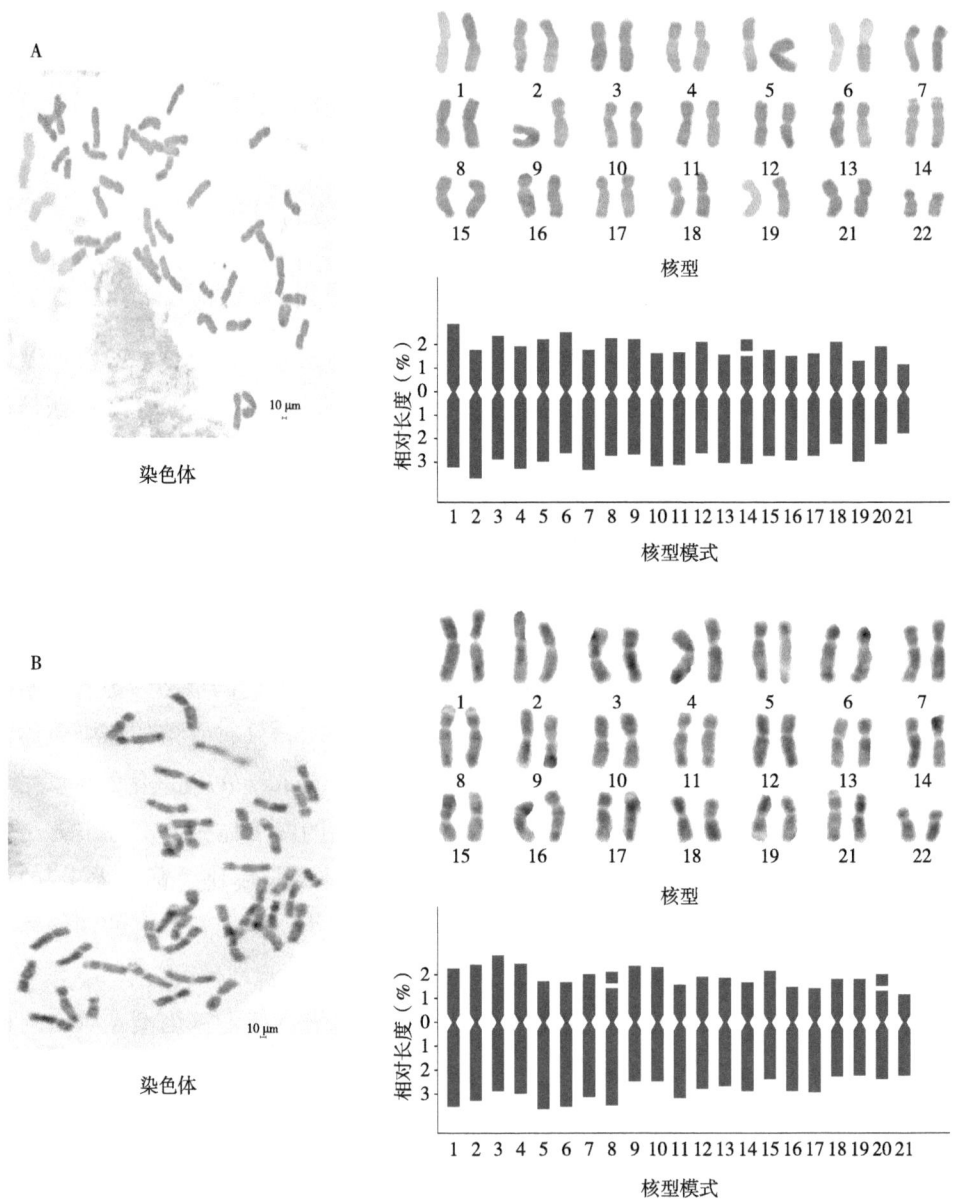

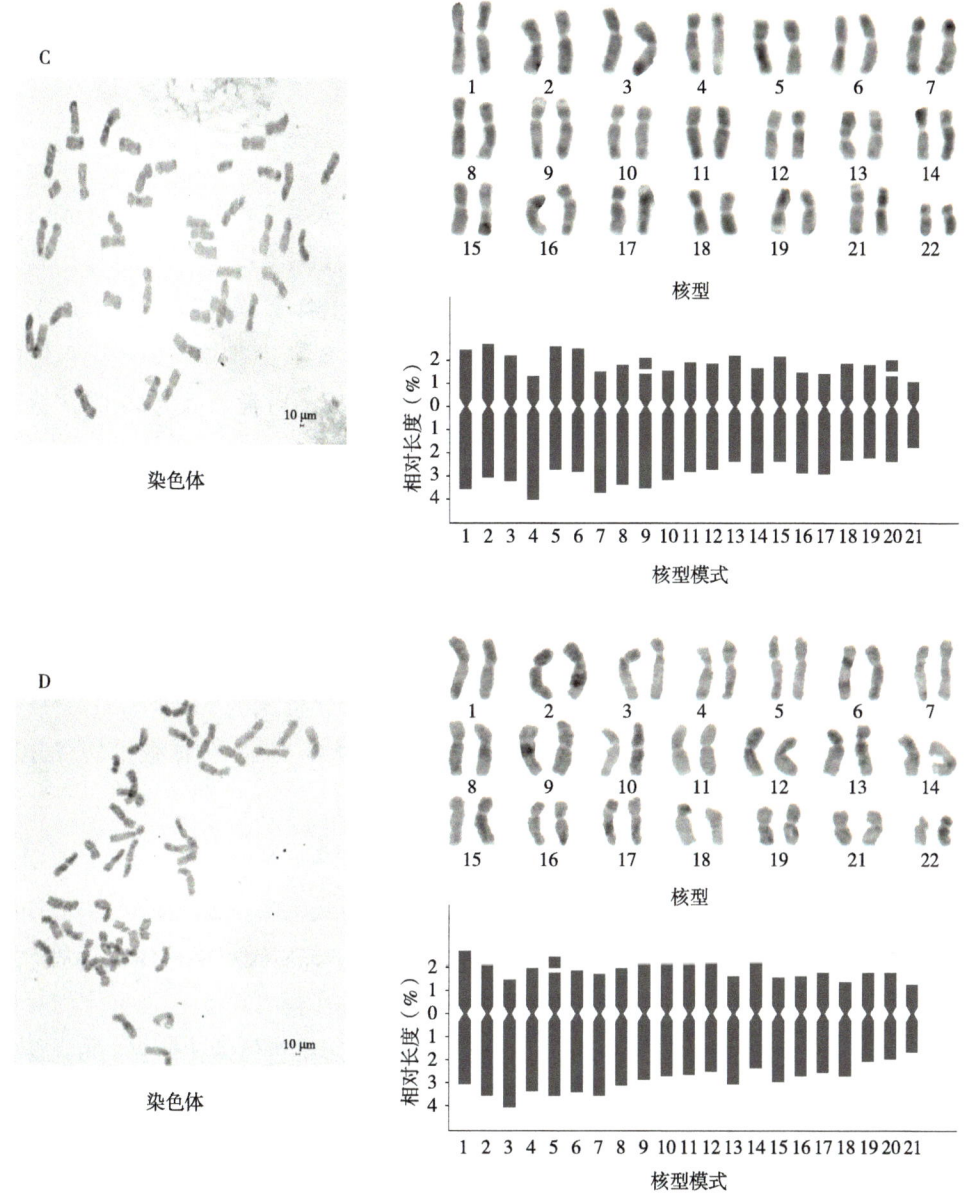

图7.3 燕麦六倍体种的染色体（左）、核型及核型模式（右）

注：A为*A. sativa*；B为*A. fatua*；C为*A. sterilis*；D为*A. nuda*

（一）六倍体种核型特征

1. *A. sativa*核型

体细胞染色体数目$2n=42$，为六倍体。核型公式为$2n=2x=42=22m+20sm$（2SAT），第2、4、7、10、11、13、14、16、17和19号为近中部着丝点染色体，其余均为中部着丝点染色体。在第14对染色体组的短臂上有1对随体（图7.3A）；染色体相对长度变化范围为8.88%~18.36%（表7.8）；最长染色体与最短染色体的比值为2.07，臂比大于2的染色体数目的百分比为0.19，核不对称系数为60.81%，核型属2B型（表7.9）。

2. *A. fatua*核型

体细胞染色体数目$2n=42$，为六倍体。核型公式为$2n=2x=42=24m+18sm$（4SAT），第5、6、8、11、14、16、17、20和21号为近中部着丝点染色体，其余均为中部着丝点染色体。在第8对和20对染色体组的短臂上各有1对随体（图7.3B）；染色体相对长度变化范围为10.11%~17.40%（表7.8）；最长染色体与最短染色体的比值为1.72，臂比大于2的染色体数目的百分比为0.24，核不对称系数为60.65，核型属2A型（表7.9）。

3. *A. sterilis*核型

体细胞染色体数目$2n=42$，为六倍体。核型公式为$2n=2x=42=24m+16sm$（4SAT）+2st，第7、8、9、10、14、16、17和20号为近中部着丝点染色体，第4号为近端部着丝点染色体，其余均为中部着丝点染色体。在第9对和20对染色体组的短臂上各有1对随体（图7.3C），染色体相对长度变化范围为8.61%~18.15%（表7.8）；最长染色体与最短染色体的比值为2.11，臂比大于2的染色体数目的百分比为0.29，核不对称系数为61.39，核型属2B型（表7.9）。

4. *A. nuda*核型

体细胞染色体数目$2n=42$，为六倍体。核型公式为$2n=2x=42=24m+18sm$（2SAT），第3、4、5、6、7、13、15、16和18号为近中部着丝点染色体，其余均为中部着丝点染色体。在第5对染色体组的短臂上有1对随体（图7.3D）；染色体相对长度变化范围为8.76%~17.49%（表7.8）；最长染色体与最短染色体的比值为2.00，臂比大于2的染色体数目的百分比为0.19，核不对称系数为61.24%，核型属2B型（表7.9）。

表7.8 燕麦六倍体种染色体类型参数

种名	染色体序号	相对长度/% (S+L=T)			臂比（L/S）	类型
		S	L	T		
A. sativa	1	8.49	9.87	18.36	1.16	m
	2	5.22	11.22	16.44	2.11	sm
	3	6.99	8.73	15.72	1.25	m
	4	5.73	9.84	15.57	1.72	sm
	5	6.45	9.12	15.57	1.41	m

(续表)

种名	染色体序号	相对长度/% （S+L=T）			臂比（L/S）	类型
		S	L	T		
A. sativa	6	7.56	8.01	15.57	1.06	m
	7	5.22	10.11	15.33	1.94	sm
	8	6.78	8.19	14.97	1.21	m
	9	6.60	8.13	14.73	1.23	m
	10	4.65	9.75	14.40	2.10	sm
	11	4.92	9.48	14.40	1.93	sm
	12	6.24	7.89	14.13	1.26	m
	13	4.71	9.18	13.89	1.95	sm
	*14	4.44	9.33	13.77	2.10	sm
	15	5.31	8.22	13.53	1.55	m
	16	4.56	8.85	13.41	1.94	sm
	17	4.71	8.34	13.05	1.77	sm
	18	6.27	6.78	13.05	1.08	m
	19	3.84	8.94	12.78	2.33	sm
	20	5.52	6.93	12.45	1.26	m
	21	3.36	5.52	8.88	1.64	m
A. fatua	1	6.69	10.71	17.40	1.60	m
	2	7.26	9.87	17.13	1.36	m
	3	8.43	8.64	17.07	1.02	m
	4	7.41	9.06	16.47	1.22	m
	5	5.10	10.95	16.05	2.15	sm
	6	4.98	10.71	15.69	2.15	sm
	7	6.00	9.48	15.48	1.58	m
	*8	4.23	10.53	14.76	2.49	sm
	9	7.08	7.47	14.55	1.06	m
	10	6.87	7.50	14.37	1.09	m
	11	4.62	9.57	14.19	2.07	sm
	12	5.67	8.43	14.10	1.49	m
	13	5.55	8.16	13.71	1.47	m

(续表)

种名	染色体序号	相对长度/% (S+L=T)			臂比（L/S）	类型
		S	L	T		
A. fatua	14	4.98	8.67	13.65	1.74	sm
	15	6.51	7.14	13.65	1.10	m
	16	4.38	8.70	13.08	1.99	sm
	17	4.17	8.82	12.99	2.12	sm
	18	5.46	6.96	12.42	1.27	m
	19	5.40	6.75	12.15	1.25	m
	*20	3.84	7.14	10.98	1.86	sm
	21	3.42	6.69	10.11	1.96	sm
A. sterilis	1	7.29	10.86	18.15	1.49	m
	2	8.04	9.27	17.31	1.15	m
	3	6.63	9.75	16.38	1.47	m
	4	3.96	12.15	16.11	3.07	st
	5	7.83	8.28	16.11	1.06	m
	6	7.44	8.49	15.93	1.14	m
	7	4.56	11.19	15.75	2.45	sm
	8	5.34	10.23	15.57	1.92	sm
	*9	4.23	10.59	14.82	2.50	sm
	10	4.62	9.63	14.25	2.08	sm
	11	5.70	8.49	14.19	1.49	m
	12	5.58	8.22	13.80	1.47	m
	13	6.54	7.17	13.71	1.10	m
	14	5.01	8.70	13.71	1.74	sm
	15	6.48	7.14	13.62	1.10	m
	16	4.38	8.76	13.14	2.00	sm
	17	4.20	8.88	13.08	2.11	sm
	18	5.49	7.02	12.51	1.28	m
	19	5.43	6.78	12.21	1.25	m
	*20	3.87	7.17	11.04	1.85	sm
	21	3.21	5.40	8.61	1.68	m

（续表）

种名	染色体序号	相对长度/% (S+L=T)			臂比（L/S）	类型
		S	L	T		
	1	8.13	9.36	17.49	1.15	m
	2	6.33	10.77	17.10	1.70	m
	3	4.32	12.30	16.62	2.85	sm
	4	5.88	10.17	16.05	1.73	sm
	*5	5.28	10.77	16.05	2.04	sm
	6	5.58	10.38	15.96	1.86	sm
	7	5.16	10.74	15.90	2.08	sm
	8	5.82	9.39	15.21	1.61	m
	9	6.3	8.76	15.06	1.39	m
	10	6.36	8.31	14.67	1.31	m
A. nuda	11	6.3	8.07	14.37	1.28	m
	12	6.48	7.62	14.10	1.18	m
	13	4.77	9.30	14.07	1.95	sm
	14	6.66	7.14	13.80	1.07	m
	15	4.71	9.00	13.71	1.91	sm
	16	4.77	8.31	13.08	1.74	sm
	17	5.19	7.77	12.96	1.50	m
	18	4.05	8.25	12.30	2.04	sm
	19	5.19	6.27	11.46	1.21	m
	20	5.28	6.00	11.28	1.14	m
	21	3.72	5.04	8.76	1.35	m

表7.9 燕麦六倍体种的核型

种名	核型公式	不对称系数/%	染色体长度比	臂比大于2的染色体数目的百分比	核型类型
A. sativa	2n=2x=42=22m+20sm（2SAT）	60.81	2.07	0.19	2B
A. fatua	2n=2x=42=24m+18sm（4SAT）	60.65	1.72	0.24	2A
A. sterilis	2n=2x=42=24m+16sm（4SAT）+2st	61.39	2.11	0.29	2B
A. nuda	2n=2x=42=24m+18sm（2SAT）	61.24	2.00	0.19	2B

（二）六倍体种的核型差异

通过表7.9的染色体类型比较发现，4个六倍体燕麦种的染色体的类型有差异，其中A. sativa、A. fatua和A. nuda这3个种的染色体都是由m和sm构成，而A. sterilis的染色体类型较复杂，是由m、sm和st构成。A. fatua和A. sterilis有两对随体染色体，A. sativa和A. nuda有1对随体染色体。比较4个六倍体燕麦种的核型发现，A. fatua核型不对称系数及染色体的长度比最低，且核型类型为较原始的2A型，其余3个种的核型类型为2B型。

（三）六倍体种核型研究比较分析

在4个六倍体燕麦种中，A. sativa、A. sterilis和A. nuda的核型类型都为2B型，核型不对称系数以及染色体的长度比差异不大，说明三者进化程度较为一致，且从A. nuda和A. sterilis、A. sativa杂交均可产生后代表明它们的亲缘关系很近（俞益 等，1998），也证明其染色体组之间的差异较小。而4个六倍体燕麦种中只有A. fatua为2A型，从核型类型上看，2A型的对称性比2B型的高，比较而言，2B型是较进化的类型，说明A. fatua是染色体对称性较高的相对原始的种。从反映染色体对称与进化与否的参数指标之一核型不对称系数来看，A. fatua的不对称系数为60.65%，在4个六倍体燕麦种中是最小的，也说明A. fatua是相对较原始的种。分析可知，4个六倍体燕麦种中A. sterilis是栽培红燕麦，A. sativa和A. nuda都是栽培种，而A. fatua属野生牧草，栽培燕麦为人类长期驯化的栽培作物，可以推测，栽培燕麦在人类长期选择过程中进化程度更高一些，因此可以说，核型的进化和生物种的进化具有一定程度的正相关性。

通过上述燕麦不同物种的倍性和核型研究，主要得出如下结论。

完善了不同倍性燕麦种质的核型鉴定技术体系。采用常规压片法将燕麦根尖制成装片，借助光学显微镜的观察和植物染色体核型分析软件（7.0版）的处理，依据李懋学和陈瑞阳（1985）的标准得出不同燕麦材料的核型参数，进而建立一个不同倍性燕麦种的核型鉴定技术体系。

明确了各种倍性材料的染色体核型特征，认为不同种的核型参数存在差异，二倍体燕麦种A. strigosa、A. brevis、A. hispanica和A. nudabrevis的核型都为较对称的2A型，四倍体种A. maroccana、A. murphyi和未知名的核型也为较对称的2A型，而六倍体栽培种A. sativa、A. sterilis和A. nuda的核型为2B型，是比野生种A. fatua的2A型较进化的类型。

探索了燕麦不同倍性间及同倍性不同种间的进化关系，认为二倍体种较原始，倍性最高的六倍体进化程度高。二倍体栽培种A. strigosa较A. brevis、A. hispanica和A. nudabrevis 3个野生种进化程度高；四倍体中A. maroccana是比A. murphyi较进化的种；六倍体栽培种A. sativa、A. sterilis和A. nuda比野生种A. fatua进化程度高。

第三节　燕麦种质资源不同倍性的分子指纹图谱构建

中国农业科学院作物科学研究所小宗作物种质资源课题组（刘伟，2014）选用二倍体、四倍体、六倍体的35份燕麦材料（25份皮燕麦材料，10份裸燕麦材料）（表7.10），包括国外引进的燕麦材料（22份）以及国内收集的燕麦材料（13份），开展了燕麦种质资源不同倍性的分子指纹图谱构建研究。

表7.10　分子指纹图谱构建采用的不同倍性的燕麦材料

序号	原编号	种名	倍性	皮裸性	来源地
1	CN3065	*A. strigosa*	二倍体	皮	国外
2	CN22002	*A. strigosa*	二倍体	皮	国外
3	CN36502	*A. strigosa*	二倍体	皮	国外
4	CN36507	*A. strigosa*	二倍体	皮	国外
5	CN54021	*A. strigosa*	二倍体	皮	国外
6	CN54037	*A. strigosa*	二倍体	皮	国外
7	CN81768	*A. strigosa*	二倍体	皮	国外
8	CN3075	*A. brevis*	二倍体	皮	国外
9	CN5019	*A. brevis*	二倍体	皮	国外
10	CN88826	*A. brevis*	二倍体	皮	国外
11	CN25698	*A. hispanica*	二倍体	皮	国外
12	CN25727	*A. hispanica*	二倍体	皮	国外
13	CN25767	*A. hispanica*	二倍体	皮	国外
14	CN73510	*A. nuda*（*A. nudabrevis*）	二倍体	裸	国外
15	CN79350	*A. nuda*（*A. nudabrevis*）	二倍体	裸	国外
16	ZY000718	*A. nuda*（*A. nudabrevis*）	二倍体	裸	国外
17	CN21886	*A. sativa*	六倍体	皮	国外
18	CN53590	*A. sativa*	六倍体	皮	国外
19	CN54079	*A. sativa*	六倍体	皮	国外
20	CN54468	*A. sativa*	六倍体	皮	国外

（续表）

序号	原编号	种名	倍性	皮裸性	来源地
21	ZY000798	*A. fatua*	六倍体	皮	国内
22	ZY000799	*A. fatua*	六倍体	皮	国内
23	ZY000811	*A. sterilis*	六倍体	皮	国内
24	ZY000812	*A. sterilis*	六倍体	皮	国内
25	ZY000818	*A. sterilis*	六倍体	皮	国内
26	CN18136	*A. sativa* subsp. *nudisativa*（*A. nuda*）	六倍体	裸	国外
27	CN46819	*A. sativa* subsp. *nudisativa*（*A. nuda*）	六倍体	裸	国外
28	ZY000308	*A. nuda*	六倍体	裸	国内
29	ZY000371	*A. nuda*	六倍体	裸	国内
30	ZY000427	*A. nuda*	六倍体	裸	国内
31	ZY000002	*A. nuda*	六倍体	裸	国内
32	ZY000687	*A. nuda*	六倍体	裸	国内
33		*A. maroccana*	四倍体	皮	国内
34		*A. murphyi*	四倍体	皮	国内
35		未知种	四倍体	皮	国内

一、SSR引物多态性分析

本试验共选用250对SSR引物对35份3种倍性的燕麦材料进行扩增，其中有40对引物能产生多态性，占所有共试引物的16%，但是对于不同的引物其产生的多态性也有差异。进一步挑选出重复性好、稳定性高、多态性较好且条带清晰可辨的26对引物，并对这26对引物的扩增结果进行统计分析（表7.11）。这26对引物共检测出108个多态性位点，平均每对引物检测到4.15个位点。其中引物AM466检测出的多态性带最多为8个，引物AM262、AM1672和AM1784检测出的多态性带最少，仅有2个。图7.4至图7.7为SSR引物AM269、AM338、AM548和AM1657的扩增结果。每对引物的多态信息量（PIC）不同，26对引物的PIC的变化范围是0.055 5~0.790 4，其中引物AM466的PIC最高为0.790 4，而仅扩增出来2个条带之一的引物AM1672的PIC最低，所有引物的PIC的平均值为0.577 9。

表7.11 燕麦SSR分子标记多态性

序号	引物名称	等位基因数/个	PIC
1	AM63	5	0.690 5
2	AM262	2	0.496 3
3	AM269	3	0.493 0
4	AM338	6	0.769 4
5	AM447	4	0.505 5
6	AM466	8	0.790 4
7	AM548	4	0.620 6
8	AM610	3	0.479 4
9	AM736	3	0.503 1
10	AM740	5	0.656 3
11	AM749	3	0.501 4
12	AM759	4	0.623 0
13	AM860	6	0.526 1
14	AM1000	6	0.675 5
15	AM1130	5	0.767 3
16	AM1188	4	0.655 6
17	AM1206	3	0.645 9
18	AM1266	5	0.646 3
19	AM1403	4	0.546 6
20	AM1605	7	0.585 5
21	AM1657	4	0.539 8
22	AM1672	2	0.055 5
23	AM1686	3	0.581 5
24	AM1784	2	0.430 6
25	AM1789	3	0.574 7
26	AM1840	3	0.664 6
平均		4.15	0.577 9

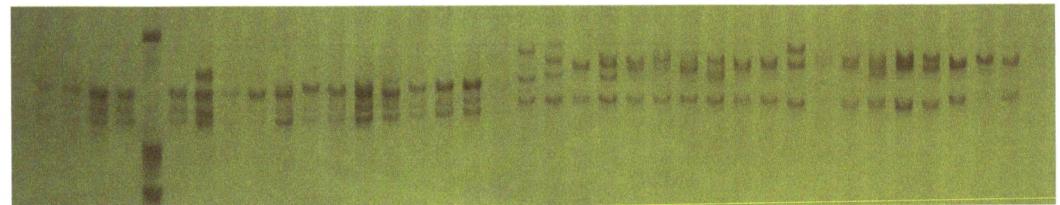

图7.4　SSR引物AM269在35份燕麦材料中扩增出的多态性条带结果

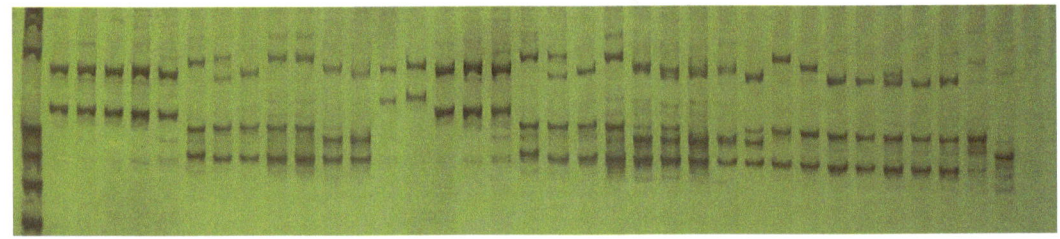

图7.5　SSR引物AM338在35份燕麦材料中扩增出的多态性条带结果

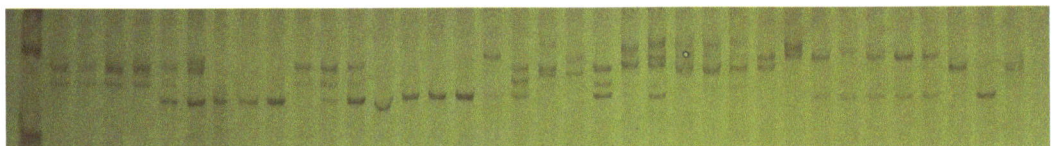

图7.6　SSR引物AM548在35份燕麦材料中扩增出的多态性条带结果

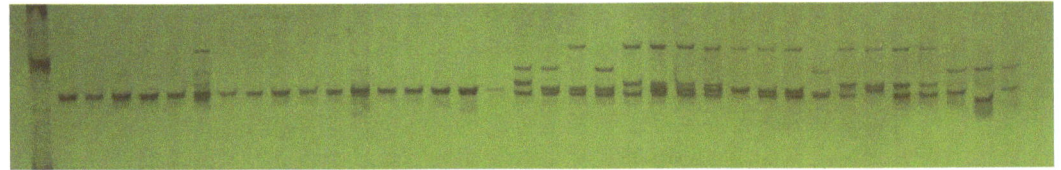

图7.7　SSR引物AM1657在35份燕麦材料中扩增出的多态性条带结果

二、不同倍性及同倍性不同种SSR遗传分析

通过分析26对SSR引物扩增出的谱带的结果，利用NTSYSpc2.2计算出各材料之间的遗传相似系数，从而构建树状聚类分析图，如图7.8所示。从聚类图中可以看出，在遗传相似系数为0.52处可以把35份燕麦材料分为三大类，每一大类中在不同的遗传相似系数处又可把同一倍性不同种的材料区分开。

第一类是材料1~16，也即是所有的二倍体材料，在第一类中遗传相似系数0.92处可把4种二倍体燕麦分为两个亚类，其中第一亚类是7份 A. strigosa 材料，第二亚类是所有的 A. hispanica、A. brevis 和 A. nudabrevis 材料共9份。

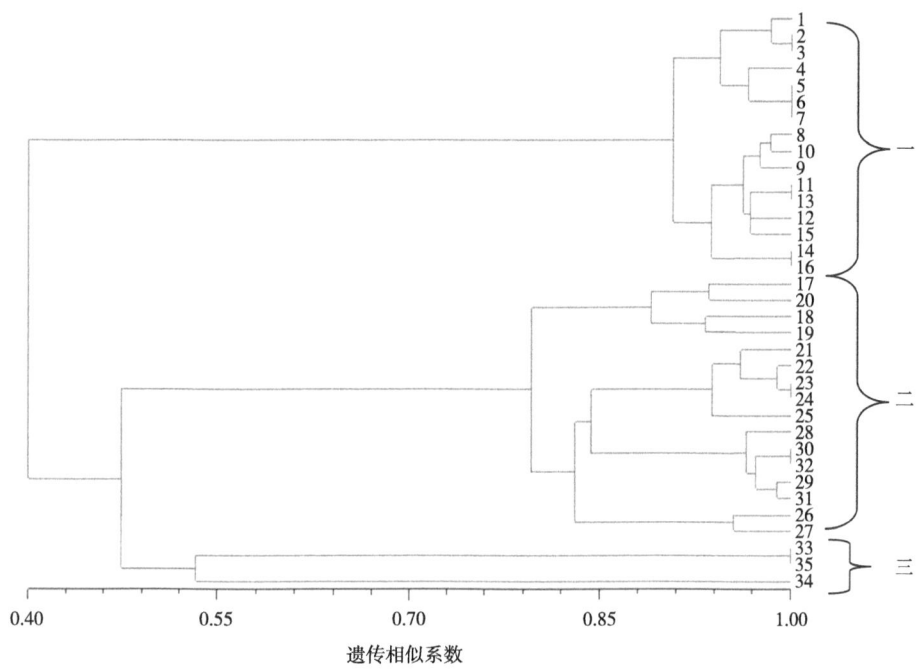

图7.8　35份燕麦材料的UPGMA聚类结果

第二类为材料17～32，为16份六倍体材料，在第二类中遗传相似系数0.85处可将所有的六倍体材料分为四大亚类，所有 *A. sativa* 材料单独聚为一个亚类，2份 *A. fatua* 和3份 *A. sterilis* 材料聚类一亚类，所有的 *A. nuda* 材料依据国内栽培种和国外引进材料的不同分别聚成两个亚类。

第三类是材料33～35，是2份四倍体种和1个未知燕麦种。对于第三类在遗传相似系数0.55处可将3份材料明显地聚成两个亚类，未知种名的材料与 *A. maroccana* 聚在一起，从遗传相似系数来看，它们相似度极高，而与另一份单独聚为一亚类的材料 *A. murphyi* 的遗传关系相差较远。

三、不同倍性燕麦SSR指纹图谱构建

仔细分析筛选出的26对引物扩增的条带，发现有14对引物可以较清晰地区分二倍体、四倍体、六倍体3种倍性的燕麦，且其中有3个特异性引物AM63、AM447和AM1403对3种倍性的材料的扩增产生明显的区别性强的单一条带，即每个引物都可明显区分3种倍性，且还能区分四倍体不同的种（图7.9至图7.11）。把条带的位置与标准标记比较，确定了每条带的分子量，然后把引物AM63、AM447和AM1403扩增结果转化为模式图，分别代表这3个引物的SSR指纹图谱（图7.12至图7.14），可用于区分燕麦种质材料的不同倍性，这对于燕麦材料的倍性鉴定有重要意义。

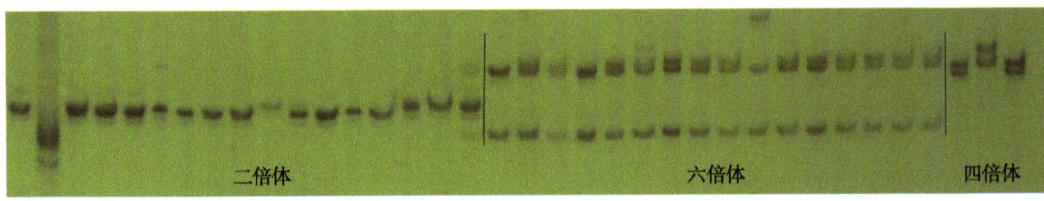

图7.9　SSR引物AM63在35份燕麦材料中扩增出的多态性条带结果

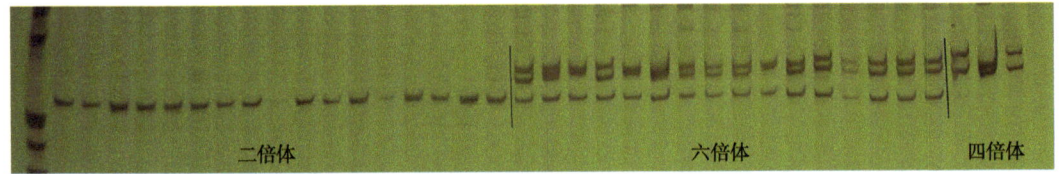

图7.10　SSR引物AM447在35份燕麦材料中扩增出的多态性条带结果

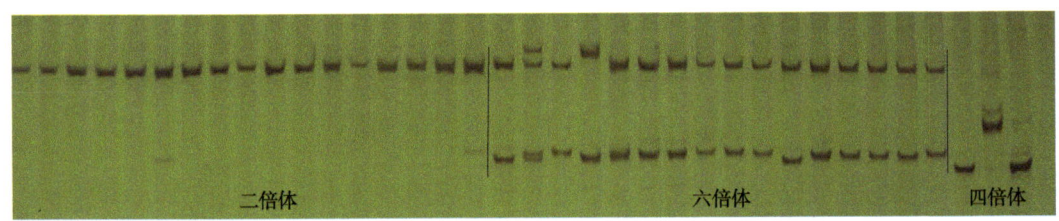

图7.11　SSR引物AM1403在35份燕麦材料中扩增出的多态性条带结果

扩增条带及片段大小（bp）	倍性			
	二倍体	六倍体	四倍体 A. maroccana	四倍体 A. murphyi
带1（170）				■
带2（167）		■	■	■
带3（162）		■	■	
带4（156）	■			
带5（151）		■		

图7.12　引物AM63的燕麦种的SSR指纹图谱

扩增条带及片段大小（bp）	倍性			
	二倍体	六倍体	四倍体 A. maroccana	四倍体 A. murphyi
带1（270）			■	
带2（255）				
带3（240）		■	■	■
带4（220）			■	

图7.13　引物AM447的燕麦种的SSR指纹图谱

扩增条带及片段大小（bp）	倍性			
	二倍体	六倍体	四倍体 A. maroccana	四倍体 A. murphyi
带1（290）				
带2（220）				
带3（194）				
带4（183）				

图7.14 引物AM1403的燕麦种的SSR指纹图谱

燕麦种质资源不同倍性的分子指纹图谱构建研究的主要结论如下。

明确了燕麦不同种间的遗传关系，认为四倍体种与六倍体种关系较近；二倍体的栽培种与野生种有明显区别；未知种名的四倍体材料与A. maroccana以极高遗传相似系数聚在一起，推测其可能是A. maroccana；种间的遗传关系与供试材料来源地有一定的联系。

发现了3个特异SSR引物（AM63、AM447和AM1403），构建了燕麦种指纹图谱，能够显著区别二倍体、四倍体、六倍体3种倍性的燕麦材料，也能区分四倍体的两个种，即A. maroccana和A. murphyi。

参考文献

董玉琛，刘旭，2006.中国作物及其野生近缘植物：粮食作物卷.北京：中国农业出版社.

窦全文，沈裕琥，王海庆，2004.栽培燕麦和野燕麦C-带核型比较.草业学报，13（4）：76-79.

李懋学，陈瑞阳，1985.关于植物核型分析的标准化问题.武汉植物学研究，3（4）：297-302.

刘伟，张宗文，吴斌，2013.加拿大引进的二倍体燕麦种质的核型鉴定.植物遗传资源学报，14（1）：141-145.

刘伟，2014.不同倍性燕麦种质资源核型鉴定和SSR图谱构建.北京：中国农业科学院.

彭远英，2009.燕麦属物种系统发育与分子进化研究.成都：四川农业大学.

武生辉，李秀娴，李明哲，1989.野生大燕麦和砂燕麦的核型研究.内蒙古农牧学院学报，10（2）：115-120.

武生辉，李秀娴，李明哲，等，1994.野红燕麦和小粒裸燕麦的核型研究.内蒙古农牧学院学报，15（2）：56-59

余懋群，马欣荣，张庆勤，1995.3种燕麦的核型研究.武汉植物学研究，13（2）：177-179.

俞益，陈佩度，刘大钧，1998. 莜麦与野红燕麦杂交的细胞遗传学研究. 南京农业大学学报，21（4）：1-6.

CASPERSSON T, FARBER S, FOLEY G E, et al., 1968. Chemical differentiation along metaphase chromosomes. Experimental Cell Research, 49（1）：219-222.

FOMINAYA A, VEGA C, FERRER E, 1988. Giemsa C-banding karyotypes of *Avena* species. Genome, 30（5）：627-632.

LEVAN A, FREDGA K, SANDBERG A A, 1964. Nomenclature for centromeric position on chromosomes. Hereditas, 51（2）：201-220.

LINARES C, VEGA C, FERRER E, et al., 1992. Identification of C-banded chromosomes in meiosis and the analysis of nucleolar activity in *Avena byzantina* C. Koch cv 'Kanota'. Theoretical and Applied Genetics, 83（5）：650-654.

STEBBINS G L, 1971. Chromosomal evolution in higher plants. London：Edward Arnold Ltd.

第八章 燕麦核心种质研究

目前世界范围内征集到的种质资源已达740万份（FAO，2010），我国保存作物种质资源总数达到了52.8万份（辛霞 等，2022）。如此巨大的种质资源数量使得育种工作者很难对其进行深入研究并加以有效利用。为解决这一难题，澳大利亚学者Frankel（1984）首次提出核心种质的概念，Brown（1995）将其进一步发展，他们采用一定取样方法，从某种作物种质资源的总收集品中遴选出能最大限度代表其遗传多样性而数量又尽可能最少的种质材料作为核心种质，以方便种质资源评价和利用研究。核心种质研究在不断发展，认为不但包含以最少的资源份数来最大限度地代表其遗传多样性，还应包含生产实践中所需要的优异农艺性状或基因，还应在核心种质与保留种质之间保持材料的动态交流与调整（李自超 等，1999）。本章在燕麦核心种质取样策略研究（张恩来 等，2008）的基础上，进一步构建了我国燕麦核心种质，开展表型和遗传多样性分析。

第一节　核心种质的构建方法

一、取样策略

核心种质是用最少的样品最大限度地代表全部收集品的遗传多样性的一个子集，样品在遗传上应具有最小的重复，因此取样策略是构建核心种质的关键，也是核心种质研究的重要内容。总体来说取样方法有两种，即随机取样和系统取样，一般以随机取样作对照，与几种系统取样作比较，以选择最佳的取样策略（Yongezawa et al.，1995）。

随机取样策略包括完全随机取样策略（Completely random sampling strategy）和若干不同形式的随机取样策略。完全随机取样策略是在整个资源的基础上对所有材料同等对待，采用随机抽取技术，在整个资源材料中完全随机取样。不同形式的随机取样策略各有特点，其中分层取样策略在核心种质研究中用得较多，该策略将资源样本按照来源等分成若干层，然后从每一层内随机抽取一定数量的材料组成样本。分层取样策略的优点是样本具有较好的代表性，误差较小。分组取样策略目前分组常用如下4种系统取样策略。

P策略（Proportional strategy）是指各组取样比例与每组资源份数占整个资源份数的比例一致。当某种作物的各种资源材料数量很多，且多样性与资源量一致时这一策略比较有效。

L策略（Logarithmic strategy）是指各组取样比例与每组资源份数对数值占各组资源份数对数值之和的比例一致。对数取样策略会产生占总体资源份数比例大的组在核心种质的取样比例反而变小，而占总体资源份数比例较小的组在核心种质的取样比例变大，从而在一定条件下，可以部分修正核心种质中多样性的偏离问题。

S策略（Square root strategy）是指各组取样比例与每组资源份数的平方根占各组资源分数平方根之和的比例一致。该策略的效果与L策略基本相同。

G策略（Genetic diversity strategy）是指各组取样比例与每组遗传多样性指数占各组遗传多样性指数之和的比例一致。当种质资源中每个分组的遗传变异信息已知时，根据相对多样性的大小来确定各组中的取样比例是最为可靠的办法。

二、取样比例

根据中性理论模型，Brown（1989）指出核心种质一般占整个种质资源的5%~10%，或总量不超过3 000份。在国内外不同植物核心种质构建中，核心种质的比例为该物种全部收集品的5%~30%，如咖啡（Hodgkin et al.，1995）、多年生黑麦草（Charmet and Balfourier，1995）、西班牙大麦（Igartua et al.，1998）、菜豆（Tohme et al.，1995）、鹰嘴豆（Hari et al.，2001）。在所开展核心种质研究的物种中，其物种的群体相对较小，所构建的核心种质份数也相对较少，到目前为止，前人的研究并没有提供一个合理的取样比例和合适的核心种质规模。总之，在世界范围内，核心种质研究的规模普遍较小，而且缺乏统一的技术模式或技术体系。核心种质所占总资源的比例应根据总资源群体的大小来决定，总资源多的物种其核心种质所占的比例可小一些，总资源份数较少的物种核心种质所占比例可相对大一些（李自超 等，2000）。

三、样本验证

建立初级核心种质后，必须对其进行检验和评价，以确定其质量和利用价值。目前的评价依据主要有形态学性状、生化标记（如醇溶蛋白模型、同工酶带数）、染色体核型、DNA标记等。郝晨阳等（2002）对5 129份中国小麦初选核心种质样品HMW-GS的组成情况进行了分析，最后得出，$Glu-B1$位点的多样性最丰富，其次为$Glu-D1$位点，$Glu-A1$位点的多样性最差。从生态区来讲，地方品种变异类型最丰富的3个大区是黄淮冬麦区、西北春麦区和西南冬麦区；选育品种最丰富的4个大区是西南冬麦区、黄淮冬麦区、长江中下游冬麦区和北部冬麦区。

Brown（1989）认为，如果核心样品与整个样品在平均数及变幅上存在显著差异的性状的百分率均少于30%，且核心样品各性状变幅占整个资源群体变幅的平均比率高于70%，则可以认为该核心种质基本代表了原资源群体的遗传多样性。目前，国内外研究者大都根据所利用的不同性状数据，以平均数、标准差、变异系数、方差、极差及遗传多样性指数等作为核心种质的检验指标。李自超等（2000）在云南稻种资源核心种质取样方案研究中认为，表型方差、表型频率方差、变异系数、多样性指数及表型保留比例5种参数是检验核心种质较为理想的指标，至于平均数，则不宜作为检验指标。

第二节　燕麦核心种质的构建

2005年，我国国家种质库保存有3 000多份燕麦资源，构建燕麦核心种质能够最大限度地去除种质资源中的遗传重复，以极少的种质数量囊括原资源群体中的全部或大多数变异类型，更能集中人力、物力资源，深入开展燕麦种质的评价及有效利用研究。构建燕麦核心种质有助于了解现有种质资源遗传多样性的组成特点和分布状况，以及潜在的利用价值，进而指导今后种质资源的引种、收集工作，减少和避免盲目及重复引种带来的人力、财力、物力的浪费。核心种质的构建还可以有效地加强和实现对重点材料的重点保护和管理，防止和避免遗传多样性，特别是优异种质和基因的丢失。核心种质实际上提供了一套规模极具减少而遗传多样性又十分丰富且具有代表性的样品集，这使得研究人员在现阶段即能够采用一系列先进手段和方法有目的、有重点地进行重要性状遗传规律的研究，以及优异种质、基因的筛选与克隆，避免工作中的盲目性，从而尽快提高种质资源的研究水平和利用效率。

一、核心样本的抽取

中国农业科学院作物科学研究所小宗作物种质资源课题组对国家种质库保存的3 000多份燕麦资源材料进行核心种质构建研究。首先将燕麦种质材料按来源分组，再根据皮、裸性分亚组；然后采用平方根法、对数法和比例法分别确定每一亚组的取样量。在具体材料的个体选择上，分别采用聚类法和随机法，由此共抽取12个样本，加上完全随机法抽取的1套样本，共产生了13套燕麦初级核心样本（表8.1）。取样比例平均为总体的15%，变化范围在14.3%~15.3%。

表8.1 采用不同方法构建的13套燕麦核心的样本

样本	取样策略				样本容量
	分组	亚组	亚组内取样方法	个体选择方法	
Ⅰ	省	—	平方根法	随机	482
Ⅱ	省	—	平方根法	聚类	481
Ⅲ	省	—	对数法	随机	475
Ⅳ	省	—	对数法	聚类	474
Ⅴ	省	—	比例法	随机	493
Ⅵ	省	—	比例法	聚类	492
Ⅶ	省	皮、裸	平方根法	随机	479
Ⅷ	省	皮、裸	平方根法	聚类	481
Ⅸ	省	皮、裸	对数法	随机	497
Ⅹ	省	皮、裸	对数法	聚类	485
Ⅺ	省	皮、裸	比例法	随机	497
Ⅻ	省	皮、裸	比例法	聚类	467
ⅩⅢ	—	—	—	完全随机	480

注：—代表在此处未进行分亚组。

二、核心样本的代表性比较

（一）主要数量性状的表型方差分析

表型方差可以估计群体的均度，方差越大，说明样本各性状分布得越均匀，遗传冗余度越小，代表性越好。因此，对13套样本的6个数量性状的方差进行F测验，再根据6个数量性状与总体差异显著的个数排序。结果发现样本Ⅵ的代表性最好，其次是样本Ⅹ和Ⅻ，而样本Ⅺ的代表性最差（表8.2）。

表8.2 初级核心样本与总体进行6个数量性状表型方差的比较及排序

样本	生育日数	株高	主穗长	主穗小穗数	单株粒重	千粒重	排序★
Ⅰ	403.31**	347.44	15.33	141.85	3.16	41.10**	6
Ⅱ	439.20**	447.44**	17.63	167.62*	3.48	42.86**	4
Ⅲ	595.04**	336.54	16.26	151.32	3.11	40.99**	6
Ⅳ	449.29**	434.90	18.19	162.67	2.99	47.80**	6

（续表）

样本	生育日数	株高	主穗长	主穗小穗数	单株粒重	千粒重	排序★
V	278.32	319.38	15.47	150.23	3.30	27.95*	7
VI	303.70	481.81**	20.59**	177.72**	3.99**	37.56**	1
VII	429.57**	327.77	15.34	144.78	3.23	40.35**	6
VIII	391.90**	422.29**	17.23	134.09	3.51	39.38**	5
IX	543.15**	316.17	15.78	137.44	2.44**	37.48**	5
X	424.49**	409.73**	18.17*	127.12**	3.10	41.66**	2
XI	292.47	306.29	16.47	134.80	3.18	31.85	8
XII	337.27	462.14**	19.29**	171.32**	3.47	38.14**	3
XIII	385.99**	391.20**	16.64	145.65	3.27	29.90	6
总样本	306.91	335.14	16.15	146.05	3.24	31.46	

注：*，**分别代表$P<0.05$和$P<0.01$的F检测差异显著；★根据性状差异显著的个数由多到少排序。

（二）质量性状频率分布的比较

通过对6个质量性状的频率分布进行卡方检验（表8.3），样本VIII、X、XII的代表性最好，排在了前3位，6个质量性状都与总体没有显著性差异。样本V和XIII的代表性最差，除旗叶叶相之外，其他5个质量性状与总体都有显著性差异。

（三）极差的比较

对12个性状的极差占总体样本各性状极差的比例求平均值，并将所得的平均值由大到小排序，样本IV、VI、VIII、XII和II列前5位，样本V、VII、III、XI、I和XIII排在了后6位，结果表明，排在前5位的样本，在个体选择上都是聚类法，而排在后6位的样本在个体选择上都是随机法。因此，个体选择方面，聚类好于随机，也就是说聚类法选择到极值的概率大于随机法（表8.4）。

表8.3 利用卡方测验分析比较13套样本的质量性状频率分布与总体样本的同质性

样本	幼苗习性	幼苗颜色	旗叶叶相	穗型	粒型	粒色	排序★
I	5.16	1.74	0.36	38.22**	81.19**	70.53**	4
II	4.00	9.18*	1.10	16.52**	64.51**	20.51	3
III	22.39**	1.77	3.55	5.04	1.71	9.95	2
IV	15.62**	2.22	3.21	1.15	16.82	11.19	2

（续表）

样本	幼苗习性	幼苗颜色	旗叶叶相	穗型	粒型	粒色	排序★
Ⅴ	26.72**	8.33*	1.19	21.58**	82.47**	43.48**	6
Ⅵ	1.45	11.41**	1.26	14.36**	82.38**	12.3	4
Ⅶ	5.04	7.08*	3.86	31.02**	23.19	131.93**	3
Ⅷ	3.06	1.53	1.56	0.71	2.13	13.14	1
Ⅸ	19.58**	2.52	1.20	4.62	10.63	15.56	2
Ⅹ	5.02	1.77	3.55	5.04	1.71	9.95	1
Ⅺ	18.53**	2.56	2.12	12.12**	56.92**	45.43**	5
Ⅻ	1.16	1.33	3.11	5.87	4.35	10.61	1
ⅩⅢ	10.49**	7.08*	4.89	25.62**	28.84**	59.72**	6

注：*，**分别代表$P<0.05$和$P<0.01$的卡方检测差异显著，下同；★根据差异性个数由少到多排序。

表8.4 核心样本的12个性状的极差占总体极差的比例

样本	生育日数	株高	主穗长	主穗小穗数	单株粒重	千粒重	幼苗习性	幼苗颜色	旗叶叶相	穗型	粒型	粒色	平均值	排序
Ⅰ	0.83	0.76	0.57	0.71	0.92	0.97	1.00	1.00	1.00	1.00	1.00	0.92	0.89	12
Ⅱ	0.85	0.86	0.52	1.00	0.98	0.99	1.00	1.00	1.00	1.00	1.00	1.00	0.93	5
Ⅲ	0.99	0.77	0.52	0.82	0.96	0.86	1.00	1.00	1.00	1.00	1.00	0.92	0.90	10
Ⅵ	0.84	0.83	0.94	0.91	0.89	0.91	1.00	1.00	1.00	1.00	1.00	0.92	0.94	2
Ⅴ	0.84	0.73	0.77	0.91	0.96	0.88	1.00	1.00	1.00	1.00	1.00	0.92	0.92	8
Ⅳ	0.99	0.99	0.73	0.77	0.98	0.99	1.00	1.00	1.00	1.00	1.00	0.92	0.95	1
Ⅶ	0.98	0.79	0.80	0.79	0.97	0.74	1.00	1.00	1.00	1.00	1.00	0.92	0.92	9
Ⅷ	0.85	0.99	0.77	0.84	0.94	0.97	1.00	1.00	1.00	1.00	1.00	0.92	0.94	3
Ⅸ	0.99	0.97	0.54	0.92	0.96	0.77	1.00	1.00	1.00	1.00	1.00	0.92	0.92	6
Ⅹ	0.99	0.99	0.57	0.69	0.96	0.91	1.00	1.00	1.00	1.00	1.00	0.92	0.92	7
Ⅺ	0.85	0.77	0.74	0.67	0.99	0.79	1.00	1.00	1.00	1.00	1.00	0.92	0.89	11
Ⅻ	0.84	0.83	0.94	0.91	0.89	0.91	1.00	1.00	1.00	1.00	1.00	0.92	0.94	4
ⅩⅢ	0.83	0.76	0.75	0.66	0.98	0.73	1.00	1.00	1.00	0.67	1.00	0.92	0.86	13

（四）数量性状平均值的比较

如果样本的性状平均值与总体的差异显著，说明样本的代表性差。通过对6个数量性状的样本平均值与总体平均值进行t测验，表明样本Ⅴ、Ⅺ、Ⅻ和ⅩⅢ的6个数量性状的平均值与总体都没有显著差异，代表性最好，序号都排在第一位；样本Ⅶ、Ⅸ和Ⅲ的代表性最差，其中有5个数量性状的平均值与总体有显著性差异，排列序号分别为7、6和6（表8.5）。

表8.5 根据t测验分析比较13套样本的数量性状平均值的代表性结果排序

样本	生育日数/d	株高/cm	主穗长/cm	主穗小穗数/个	单株粒重/g	千粒重/g	排序
全部材料	92.30 ± 17.52	108.19 ± 18.31	20.37 ± 4.02	27.38 ± 12.09	2.53 ± 1.80	22.77 ± 5.61	
Ⅰ	98.54 ± 31.08**	109.37 ± 18.64	21.05 ± 3.92**	29.76 ± 11.91**	2.78 ± 1.91**	22.64 ± 6.41	5
Ⅱ	99.24 ± 31.91**	108.98 ± 21.15	20.77 ± 4.20*	29.35 ± 12.95**	2.73 ± 1.86**	23.12 ± 6.55	4
Ⅲ	103.13 ± 38.94**	110.35 ± 18.68*	21.47 ± 4.08**	30.84 ± 12.65**	2.96 ± 1.82**	22.38 ± 6.53	6
Ⅳ	103.32 ± 38.02**	109.36 ± 20.85	21.17 ± 4.26**	30.27 ± 12.75**	2.77 ± 1.73**	22.89 ± 6.91**	5
Ⅴ	91.23 ± 16.68	108.02 ± 17.87	20.50 ± 3.93	27.88 ± 12.26	2.55 ± 1.82	22.99 ± 5.29	1
Ⅵ	92.95 ± 17.43	107.97 ± 21.95	20.03 ± 4.54	27.57 ± 13.33	2.56 ± 2.00	23.48 ± 6.13*	2
Ⅶ	98.79 ± 31.76**	110.53 ± 18.10**	21.19 ± 3.92**	30.09 ± 12.03**	2.87 ± 1.80**	22.91 ± 6.35	7
Ⅷ	97.74 ± 29.98**	108.39 ± 20.55	20.60 ± 4.15	27.31 ± 11.58	2.57 ± 1.87	22.24 ± 6.28	3
Ⅸ	101.60 ± 36.43**	108.82 ± 17.78	21.43 ± 3.97**	30.43 ± 11.72**	2.81 ± 1.56**	22.04 ± 6.12*	6
Ⅹ	102.07 ± 36.54**	108.36 ± 20.24	21.02 ± 4.26**	28.52 ± 11.27*	2.62 ± 1.76	21.76 ± 6.45**	4
Ⅺ	91.89 ± 17.10	108.02 ± 17.50	20.43 ± 4.06	26.94 ± 11.61	2.48 ± 1.78	22.71 ± 5.64	1
Ⅻ	93.36 ± 18.36	109.17 ± 21.50	20.36 ± 4.39	27.59 ± 13.09	2.45 ± 1.86	22.82 ± 6.18	1
ⅩⅢ	92.70 ± 19.65	106.99 ± 19.78	20.01 ± 4.08	26.74 ± 12.07	2.47 ± 1.81	22.98 ± 5.47	1

（五）符合度的分析

通过对12个性状符合度的分析（表8.6），得出样本Ⅱ和Ⅸ的符合度最高，达到了98.6%；样本Ⅺ的符合度最低，只有91.7%；样本Ⅰ和ⅩⅢ的符合度也较低，都是93.1%。除完全随机法的穗型的符合度为75.0%之外，13套样本的符合度的差异均来自种皮色、主穗小穗数和千粒重。

表8.6 不同样本性状的符合度

样本	Ⅰ	Ⅱ	Ⅲ	Ⅳ	Ⅴ	Ⅵ	Ⅶ	Ⅷ	Ⅸ	Ⅹ	Ⅺ	Ⅻ	ⅩⅢ
符合度（%）	93.1	98.6	94.4	97.2	94.4	97.2	95.8	94.4	98.6	95.8	91.7	95.8	93.1
排序	5	1	4	2	4	2	3	4	1	3	6	3	5

（六）变异系数分析

变异系数越大，说明抽取的样本各性状的分布越均匀，通过分析不同样本的6个数量性状的变异系数（表8.7），样本Ⅵ的变异系数的平均值最高，其次是样本Ⅱ和Ⅻ，除样本Ⅴ、Ⅸ、Ⅺ的变异系数的平均数小于总体之外，其他10个样本的变异系数均大于总体。

表8.7 核心样本与总体的6个数量性状变异系数的比较

样本	生育日数	株高	主穗长	主穗小穗数	单株粒重	千粒重	平均值	排序
Ⅰ	0.315	0.170	0.186	0.400	0.640	0.283	0.333	9
Ⅱ	0.307	0.190	0.202	0.424	0.729	0.282	0.356	2
Ⅲ	0.212	0.185	0.204	0.451	0.733	0.238	0.337	8
Ⅳ	0.197	0.197	0.216	0.474	0.761	0.271	0.353	4
Ⅴ	0.359	0.163	0.185	0.385	0.556	0.278	0.321	12
Ⅵ	0.187	0.203	0.227	0.484	0.780	0.261	0.357	1
Ⅶ	0.322	0.164	0.185	0.400	0.627	0.277	0.329	10
Ⅷ	0.358	0.187	0.203	0.395	0.671	0.297	0.352	5
Ⅸ	0.183	0.165	0.192	0.440	0.711	0.230	0.320	13
Ⅹ	0.368	0.191	0.201	0.421	0.624	0.302	0.351	6
Ⅺ	0.186	0.162	0.199	0.431	0.718	0.248	0.324	11
Ⅻ	0.322	0.194	0.202	0.441	0.682	0.283	0.354	3
ⅩⅢ	0.378	0.169	0.190	0.410	0.613	0.292	0.342	7
总体	0.190	0.169	0.197	0.441	0.711	0.246	0.326	

（七）不同核心样本的各性状遗传多样性指数方差分析

通过比较（表8.8），13套样本的遗传多样性指数方差都大于总体，并且差异极显著。按照核心样本的方差与总体差异越大越有代表性的特点，对13套样本的遗传多样性指数的方差按照大小排序，得出样本Ⅶ的遗传多样性的方差最大，排在第1位，其次是样本Ⅲ和Ⅸ，代表性最差的是样本Ⅵ。比例法样本Ⅴ、Ⅵ、Ⅺ和Ⅻ的遗传多样性方差的代表性排序为9、13、11和12。因此，利用比例法构建核心样本的遗传多样性方差明显不如平方根法和对数法的代表性好。

（八）不同核心样本的综合分析

通过对质量性状的频率分布、数量性状的极差、平均值、表型方差、变异系数、符合度及遗传多样性指数方差的分析比较，将它们的代表性按大小进行排序（表8.8）。最后得出样本Ⅵ的代表性最好，其次是样本Ⅳ、Ⅱ、Ⅻ和Ⅹ。代表性最差的是样本Ⅺ，但是其平均值的代表性却比较好。

排序结果表明，按燕麦皮、裸性分亚组与未按皮、裸性的亚组代表性没有显著性差异；3种确定组内样本量方法之间的差异不明显，当个体选择为聚类时，比例法最好，对数法与平方根法相当；在个体选择方法上，聚类法显著好于随机法，其中聚类法选择的6个样本均排在随机法的6个样本之前。

表8.8 燕麦不同初级核心样本的相关参数的综合比较

样本	数量性状表型方差	极差	质量性状频率分布	符合度	数量性状平均值	遗传多样性指数方差	变异系数	总和	总排序*
Ⅰ	6	12	4	5	5	6	9	47	10
Ⅱ	4	5	3	1	4	8	2	27	3
Ⅲ	6	10	2	4	6	2	8	38	7
Ⅳ	6	2	2	2	5	4	4	25	2
Ⅴ	7	8	6	4	1	9	12	47	11
Ⅵ	1	1	4	2	2	13	1	24	1
Ⅶ	6	9	3	3	7	1	10	39	8
Ⅷ	5	3	1	4	3	10	5	31	5
Ⅸ	5	6	2	1	6	3	13	36	6
Ⅹ	2	7	1	3	4	5	6	28	4
Ⅺ	8	11	5	6	1	11	11	53	12
Ⅻ	3	4	1	3	1	12	3	27	3
ⅩⅢ	6	13	6	5	1	7	7	45	9

注：*根据各参数累计和由小到大排序。

三、核心种质的确定

考虑到各来源地区的材料不等，如山西、西欧、内蒙古3个地区的材料分别占总体的37.3%、19.0%、14.1%，3个地区的材料占总体的70.4%，而其他18个地区的材料仅占总体的29.6%，如果采用比例法抽取的样品，可能会导致这些材料较少地区的代表性较差。尽管样本Ⅵ的代表性最好，但采用的是比例法取样，存在上述问题，因此最终选择了综合分析排在第3位的样本Ⅱ，该样本不但采用了平方根法选取，增加了来源份数较少地区的材料比例，而该样本的符合度也最好，该样本共包含481份材料。

第三节 燕麦核心种质遗传多样性分析

一、主要农艺性状多样性分析

利用田间鉴定，对燕麦核心种质的主要农艺性状进行鉴定，通过对相关数量性状和质量性状的差异分析，对燕麦核心种质的农艺性状多样性进行深入了解。

（一）主要数量性状的差异分析

对燕麦核心种质的10个数量性状的数据进行了统计分析，包括平均值、标准差、最大值、最小值和方差（表8.9）。通过比较裸燕麦与皮燕麦的10个数量性状的平均值发现，皮燕麦在千粒重和单株粒重上明显大于裸燕麦，除皮燕麦的抽穗日期要早于裸燕麦之外，其他7个数量性状的平均值均高于裸燕麦；比较10个数量性状的方差发现，皮燕麦的10个性状的方差都大于裸燕麦的方差，并且除生育日期的方差没有显著性差异之外，其他9个数量性状的方差达到了显著水平；在数量性状平均值的极值方面，皮燕麦在生育日期、抽穗日期和上数第2片叶宽3个性状的极差上小于裸燕麦，而在其他7个性状上，皮燕麦的极差要大于裸燕麦。

表8.9 裸燕麦和皮燕麦的10个数量性状的平均值、标准差、最大值、最小值和方差

种质	统计量	生育日期/d	抽穗日期/d	有效分蘖/个	单株粒重/g	千粒重/g	株高/cm	主穗长/cm	上数第2片长/cm	上数第2片宽/cm	主穗分枝数/个
裸燕麦	平均值	109.47	75.97	4.35	2.71	18.96	101.95	29.45	30.68	1.20	19.05
	标准差	3.27	4.96	0.94	1.20	4.12	9.42	3.93	3.91	0.20	2.19
	最大值	121.00	87.50	7.53	6.98	32.28	138.23	40.50	38.29	2.02	27.62

（续表）

种质	统计量	生育日期/d	抽穗日期/d	有效分蘖/个	单株粒重/g	千粒重/g	株高/cm	主穗长/cm	上数第2片长/cm	上数第2片宽/cm	主穗分枝数/个
裸燕麦	最小值	104.50	59.50	1.90	0.27	7.32	73.80	19.88	17.23	0.78	13.60
	方差	10.67	24.64	0.88	1.44	16.94	88.70	15.46	15.30	0.04	4.80
皮燕麦	平均值	109.65	75.71	4.44	4.91	26.28	104.41	31.58	31.41	1.30	21.16
	标准差	3.41	5.60	1.12	1.69	5.60	13.10	5.97	5.29	0.24	3.01
	最大值	115.50	86.50	8.60	12.03	43.67	129.50	46.63	39.53	1.89	29.54
	最小值	104.50	61.50	2.37	0.89	11.17	62.73	16.10	17.41	0.76	12.20
	方差	11.63	31.39*	1.26*	2.86*	31.31*	171.67*	35.61*	28.01*	0.06*	9.06*
总体	平均值	109.54	75.87	4.38	3.56	21.79	102.90	30.27	30.96	1.24	19.87
	标准差	3.32	5.22	1.01	1.77	5.93	11.04	4.93	4.50	0.22	2.74
	最大值	121.00	87.50	8.60	12.03	43.67	138.23	46.63	39.53	2.02	29.54
	最小值	104.50	59.50	1.90	0.27	7.32	62.73	16.10	17.23	0.76	12.20
	方差	11.03	27.20	1.03	3.13	35.20	121.90	24.26	20.29	0.05	7.49

（二）遗传多样性指数分析

利用Shannon-Wiener多样性指数分析燕麦核心种质的遗传多样性，Shannon-Wiener多样性指数越大，说明该地区燕麦遗传多样性越丰富，反之遗传多样性越低。

裸燕麦方面，281份裸燕麦主要来自山西、内蒙古、河北、西南和东欧，其他来源的燕麦份数较少。通过比较不同来源地区裸燕麦的Shannon-Wiener多样性指数，结果山西>内蒙古>河北>东欧>西南>陕西>美洲>甘肃、宁夏>西欧>东北>青海>国外其他来源，不同来源的Shannon-Wiener多样性指数的大小与来源地区的燕麦材料份数相关，即来源地区的材料越多，其遗传多样性指数也就越大，不过也有例外，如来源于西欧的裸燕麦比东北和青海的材料少，但是其遗传多样性指数却比东北和青海的要大，另外，西南地区的裸燕麦材料份数多于东欧，但是其遗传多样性指数却比东欧要小；通过比较裸燕麦不同性状的平均遗传多样性指数得出，平均遗传多样性指数大于0.9的性状有7个，按大小排序，抗倒伏性>有效分蘖>主穗长>生育日期>抽穗日期>上数第2片叶长>主穗分枝数；平均遗传多样性指数小于0.5的性状有4个，从小到大排序，穗型<穗直立性<幼苗颜色<小穗形，其中穗型仅在山西、内蒙古和河北有多样性，其他来源均没有多样性。

皮燕麦方面，177份皮燕麦来自国外的有107份，70份来自国内，通过比较不同来源地区皮燕麦的Shannon-Wiener多样性指数，由高到低排序，国外其他>美洲>西欧>内蒙古>东欧>甘肃、宁夏>青海>新疆>河北>陕西>东北，排序结果表明，国外皮燕麦的遗传多样性明显高于国内，国内内蒙古的遗传多样性最高，东北的遗传多样性最低；通过比较皮燕麦不同性状的Shannon-Wiener多样性指数得出，Shannon-Wiener多样性指数大于0.9的性状有8个，按大小排序，单株粒重>主穗长>株高>主穗分枝数>有效分蘖>上数第2片叶长>上数第2片叶宽>抗倒伏；Shannon-Wiener多样性指数小于0.5的性状有6个，从小到大排序，小穗形<黑穗病<穗直立性<穗型<幼苗颜色<粒型。

（三）表型遗传相似性分析

1. 不同来源地区内燕麦材料的表型遗传相似系数

裸燕麦方面，利用10个数量性状和12个质量性状的数据分析不同来源地区内裸燕麦材料的表型遗传相似系数，表型遗传相似系数越低说明材料之间的表型差异越大，材料的遗传多样性越丰富，反之，则说明材料之间的表型差异小。由表8.10表明，12个地区之间的表型遗传相似系数变异幅度在0.241~0.712。将各地区的平均遗传相似系数由小到大排序，西欧<内蒙古<山西<国外其他<河北<陕西<东欧<美洲<西南<甘肃、宁夏<东北<青海，其中表型遗传相似系数变异幅度最大的地区是山西，变异范围为0.200~0.967，因西欧与国外其他的燕麦材料都只有2份，其表型遗传相似系数的变异幅度为0，除此之外，变异系数最小的地区是甘肃、宁夏，其表型遗传相似系数的变异范围是0.414~0.793。

皮燕麦方面，利用同样的方法，分析了皮燕麦材料之间的表型遗传相似系数。表8.11表明，除西南地区仅有1份皮燕麦之外，其他11个地区之间的表型遗传相似系数变异幅度在0.414~0.772，将各地区的平均遗传相似系数由小到大排序，陕西<美洲<国外其他<西欧<内蒙古<甘肃、宁夏<东欧<青海<河北<新疆<东北，其中表型遗传相似系数变异幅度最大的地区是西欧，变异范围为0.276~0.897，因西南只有1份材料，陕西有2份材料，其表型遗传相似系数的变异幅度为0，除此之外，变异系数最小的地区是东北，其表型遗传相似系数的变异范围是0.586~0.931。

表8.10　不同来源地区内裸燕麦材料的表型遗传相似系数

来源	份数/份	表型遗传相似系数	最小遗传相似系数	最大遗传相似系数	变异幅度
东欧	20	0.563	0.345	0.897	0.552
西欧	2	0.241	0.241	0.241	0.000
美洲	12	0.565	0.333	0.857	0.524

（续表）

来源	份数/份	表型遗传相似系数	最小遗传相似系数	最大遗传相似系数	变异幅度
国外其他	2	0.517	0.517	0.517	0.000
东北	8	0.647	0.345	0.862	0.517
甘肃、宁夏	13	0.607	0.414	0.793	0.379
河北	25	0.531	0.241	0.828	0.587
内蒙古	57	0.489	0.207	0.862	0.655
青海	9	0.712	0.517	0.862	0.345
山西	99	0.510	0.200	0.967	0.767
陕西	10	0.555	0.276	0.724	0.448
西南	24	0.584	0.241	0.828	0.587
总体	281	0.436	0.095	0.952	0.857

表8.11 不同来源地区内皮燕麦材料的表型遗传相似系数

来源	份数/份	表型遗传相似系数	最小遗传相似系数	最大遗传相似系数	变异幅度
东欧	15	0.604	0.310	0.828	0.518
西欧	40	0.556	0.276	0.897	0.621
美洲	22	0.458	0.190	0.762	0.572
国外其他	30	0.523	0.345	0.862	0.517
东北	10	0.772	0.586	0.931	0.345
甘肃、宁夏	11	0.600	0.345	0.897	0.552
河北	8	0.698	0.379	0.897	0.518
内蒙古	9	0.564	0.414	0.793	0.379
青海	16	0.650	0.379	0.931	0.552
陕西	2	0.414	0.414	0.414	0.000
西南	1	0.000	0.000	0.000	0.000
新疆	13	0.707	0.500	0.900	0.400
总体	177	0.472	0.095	0.952	0.857

2. 不同来源地区间燕麦材料的表型遗传相似系数

裸燕麦方面，利用10个数量性状和12个质量性状的数据分析不同来源地区间裸燕麦材料的表型遗传相似系数，分析结果如表8.12所示，青海与甘肃、宁夏地区的表型遗传相似系数最高，为0.576，其次是西南与甘肃、宁夏地区的表型遗传相似系数也较高，为0.552；山西与西南地区的表型遗传相似系数最低，为0.259。来源之间的表型遗传相似系数的大小与来源之间所处地理位置的远近并没有表现出明显的相关，如河北与山西两省所处的地理位置较近，但是河北与山西的燕麦材料的表型遗传相似系数却比河北与其他地方的表型遗传相似系数都要低，这可能与山西的裸燕麦材料数有关，从表8.12中还能看出，山西与其他各来源地区的表型遗传相似系数都很低，与山西的表型遗传相似系数较高的地区是内蒙古和东北，分别为0.414和0.461。

皮燕麦方面，利用同样的方法分析了不同来源地区间皮燕麦材料的表型遗传相似系数，分析结果如表8.13所示，新疆与东北地区的表型遗传相似系数最高，为0.618，其次是新疆与河北的表型遗传相似系数也较高，为0.587；新疆与西南地区的表型遗传相似系数最低，为0.315，其次是河北与内蒙古的表型遗传相似系数也较低，为0.359，来自河北的皮燕麦有8份，来自内蒙古的皮燕麦有9份，虽然材料份数相近，地理来源也较近，但其表型遗传相似系数较低的原因可能与两个地区的气候差异有关。

表8.12 不同来源地区间裸燕麦材料的表型遗传相似系数

来源	东欧	美洲	东北	山西	内蒙古	河北	青海	西南	甘肃、宁夏
美洲	0.530								
东北	0.449	0.440							
山西	0.304	0.319	0.461						
内蒙古	0.455	0.460	0.441	0.414					
河北	0.458	0.470	0.498	0.320	0.448				
青海	0.479	0.491	0.445	0.351	0.465	0.459			
西南	0.438	0.430	0.474	0.259	0.426	0.421	0.515		
甘肃、宁夏	0.459	0.457	0.506	0.298	0.460	0.456	0.576	0.552	
陕西	0.391	0.373	0.435	0.274	0.411	0.428	0.517	0.497	0.514

表8.13 不同来源地区间皮燕麦材料的表型遗传相似系数

来源	东欧	西欧	美洲	国外其他	东北	内蒙古	河北	青海	西南	新疆	甘肃、宁夏
西欧	0.489										
美洲	0.450	0.440									
国外其他	0.458	0.447	0.455								
东北	0.502	0.477	0.410	0.435							
内蒙古	0.496	0.465	0.477	0.465	0.449						
河北	0.558	0.496	0.438	0.461	0.598	0.359					
青海	0.488	0.482	0.498	0.484	0.424	0.523	0.489				
西南	0.352	0.373	0.394	0.400	0.314	0.413	0.351	0.521			
新疆	0.555	0.508	0.460	0.458	0.618	0.505	0.587	0.489	0.315		
甘肃、宁夏	0.433	0.466	0.437	0.453	0.444	0.462	0.449	0.528	0.442	0.467	
陕西	0.425	0.386	0.390	0.381	0.493	0.384	0.452	0.415	0.405	0.465	0.385

（四）主要性状的相关分析

通过比较19个主要性状之间的相关性，并用t测验进行了相关显著性检验，粒型与小穗形的相关性最高，为0.849，达到了极显著相关，另外生育日期、抽穗日期、株高、上数第2片叶长、上数第2片叶宽、主穗长和主穗分枝数7个数量性状之间两两正相关，并且都达到了极显著水平；单株粒重与千粒重极显著正相关，并且都与黑穗病显著负相关，都和籽粒类型、幼苗习性、小穗形和籽粒颜色显著相关；籽粒类型除和千粒重、单株粒重显著相关外，还和黑穗病、主穗分枝数显著相关，与粒形、粒色极显著相关；小穗形和粒形、粒色极显著相关，与主穗分枝数相关性达到极显著水平；另外，旗叶叶相仅与主穗长显著相关，有效分蘖与上数第2片叶长、上数第2片叶宽极显著负相关。

二、基因型分析与评价

利用15对SSR引物对燕麦核心种质中的458份燕麦材料进行扩增，15对引物共检测到61个多态性位点，平均每对引物检测到4.067个位点（表8.14）。其中，引物M83381扩增出来的带最多，为7个；引物HVM62和Xgwm99扩增出来的带最少，仅有2个。总体的多态信息量（PIC）的平均值为0.600，其中，引物M83381的PIC最高，为0.789，由于Xgwm99仅扩增出来2个条带，其PIC最低，为0.344。总起来说，燕麦

SSR引物的多态性较低，与国外SSR分子标记研究燕麦的遗传多样性结果相一致。

表8.14 燕麦SSR分子标记多态性

序号	引物名称	等位基因数/个	PIC
1	AF033096	4	0.566
2	AM3	4	0.728
3	AM7	4	0.618
4	AM87	4	0.567
5	AM102	5	0.673
6	AM112	4	0.690
7	HVM4	4	0.752
8	HVM20	4	0.603
9	HVM62	2	0.329
10	L39777	5	0.621
11	M83381	7	0.789
12	Xgwm88	5	0.658
13	Xgwm99	2	0.344
14	Xgwm471	3	0.664
15	Z48431	4	0.400
平均		4.067	0.600

（一）遗传多样性分析

Shannon-Wiener多样性指数分析基于15对SSR引物对458份燕麦的标记结果，Shannon-Wiener多样性指数结果见表8.15，指数的变幅在0.459~1.118，将结果由大到小排序，美洲>西欧>山西>内蒙古>国外其他>东欧>河北>青海>甘肃、宁夏>西南>东北>陕西>新疆，根据排序结果表明，国外的遗传指数普遍大于国内，Shannon-Wiener多样性指数越高，说明其在分子水平上的遗传多样性就越丰富，国外的燕麦材料是以皮燕麦为主，说明国外皮燕麦材料的遗传多样性要比国内皮燕麦的遗传多样性丰富，而国内山西和内蒙古的Shannon-Wiener多样性指数较高，山西的燕麦材料全为裸燕麦，内蒙古的大部分材料也是裸燕麦，说明山西和内蒙古的裸燕麦的遗传多样性比其他地方的要丰富，Shannon-Wiener多样性指数最小的地区是新疆，为0.459，说明新疆的12份皮燕麦的遗传多样性非常低。

表8.15 基于SSR数据计算不同来源的燕麦Shannon-Wiener多样性指数

来源	遗传多样性指数
东欧	0.931
西欧	1.091
美洲	1.118
国外其他	0.951
东北	0.824
山西	1.085
内蒙古	1.033
河北	0.923
青海	0.918
西南	0.828
新疆	0.459
甘肃、宁夏	0.833
陕西	0.730

（二）基因型遗传相似性分析

基于15对SSR引物对458份燕麦标记的数据，利用NTSYSpc2.2软件计算不同来源地区之间燕麦材料的遗传相似系数，计算结果见表8.16，不同来源地区之间的遗传相似系数的变异幅度为0.346~0.517，变幅较小。来源之间的遗传相似系数越低，说明来源之间的燕麦材料的差异性越大，遗传多样性越丰富，来源之间的遗传相似系数越高，说明来源之间的燕麦材料的差异性越小，遗传多样性越低。从结果看，来源之间的遗传相似系数很低，其中，西南与西欧两地区的遗传相似系数最小，为0.346，而在国内，西南与东北的遗传相似系数最低，为0.373，说明西南与东北之间的燕麦材料差异较大；西南与陕西的遗传相似系数最高，为0.517，说明这两个地区的燕麦材料遗传差异相对较小，青海与新疆的遗传相似系数也较高，为0.507。

表8.16 根据SSR分子标记计算不同来源地区之间燕麦的遗传相似系数

来源	东欧	西欧	美洲	国外其他	东北	山西	内蒙古	河北	青海	西南	新疆	甘肃、宁夏
西欧	0.400											
美洲	0.406	0.378										

（续表）

来源	东欧	西欧	美洲	国外其他	东北	山西	内蒙古	河北	青海	西南	新疆	甘肃、宁夏
国外其他	0.407	0.395	0.388									
东北	0.400	0.388	0.401	0.430								
山西	0.424	0.351	0.384	0.375	0.399							
内蒙古	0.439	0.380	0.388	0.402	0.411	0.416						
河北	0.446	0.398	0.417	0.439	0.468	0.430	0.446					
青海	0.426	0.411	0.406	0.421	0.436	0.409	0.413	0.436				
西南	0.402	0.346	0.370	0.371	0.373	0.400	0.423	0.436	0.377			
新疆	0.456	0.433	0.420	0.486	0.485	0.405	0.435	0.481	0.507	0.386		
甘肃、宁夏	0.439	0.484	0.404	0.424	0.454	0.448	0.445	0.473	0.464	0.434	0.481	
陕西	0.433	0.369	0.397	0.404	0.431	0.441	0.449	0.481	0.430	0.517	0.450	0.492

（三）聚类分析

根据15对SSR引物对458份燕麦材料的标记结果，利用NTSYSpc2.2计算出材料之间的遗传相似系数构建树状图（图8.1），结果在相似系数为0.42处聚成了14类，每一类含有的材料结果如下。

第1类：包括177份燕麦资源，来源于13个地区，第1类在相似系数为0.48处又分为2个亚类，第1亚类由53份燕麦材料组成，其中东欧13份，西欧2份，美洲2份，山西12份，内蒙古16份，河北4份，青海2份，西南1份，甘肃、宁夏1份；第2亚类由124份组成，其中，东欧11份，西欧21份，美洲8份，国外其他16份，东北2份，山西10份，内蒙古12份，河北14份，青海11份，新疆12份，甘肃、宁夏6份，陕西1份。

第2类：包括138份燕麦资源，来源于12个地区，第2类在相似系数为0.45处又分为2个亚类，第1亚类由114份燕麦材料组成，其中东欧2份，西欧3份，美洲11份，国外其他3份，东北10份，山西18份，内蒙古13份，河北8份，青海7份，西南21份，甘肃、宁夏10份，陕西8份；第2亚类由24份组成，东北5份，山西1份，内蒙古8份，河北6份，西南1份，甘肃、宁夏3份。

第3类：包括57份燕麦资源，来源于9个地区，其中东欧3份，美洲2份，国外其他1份，山西41份，内蒙古4份，河北1份，青海3份，新疆1份，甘肃、宁夏1份。

第4类：包括8份燕麦资源，其中东欧1份，山西2份，内蒙古3份，甘肃、宁夏2份。

第5类：包括26份燕麦资源，来源于7个地区，其中东欧3份，西欧2份，美洲4份，国外其他3份，山西12份，内蒙古1份，甘肃、宁夏1份。

第6类：包括3份燕麦资源，来源于3个地区，其中东北1份，内蒙古1份，陕西1份。

第7类：包括2份燕麦资源，来源于2个地区，其中山西1份，陕西1份。

第8类：包括8份燕麦资源，来源于7个地区，其中西欧1份，美洲1份，山西1份，内蒙古2份，青海1份，西南1份，陕西1份。

第9类：包括24份燕麦资源，来源于6个地区，其中东欧1份，西欧12份，美洲2份，国外其他2份，山西1份，内蒙古6份。

第10类：包括2份燕麦资源，来源于2个地区，其中美洲1份，青海1份。

第11类：包括3份燕麦资源，来源于3个地区，其中东欧1份，美洲1份，国外其他1份。

第12类：包括8份燕麦资源，来源于3个地区，其中西欧1份，美洲1份，国外其他6份。

第13类：仅包括西南的1份材料。

第14类：仅包括美洲的1份材料。

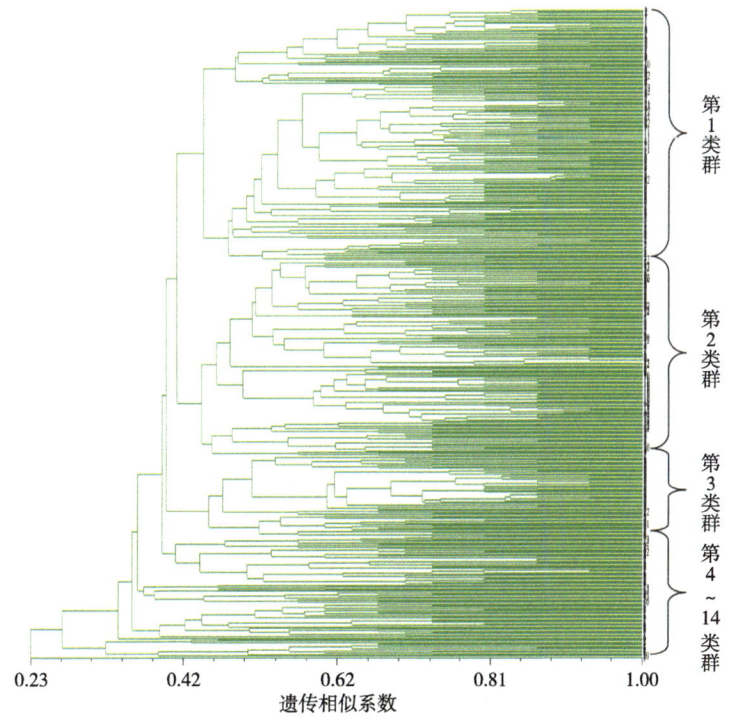

图8.1　基于SSR分子标记数据的聚类

第四节 燕麦核心种质优化与应用

一、核心种质的优化

李自超等（2003）认为，核心种质还应该包括那些优异种质或基因，每一个性状的极值材料也应人工选入核心种质，在构建中国地方稻种资源的初级核心种质时，最后人工加入了2%的优异种质和极值材料。无论采取哪一种方法构建核心种质，都应该将分组后组内材料数极少的种质选入核心种质，另外将质量性状某级级别份数极少的材料也应人工选入核心种质，以避免优异种质或基因的丢失。因此，根据农艺性状鉴定和遗传多样性分析结果，又对燕麦核心种质进行了优化，包括了数量性状的所有极值材料，降低了特异种质或基因丢失的可能性；通过比较质量性状等级情况，发现缺少籽粒颜色中的一个级别，则将这一级别的1份材料纳入核心种质；如果来源地区的燕麦材料少于10份，而利用平方根法又没有完全选入核心种质的材料，将该地区所有材料加入核心种质。

二、核心种质的应用

构建燕麦的核心种质不仅方便燕麦资源的管理，而且还能为燕麦育种提供丰富的基础材料或目标性状，如在中国农业科学院作物科学研究所于2005年召开的关于小麦核心种质有效利用研讨会上，会议代表总结了微核心种质、应用核心种质及部分核心种质的后代材料在各地的表现及利用情况，表明可以从小麦核心种质发现大量优良材料。台德卫等（2004）从全球水稻分子育种计划提供的117份核心种质资源中筛选出了9个耐低钾品种和32个较耐低钾品种。本研究构建的燕麦优异种质库，其中包含了高抗黑穗病材料16份，抗倒伏材料20份，高β-葡聚糖含量材料16份，千粒重较高的材料23份，单株粒重较高的材料25份，这些材料都已经进行了表型性状和分子标记的鉴定，为今后的利用提供了基础数据，中国农业科学院作物科学研究所小宗作物种质资源课题组基于这些材料，已经在高β-葡聚糖材料创新，培育高产品种，抗黑穗病基因标记方面做了进一步研究。

燕麦核心种质的构建有助于促进燕麦种质资源鉴定评价和利用研究。燕麦核心种质的实用性必须有利于种质资源的交流、研究和利用3个方面。燕麦核心种质有极强的遗传多样性和代表性，群体有了这样一个核心，就可以为种质库的管理工作提供一个便于管理的样品数目，极大地简化和方便了管理工作。其次，在核心种质的构建过程中，促进了种质交流、新种质的收集，资源研究者还可以通过这一过程对丰富多样的种质资源进行全面的、详细的考察、分析和评价，开展更深入的研究，从而获得对遗传资源更全面的认识。最后，核心种质的构建有利于提高优异种质的利用率，有利于育种工作者寻找优异基因。而且，由于核心种质能代表整个种质资源的遗传多样性，因此其中必然包含了有待发掘的优异基因（刘鸿艳和郑成木，2001）。

目前，中国农业科学院作物科学研究所小宗作物种质资源课题组正在对构建的燕麦核心种质进行全基因组测序研究，结合农艺性状的多点鉴定数据，将开展大规模的全基因组关联分析，挖掘与各种农艺性状相关的基因，为开发燕麦分子标记和基因芯片奠定基础。

参考文献

郝晨阳，董玉琛，王兰芬，等，2002. 我国普通小麦核心种质的构建及遗传多样性分析. 科学通报，53（8）：908-915.

李自超，张洪亮，曾亚文，等，2000. 云南地方稻种资源核心种质取样方案研究. 中国农业科学，35（5）：1-7.

李自超，张洪亮，孙传清，等，1999. 植物遗传资源核心种质研究现状与展望. 中国农业大学学报，4（5）：51-62.

刘鸿艳，郑成木，2001. 作物遗传资源核心种质研究进展. 华南热带农业大学学报，7（3）：35-37.

台德卫，张效忠，苏泽胜，2004. 全球水稻分子育种核心种质资源耐低钾品种的苗期筛选. 植物遗传资源学报，5（4）：356-359.

辛霞，尹广鹍，张金梅，等，2022. 作物种质资源整体保护策略与实践. 植物遗传资源学报，23（3）：636-643.

张恩来，2008. 燕麦核心种质构建及其遗传多样性研究. 北京：中国农业科学院.

张恩来，张宗文，王天宇，等，2008. 构建我国燕麦核心种质的取样策略研究. 植物遗传资源学报，9（2）：151-156.

BROWN A H D，1989. The case for core collections//BROWN A H D，FRANKEL O H，MARSHALL R D，et al. The use of plant genetic resources. Cambridge，UK：Cambridge University Press.

BROWN A H D，1995. The core collection at the crossroads//HODGKIN T，BROWN A H D，VAN HINTUM T J L，et al. Core collections of plant genetic resources. Chichester，UK：John Wiley & Sons.

CHARMET G, BALFOURIER F, 1995. The use of geostatistics for sampling a core collection of perennial ryegrass populations. Genetic Resources and Crop Evolution, 42: 303-309.

FAO, 2010. The second report on the state of the world's plant genetic resources for food and agriculture. Rome: FAO.

FRANKEL O H, 1984. Gentic perspective of germplasm conservation//ARHER W K, LLIMENSEE K, PEACOCK W J, et al. Genetic manipulation: impact on man and society. Cambridge, UK: Cambridge University Press.

HARI D U, PAULA J B, SUBE S, 2001. Development of a chickpea core subset using geographic distribution and quantitative traits. Crop Science, 41 (1): 206-210.

HODGKIN T, BROWN A H D, VAN HINTUM T J L, et al., 1995. Core Collections of Plant Genetic Resources. Chichester, UK: John Wiley & Sons.

IGARTUA E, GRACIA M P, LASA J M, et al., 1998. The Spanish barley core collection. Genetic Resources and Crop Evolution, 45 (5): 475-481.

TOHME J, JONES P, BEEBE S, et al., 1995. The combined use of agroecological and characterisation data to establish the CIAT phaseolus vulgaris core collection// HODGKIN T, BROWN A H D, VAN HINTUM T J L, et al. Core collections of plant genetic resources. Chichester, UK: John Wiley & Sons.

YONGEZAWA K, NOMURA T, MORISHIMA H, 1995. Sampling strategies for use in stratified germplasm collections// HODGKIN T, BROWN A H D, VAN HINTUM T J L, et al. Core collections of plant genetic resources. Chichester, UK: John Wiley & Sons.

第九章 燕麦种质创新与利用

种质资源创新是指采用各种技术手段,把某些有用基因从供体材料转入目标材料或改变基因型的过程。创造的新种质一般遗传背景有较大的改进,可用作培育新品种的亲本材料。品种间杂交是最常用的一种创新方法,选择具有目标性状的材料作亲本,进行杂交、回交、选择等工作,创造出集优异性状于一体的新种质。远缘杂交是最有效的创新方法,通常选择栽培种作母本,选择某个野生近缘种作父本进行杂交,后代变异大,发现新特性和新材料的概率大。物理诱变也是常用的创新方法,通过X射线、λ射线等处理,诱导种质材料发生突变,再经过田间鉴定,筛选理想的变异类型。化学诱变是利用特定的化学试剂处理材料的种子,使其产生变异,再经过鉴定筛选,发现所需要的变异材料。

燕麦种质资源是燕麦育种的亲本来源,种质资源的遗传多样性越丰富,优良性状越多,育成新品种的机会就越高。然而,有突出优良性状的种质资源缺乏,制约了燕麦育种的快速发展。此外,由于气候变化等原因,燕麦红叶病、锈病等在我国快速发展,干旱也严重威胁燕麦生产,没有新的优异燕麦种质,燕麦育种就难有重大突破。因此,有必要通过利用远缘杂交等各种技术手段,大力开展燕麦种质资源创新研究,促进不同品种、不同种之间的有利基因聚合,创制具有突出性状的优良新材料,为燕麦育种提供丰富的育种材料。

第一节 燕麦种质创新主要目标

燕麦种质创新的总体目标是拓展遗传基础,产生新的遗传变异,创制带有突出特性的优异新材料,为燕麦育种和相关研究及产品开发提供优异种质材料。燕麦种质创新目标应该根据实际需求进行制定,需要对创新材料的特性进行设计,创新目标正确与否直接影响创新工作的成败。创新目标不但涉及对亲本材料的选择,也影响采用的创新技术、选择技术和鉴定技术。因此燕麦种质创新工作必须事先制定明确的目标和方向,如高产、优质、抗病、抗逆等,都是燕麦种质创新的重要目标性状,可通过调研和根据实际需求确定最终的创新目标。

一、高产

产量是一个品种在生产条件下生长发育的综合表现,主要受本身遗传因素和环境因素的双重影响。高产性不但体现在个体植株生物量和籽粒重量方面,而且也应体现在单位面积上植株的生物量和籽粒重量方面。燕麦单株产量由单株粒数和单粒重构成,同时受分蘖数的影响;单位面积产量由单位面积株数、单株粒数和单粒重构成,在选择时应兼顾这3个因素之间的关系,在单位面积上实现株多、粒多和籽粒重量大的目标。皮燕麦籽粒的皮壳率也是一项重要的产量指标,只有在籽粒产量高和皮壳率低的情况下,才是真正的高产。

二、强适应性

燕麦在不同环境条件下和不同年份间的产量变化幅度往往较大,很容易出现减产现象。环境条件包括土壤条件、气候条件、耕作栽培条件等,对燕麦品种适应性影响很大,创制的新种质应具备较强的抗逆性和适应性,包括抗旱性、抗寒性、抗倒伏性、抗病性和耐瘠性方面。我国燕麦生产集中分布在山区丘陵地带,土地瘠薄,干旱沙化,无霜期短,气候冷凉。因此种质创新旨在改良和培育对环境条件要求不严格,可塑性较大,耐寒、耐瘠、耐旱的新种质。

三、优质与功能性

燕麦是典型的健康食品,不但含有丰富的蛋白质和其他营养成分,而且富含β-葡聚糖,具有保健功能,有利于人体健康,已引起广大消费者的高度青睐。因此燕麦育种目标之一应是选育品质优良、功能性成分含量高的品种。除要考虑有营养作用的蛋白质、脂肪、微量元素含量外,还应考虑具有功能作用的黄酮等生物活性物质的含量。

四、加工品质优良

随着燕麦的广泛应用,燕麦加工产品越来越多,包括燕麦米、燕麦片、燕麦粉等。燕麦品种特性对燕麦产品加工过程影响非常大。燕麦米加工需要经过清洗、碾磨、灭酶等过程;燕麦片加工需要经过清洗、灭酶、切粒、蒸煮等过程;燕麦粉加工需要经过清理、碾磨、过筛等过程。用于加工的品种应能够在加工过程中保持原有营养成分不变,同时有利于产品加工过程,这也是燕麦产品加工的基本要求,在燕麦种质创新环节应注重创制有利于不同产品加工的新材料,以促进燕麦加工专用品种的培育,提高燕麦价值。

五、粮饲兼用

燕麦不但用于粮食，也是非常优质的动物饲草饲料。燕麦籽粒可用作动物的精饲料，燕麦草是动物的优质饲草来源，随着畜牧业的快速发展，燕麦的饲用越来越受到重视。因此，在燕麦种质创新过程中应重视粮饲兼用材料的创制，不但籽粒产量要高，秸秆产量要高，而且籽粒和秸秆的蛋白质含量也要高，为畜牧业发展提供优质饲草饲料，解决畜牧业发展中饲草短缺的问题。

第二节 燕麦种质创新技术研究及其应用

随着生物技术的进步，种质创新技术在不断发展，品种间杂交或远缘杂交是最常用的种质创新方法，单倍体法、物理诱变和化学诱变等方法在种质创新中也广泛应用，遗传转化技术以及分子标记辅助选择技术的发展对种质创新起到了促进作用，很容易实现品种间、种间甚至属间的基因流动以及特定基因的识别和选择。

一、杂交技术

品种间杂交，指燕麦某一种内的不同品种间进行的杂交，根据创新目标选择亲本材料，经杂交、自交或回交、选择、鉴定等过程，创制具有各种优良性状的新材料，进而选育出新品种。品种间杂交技术及方法比较成熟，已广泛应用于燕麦种质创新和改良。如山西省农业科学院高寒区作物研究所以华东2号作母本，华东1号作父本，进行品种间杂交，创制了优良变异群体，由此育成了晋燕1号（雁红1号），当时在河北、内蒙古、山西、甘肃等省（区）种植，比当时推广品种增产10%~15%。

远缘杂交可以打破种间或属间界限，使不同物种间的遗传物质进行交流和重组，因而是创造新物种的一条重要途径。特别是近年来，随着对远缘杂交交配成功率和杂种结实率低问题的逐步解决，远缘杂交手段在燕麦种质创新中的应用越来越广泛。远缘杂交产生的特异杂种优势对种质创新也具有重要意义。通过栽培种与野生种间杂交的方式，创造出单项性状突出的后代材料，经过选择和改良其综合农艺性状，能够形成综合性状优良、单项性状突出的新种质，在燕麦上比较突出的例子是皮、裸燕麦间杂交的种质创新。20世纪70年代以来，国内很多单位开展了皮、裸燕麦杂交，创造出一系列新种质，再经过系统选育，育成了很多品种，如山西省农业科学院高寒区作物研究所育成的晋燕1号、晋燕3号、晋燕4号等，原张家口市坝上农科所育成的冀张莜1号、冀张莜2号等。

为了拓宽裸燕麦的遗传基础，提高裸燕麦的蛋白质含量，张家口市农业科学院采用蛋白质含量高（32.4%）的野生四倍体大燕麦（*A. magna*）与裸燕麦杂交，将大燕麦的高蛋白质特性转育到裸燕麦品种中。通过杂交幼胚培养、F_1加倍处理和回交等措施，然后历经多年的系选，获得了新种质S109和S20，它们的蛋白质含量分别为24.4%和24.6%，为高蛋白育种提供了珍贵的种质材料（杨才 等，2009）。

二、诱变技术

（一）物理诱变

诱变方法是利用不同波长的紫外线、γ射线、激光、微波、离子束等处理种子，诱使其产生变异的方法。采用紫外线波长260nm诱变最有效，γ射线属于电离辐射，两者均能使被照射的生物体DNA结构发生改变，从而产生各种遗传变异。激光诱变是通过光效应、热效应和电磁效应的综合作用，使生物的染色体断裂或形成片段，甚至易位和基因重组。微波辐射属于一种低能电磁辐射，对生物体具有热效应和非热效应，引起各种生理生化反应，从而产生一系列突变效应。离子束处理是把高能离子束注入生物体，引起其遗传物质改变的方法。太空诱变方法是通过各类飞行器（返回式卫星、飞船等）进行生物飞行搭载，利用太空中的特殊环境，如太空辐射、微重力、高真空、弱地磁等因素，诱发突变的一种技术。它是近几十年来发展起来的创造新种质和新品种的一种有效途径，可以看作是一种特殊的物理诱变方式。

辐射诱变是种质创新的有效方法之一，在燕麦上主要采用^{60}Co（钴60）照射，尽管变异效果不是很好，也通过该方法创造出一批新种质，并培育出了新品种，如山西省农业科学院高寒区作物研究所采用钴60处理华北1号，由此选育出雁红2号。

（二）化学诱变

化学诱变除能引起基因突变外，还具有和辐射相类似的生物学效应，如引起染色体断裂等，常用于处理迟发突变，并对某特定的基因或核酸有选择性作用。化学诱变剂主要有烷化剂［常用的有甲基磺酸乙酯（EMS）、乙烯亚胺（EI）、亚硝基乙基脲烷（NEU）、亚硝基甲基脲烷（NMU）、硫酸二乙酯（DES）］、核酸碱基类似物［常用的有5-溴尿嘧啶（BU）、5-溴去氧尿核苷（BudR）］以及抗生素（如重氮丝氨酸、丝裂毒素C等），具有破坏DNA和核酸的能力，从而可造成染色体断裂。

燕麦化学诱变主要是用相关药液处理种子。在处理种子时，先在水中浸泡一定时间，或以干种子直接浸在一定浓度的诱变剂溶液中处理一定时间，水洗后立即播种，或先将种子干燥、贮藏，应用的化学诱变剂浓度要适当，化学诱变剂大都是潜在的致癌物质，使用时必须谨慎。

近年来化学诱变在燕麦种质创新中发挥了积极作用,瑞典科学家把TILLING技术成功用在了燕麦种质创新上,他们采用甲基磺酸乙酯(EMS)诱变种子,产生一系列位点突变,经种子培养,获得大量的突变个体,如通过对普通燕麦材料进行处理,使后代个体的β-葡聚糖含量发生巨大变异,分布范围为2%~7%,这为高β-葡聚糖育种提供丰富的亲本材料(Chawade et al.,2010)。中国学者利用化学诱变剂甲基磺酸乙酯(EMS)处理燕麦品种花早2号,后代变异巨大,在M_2发现表型突变材料196份,变异率为9.8%,变异类型非常丰富,包括幼苗习性、叶片性状、分蘖、株高、穗部形态及成熟期等突变株系,其中获得了2份黄化苗突变材料,并进行相关突变性状的稳定性验证,表明突变的黄化苗特性可以稳定遗传(霍朋杰 等,2015)。

三、单倍体技术

通过花药离体培养途径,创制单倍体,经染色体加倍形成纯合的二倍体或多倍体。单倍体植株经染色体加倍后,在一个世代中即可出现纯合的二倍体,从中选出的优良纯合系后代不分离,表现整齐一致,可缩短育种年限。单倍体植株中由隐性基因控制的性状,虽经染色体加倍,由于没有显性基因的掩盖而容易显现和选择。在诱导频率较高时,单倍体能在植株上较充分地显现重组的配子类型,可提供新的遗传资源和选择材料。

单倍体法的优点是选择进度快,张家口市农业科学院采用降低激素用量,对幼苗分化采取不同激素与生长素的适宜配置比等一系列措施和方法,提高了燕麦花药出愈率和幼苗分化率,极大增加了具有目标性状的幼苗数量,提高了燕麦改良选择效率。利用该方法,以普通燕麦品种健壮为材料,在花粉的单核中期取花药,经暗培养、愈伤组织形成、继代培养、幼苗分化培养、染色体加倍、移栽、后代选择和鉴定等过程,育成了新品种花中21号,缩短育种周期2~3年,并解决了皮、裸杂交后代世代长、选择慢的问题(杨才 等,2009)。

四、遗传转化技术

把燕麦野生种有用基因的DNA转移到栽培种质中,可以拓宽燕麦种质的基因源,也是燕麦种质创新的重要途径。外源基因直接导入即花粉管通道转化技术,能够转移各种形式的外源DNA,相当于实质上的广义远缘杂交,目前该方法不仅成为外源目的基因向作物转化的有效手段,而且为克服远缘杂交的不亲和,广泛地引入外源的有益遗传因子,提供了一种简洁、高效的技术途径,如张家口市农业科学院采用花粉管通道途径将人工提取的不同倍性燕麦以及花生、大豆、小麦等作物DNA导入裸燕麦早熟品种品二号、中晚熟品种冀张莜四号和晚熟品种冀张莜五号,获得了较为广泛的变异，经过逐代选择鉴定，形成了一批裸燕麦新种质，在熟期、植株高度、千粒重等产量相关性状方面得到了显著改善（赵世锋 等，2003）。

除利用基因工程的方法引入外源遗传因子外，还可以采用DNA分子标记方法进行种质创新。在通过连续回交的方式将单个外源基因向作物渐渗的过程中，分子标记具有重要的应用价值。利用分子标记可以在连续的回交世代中准确地检测供体和受体基因组的片段，获得带有目的基因的新材料，可以大大减少选择的世代数，快速地引入远缘种质中的有益基因，有效地拓展了作物遗传基础，这种分子标记方法已经应用于多种作物的种质创新。随着植物分子生物技术的不断发展，种质创新技术和方法也在不断发展，可以非常方便地、有目的地将燕麦野生种基因引入栽培燕麦种质中，为燕麦育种和遗传改良提供丰富的遗传材料。

五、雄性不育性利用技术

植物核基因控制的雄性不育性已经是一种广泛应用的杂交工具，用于种质创新、杂交种配制和品种改良工作。1994年，山西省农业科学院发现了燕麦雄性不育材料，通过细胞学鉴定和不育性遗传研究，发现材料的不育性达100%，与纯系可育株杂交，F_1植株的育性表现为全部可育，F_2育性发生分离，可育株与不育株符合1对隐性核基因控制的3∶1分离比率。用恢复育性组合的F_1植株（杂育株）为父本，与不育株回交，回交1代群体育性发生分离，经适合性测定也符合1对核基因控制性状的1∶1分离比率。由此认为该不育性状是由1对隐性核基因控制的，并命名为CA燕麦雄性不育（崔林 等，1999）。利用CA不育材料，建立了与具有特异性状的裸燕麦进行了皮、裸燕麦远缘杂交的方法，包括父本（优异性状材料）、母本（不育材料）的选择，在后代中借助籽粒皮、裸特性确定杂交种的真实性。利用不育材料的杂交新技术比传统手工杂交方法在配制组合数、杂交结实率方面取得了大幅度提高，裸燕麦品种间杂交结实率可达50%以上，高者达80%以上，而用工数却大幅度下降，进一步提高了杂交工作效率。此法能获得较多的杂交种子，提高了从后代选择优良植株的概率。利用这一新技术，开展了籽粒性状优良、抗病性强的亲本等连续渐进式杂交，逐渐将有利基因聚合于同一群体，形成具有高千粒重、高蛋白质、低脂肪、丰产、抗病等性状的、遗传基础丰富的创新群体（刘龙龙 等，2012）。

1996年，张家口市农业科学院从转入耐盐碱基因P5G处理的后代中发现了燕麦不育株，经鉴定为显性雄性核不育，命名为ZY基因。该不育特性的遗传特点是与可育株杂交的后代分离比例为1∶1，分离的可育株后代为全部可育并且稳定遗传（杨才，2008）。利用核不育莜麦ZY基因作为桥梁品种，采用多亲本复合杂交方法，形成多个不同类型的群体，从中选出一大批高代品系，并在不育材料与四倍体大燕麦和六倍体裸燕麦品种578复合杂交后代群体中，选择和培育出燕麦新品种冀张燕1号，该品种的蛋白质含量高达18.10%，脂肪含量7.84%，并具有抗旱、耐瘠等特点，该品种也是国内外首次利用核不育裸燕麦ZY基因育成的燕麦品种（杨才 等，2009）。

第三节 燕麦种质资源的利用

种质资源在燕麦基础研究中是不可缺少的研究材料，包括遗传多样性研究、起源进化研究、基因挖掘研究等。燕麦种质资源特别是地方品种是重要的传统知识和民族文化传承的载体，在开发燕麦特色食品和文化产品的过程中发挥着重要作用。

一、在生产中选优与利用

燕麦优良地方品种具有在生产上直接利用的优势。20世纪50年代至60年代中期，山西、河北、内蒙古等省（区）在对我国燕麦资源进行整理的同时，发现了一些好的地方品种，并进行区域联合试验，评选出产量比较高的品种在生产上推广，如评选出的品种三分三、华北1号、华北2号等（田长叶，2002）。这些品种既在生产上发挥着重要作用，也成为后来燕麦育种的优异种质资源。

二、在育种中利用

燕麦种质作为育种的亲本材料，对育种家极为重要。无论采用什么方法育种，都离不开种质资源。燕麦育种家一方面需要本国的种质资源作为亲本材料，以增强选育品种的适应性，同时也需要外来种质或具有远缘特性的种质，以增强杂交后代优势，培育产量更高及适应性、抗病虫性、抗逆性更强的新品种。由于燕麦单产水平仍然很低，所有具有高产特性的燕麦种质材料仍然是燕麦育种家的首选，以改良和提高燕麦单产潜力。具有优良品质特性的燕麦种质资源变得越来越重要，高蛋白质含量的种质材料，高β-葡聚糖含量的种质材料越来越受到重视，可以用于培育营养丰富和具有保健功能的燕麦新品种。此外，燕麦种质资源的耐盐性突出，是培育耐盐燕麦新品种的亲本来源。

燕麦野生近缘种含有丰富的多样性和优异特性，如高蛋白质、高β-葡聚糖、高赖氨酸含量等，如二倍体种较抗秆锈病和大麦黄矮病，四倍体种一般都抗冠锈病。欧洲的四倍体大燕麦（*A. magna*）和墨菲燕麦（*A. murphyi*）蛋白质含量高达25%~30%（Ladizinsky，1995），育种价值较高，通过与六倍体裸燕麦杂交，利用幼胚拯救技术，获得了杂交种（赵云云 等，2003；邓光兵 等，2005）。张家口市农业科学院利用四倍体大燕麦与六倍体燕麦杂交后代作亲本材料，进一步培育出了加工专用型新品种冀张燕1号和冀张燕2号，蛋白质含量分别达到18.10%和17.85%，显著高于一般品种（杨才 等，2009）。

三、在基础研究中利用

燕麦种质资源是很多基础研究的材料来源，很多起源、进化、遗传、多样性、基因组学等方面的研究都离不开种质资源。通过对丰富的种质资源进行全面研究，才能够充分反映燕麦的历史进化地位。通过大量材料的遗传研究，才能掌握不同性状的遗传规律，为育种和利用提供有力依据。例如，中国农业科学院作物科学研究所利用分子技术研究了450多份国内外燕麦种质材料遗传多样性，进一步证实了裸燕麦起源我国，内蒙古和山西一带是裸燕麦多样性分布中心（徐微 等，2009；相怀军 等，2010）。为促进燕麦种质资源的有效利用，中国农业科学院作物科学研究所开展了燕麦核心种质构建研究，确定按省份来源分组，再按平方根法确定组内取样量，最后通过聚类选择个体的方法，选择出458份核心样品，包括281份裸燕麦和177份皮燕麦。同时对燕麦核心种质进行深入鉴定，包括不同分子标记的遗传多样性分析和优异特性及其基因发掘研究，将为燕麦核心种质的有效利用提供可靠的依据（张恩来 等，2008）。三分三是我国典型的燕麦地方品种，曾在山西、河北一带广泛种植，四川农业大学和吉林省白城市农业科学院研究团队以三分三为材料，完成了我国六倍体裸燕麦的染色体测序，绘制出了燕麦基因组21对染色体的分子图谱，注释出了12万个蛋白编码基因，获得了高质量的裸燕麦参考基因组（Peng et al., 2022）。

四、在保健产品开发中利用

燕麦含有丰富的β-葡聚糖、维生素E等有效成分，有益于降低血脂、控制血糖、减肥和美容。为此，美国食品和药品管理局于1997年认定，燕麦降低胆固醇、防止心血管疾病的主要功能成分是β-葡聚糖。在中国，从20世纪80年代开始，燕麦保健食品的开发方兴未艾，当今燕麦保健食品有燕麦片、燕麦米、燕麦方便面、燕麦糕点、燕麦麸圈、燕麦饮料等，还有将燕麦掺入面包粉、八宝粥、稻米饭等食品中，其中生产量最大的是燕麦片。

北京特品降脂燕麦开发有限责任公司在与北京市18家医疗单位合作研究燕麦降血脂的基础上，率先在中国研制成功"世壮"牌燕麦保健片，并投入生产。"世壮"牌燕麦保健片的原料是从1 400多份燕麦品种中鉴定筛选出的高β-葡聚糖专用品种，并在特定的生态地区种植，保证了该产品的降血脂效果（洪昭光，2010）。该产品于1997

年被卫生部批准为具有调节血脂功能的保健食品。随后，全国逐步建成一批燕麦食品加工企业，如内蒙古塞宝燕麦食品有限公司、山西金绿禾生物科技有限公司、福建泉州市麦瑞福食品有限公司、桂格（上海）食品有限公司、广东皇麦世家食品有限公司、桂林西麦食品股份有限公司等几十家企业。

第四节　燕麦种质资源的共享

燕麦种质资源共享利用是指通过燕麦种质资源的分发，促进其在燕麦育种、基础研究和生产上利用的过程。种质资源是育种的基础材料，没有好的资源就难以育出好的品种。作为资源工作者，首要任务是向育种家提供优异种质资源。在燕麦种质资源鉴定过程中，发现了大批具有各种优异特性的材料，如高产、优质、抗病、抗逆等优异特性，可通过田间展示等形式，让育种家了解和利用这些优异材料。

一、国家燕麦种质资源共享原则

在国家农作物种质资源保种项目支持下，国家农作物种质资源保存中心组织全国有关单位开展了燕麦种质资源繁种工作，以使每份燕麦种质资源具备足量种子，用于分发和共享。目前国家农作物种质资源保存中心已经保存燕麦种质资源5 000多份，可以用于分发和共享，并重点支持如下燕麦研究领域。

（1）国家重大燕麦研发项目。

（2）燕麦优良种质资源鉴定挖掘。

（3）燕麦基础研究工作。

（4）燕麦育种研究。

依据国家相关法律法规，国家农作物种质资源保存中心制定了种质资源共享原则，从国家农作物种质资源保存中心获取燕麦种质资源应遵守下列原则。

（1）不将获取的燕麦种质资源直接申请新品种保护及其他知识产权。

（2）不将获取的燕麦种质资源提供给第三者。

（3）同意向供种单位反馈燕麦种质资源利用信息。

（4）在所获取种质资源有利用结果时，如发表文章或申报成果等，同意使用燕麦种质的国家统一编号，并注明"由国家农作物种质资源保存中心提供"。

二、查询和索取方式

利用者可以向国家农作物种质资源保存中心（地址：北京市海淀区中关村南大街

12号）提出申请，获取相关燕麦种质资源，具体方式如下。

（1）可以通过线上服务系统"中国作物种质信息网"查询燕麦中期库可供分发利用的燕麦种质资源相关信息。

（2）线上或线下提出燕麦种质资源获取申请，并填写"用种申请书"（表9.1）。

（3）国家作物中期库管理办公室审查相关申请，包括申请者资格以及申请的资源是否满足分发条件。

（4）申请通过审查后，国家作物中期库将负责向申请者寄送燕麦资源材料。

表9.1　用种申请书

编号：

用种人姓名				
申请用种单位				
用种单位通信地址				
电话		邮编		
E-mail		传真		
作物名称		份数	每份粒数	
申请用种理由				

申请用种须知：
用种者及用种单位须遵守以下承诺条款，这也是您继续获取种质资源的前提：
（1）不将获取的种质资源直接申请新品种保护及其他知识产权。
（2）不将获取的种质资源提供给第三者。
（3）同意向供种单位反馈种质资源利用信息或协助供种单位进行种质资源利用情况登记（见种质资源利用情况登记表）。
（4）在所获取种质资源有利用结果时，如发表文章或申报成果等，同意使用种质的国家统一编号，并注明"所用XX材料由国家农作物种质资源保存中心提供"。

用种申请单位：
领导签字：

单位公章　　　　　　　　　　　　　　用种人签字：

　　　　　　　　　　　　　　　　　　年　月　日

三、反馈利用信息

申请者应向国家农作物种质资源保存中心管理办公室反馈种质资源利用和服务信息,这是利用者的责任和义务,也是国家农作物种质资源保存中心了解燕麦种质资源利用情况,反映燕麦种质资源利用价值和效率的重要方式。《农作物种质资源管理办法》对种质资源利用信息反馈做出约束性规定,即从国家中期种质库、种质圃获取种质资源的单位和个人应当及时向国家中期种质库、种质圃反馈种质资源利用信息,对不反馈信息者,国家中期种质库、种质圃有权不再向其提供种质资源。

利用信息反馈的途径如下。

(1)直接反馈。填写"种质资源利用情况登记表"(表9.2),直接把相关信息反馈给国家农作物种质资源保存中心。

(2)标注来源。如发表文章,可以在文中注明使用的种质资源来自国家农作物种质资源保存中心。

(3)成果共享。如共同发表文章、申请专利或者申报成果等。

表9.2 种质资源利用情况登记表

种质名称					
提供单位		提供日期		提供数量	
提供种质类型	地方品种□ 育成品种□ 高代品系□ 国外引进品种□ 野生种□ 近缘植物□ 遗传材料□ 突变体□ 其他□				
提供种质形态	植株(苗)□ 果实□ 籽粒□ 根□ 茎(插条)□ 叶□ 芽□ 花(粉)□ 组织□ 细胞□ DNA□ 其他□				
统一编号			国家中期库编号		
省级中期库编号			保存单位编号		
提供种质的优异性状及利用价值:					
利用单位		利用时间			
利用目的					

（续表）

利用途径：
取得实际利用效果：
种质利用单位盖章　　　　　　种质利用者签名：

参考文献

崔林，范银燕，徐惠云，等，1999.中国首例燕麦雄性不育的发现及遗传鉴定.作物学报，25（3）：296-301.

邓光兵，潘志芬，翟旭光，等，2005.燕麦种间杂种F_1的形态学与细胞遗传学研究.作物学报，31（9）：1186-1191.

窦全文，沈裕琥，王庆海，2004.栽培燕麦和野燕麦C-带核型比较.草业学报，13（4）：76-79.

洪昭光，2010.燕麦降脂研究.北京：中国农业科学技术出版社.

霍朋杰，吴斌，张宗文，2015.裸燕麦EMS突变体库筛选与分析.植物遗传资源学报，16（2）：379-384.

刘龙龙，张丽君，范银燕，等，2012.燕麦雄性不育新种质在遗传改良中的应用.植物遗传资源学报，14（1）：189-192.

刘伟，张宗文，吴斌，2013.加拿大引进的二倍体燕麦种质的核型鉴定.植物遗传资源学报，14（1）：141-145.

彭远英，颜红海，郭来春，等，2011.燕麦属不同倍性种质资源抗旱性状评价及筛选.生态学报，31（9）：2478-2491.

彭远英，2009.燕麦属物种系统发育与分子进化研究.成都：四川农业大学.

田长叶，2002. 燕麦//林如法，柴岩，廖琴，等. 中国小杂粮. 北京：中国农业科学技术出版社.

武生辉，李秀娴，赵晓英，等，1997. 裸燕麦和皮燕麦的核型比较. 内蒙古农牧学院学报，18（4）：12-15.

相怀军，张宗文，吴斌，2010. 利用AFLP标记分析皮燕麦种质资源遗传多样性. 植物遗传资源学报，11（3）：271-277.

徐微，张宗文，吴斌，等，2009. 裸燕麦种质资源AFLP标记遗传多样性分析. 作物学报，35（12）：2205-2212.

杨才，周海涛，张新军，等，2009. 利用核不育莜麦ZY基因育成优质高蛋白燕麦新品种"冀张燕1号". 河北北方学院学报（自然科学版）（1）：39-41.

杨才，2008. 莜麦（Avena nuda）显性雄性核不育ZY基因的发现与研究应用//2008年中国作物学会学术年会论文集：61-62.

张恩来，张宗文，王天宇，等，2008. 构建我国燕麦核心种质的取样策略研究. 植物遗传资源学报，9（2）：151-156.

赵世锋，刘根齐，田长叶，等，2003. 花粉管通道法导入外源DNA创造燕麦新种质. 华北农学报，18（3）：53-58.

赵云云，周小梅，杨才，2003. 四倍体大燕麦×六倍体裸燕麦的杂种F_1的产生及鉴定. 植物学通报，20（3）：302-306.

CHAWADE A, SIKORA P, BRÄUTIGAM M, et al., 2010. Development and characterization of an oat TILLING-population and identification of mutations in lignin and β-glucan biosynthesis genes. BMC Plant Biology, 10（1）：1-13.

LADIZINSKY G, 1995. Domestication via hybridization of the wild tetraploid oats *Avena magna* and *A. murphyi*. Theoretical and Applied Genetics, 91（4）：639-646.

PENG Y, YAN H, GUO L, et al., 2022. Reference genome assemblies reveal the origin and evolution of allohexaploid oat. Nature Genetics, 54（8）：1248-1258.

第十章 燕麦功能成分分析与保健产品研发

燕麦是一种兼具营养和保健功能的谷物。正如美国著名谷物学家Welch（1995）指出的那样，"与其他谷物相比，燕麦具有营养平衡的蛋白质和高水溶性胶体及抗血脂的有效成分，它对提高人类健康水平有着非常重要的价值"。根据中国疾病预防控制中心营养与健康所对食物成分的分析结果，燕麦中蛋白质和脂肪含量居谷类作物首位。裸燕麦蛋白质中人体必需的8种氨基酸不仅含量很高，而且平衡。裸燕麦中包括亚油酸在内的不饱和脂肪酸占总脂肪酸的比例约为80%，在谷物中居前。亚油酸不单是必需脂肪酸，还能与胆固醇结合成酯，使其降解为胆酸而排出。裸燕麦中膳食纤维含量高，尤其是β-葡聚糖含量比许多谷物高得多，β-葡聚糖具有调节血脂等保健功能。此外，裸燕麦中还含有如燕麦生物碱等抗氧化成分。我国燕麦种质资源十分丰富。20世纪80年代开始对我国燕麦种质资源进行鉴定和评价，对优质燕麦品种进行降脂研究，开发出降脂燕麦产品。

第一节 燕麦功能成分分析

一、β-葡聚糖

大量科学研究表明，谷物食用纤维能够改善心血管疾病、糖尿病和消化肠道疾病。燕麦β-葡聚糖是燕麦食用纤维的重要组成部分。β-葡聚糖与降低血胆固醇，控制餐后血糖及胰岛素反应有关，且还具有润肠通便、预防结肠癌和减肥美容的作用。燕麦β-葡聚糖主要由β-葡萄糖残基通过β-（1→3）和β-（1→4）糖苷键连接合成，是胚乳细胞壁的主要成分。在谷物中燕麦的β-葡聚糖含量高于除大麦外的其他作物，且其中可溶性β-葡聚糖占80%以上（Lee et al.，1997）。

（一）β-葡聚糖分析方法研究

为了了解我国裸燕麦种质资源中β-葡聚糖含量的分布，郑殿升等（2006）对从全国各燕麦生态区选取的1 010份裸燕麦品种，进行了β-葡聚糖含量的鉴定研究。β-葡聚糖的分析采用酶测定方法（吕耀昌等，2005）和近红外测定方法。用酶法准确测定燕麦中β-葡聚糖的含量，并将其中77个β-葡聚糖浓度均匀分布的样品在近红外分析仪上定标、确定预测方程并测定样品中的β-葡聚糖含量，然后对测定结果中β-葡聚糖含量>5%和<2%的样品用酶法重新进行测定，β-葡聚糖含量以干基表示。

β-葡聚糖的近红外测定原理和方法是基于样品中各化学组分对近红外光的选择性吸收，β-葡聚糖含量与光漫反射率之间在一定范围内存在线性关系，经统计计算测定β-葡聚糖（Henry，1985）。在Infra Alyzer 450近红外分光仪上测定定标样品的光学数据，经统计计算确定6个检测波长为2 336nm、2 270nm、2 208nm、2 139nm、1 446nm和1 680nm。预测方程的各变量系数分别为1 999.08、-3 390.80、1 051.70、1 128.47、-650.94、-185.43，截距为25.60。在此条件下在近红外仪上测定样品中的β-葡聚糖含量。

（二）中国裸燕麦种质资源的β-葡聚糖含量分布

对1 010份裸燕麦种质资源鉴定分析表明，β-葡聚糖含量为2.0%～7.5%（表10.1），不难看出β-葡聚糖含量低于3.0%和高于5.0%的品种均为少数，两者合计仅占13.51%，而3.00%～4.99%则占86.49%。此外，随着β-葡聚糖含量的提高，育成品种（系）所占比例随之增加，在β-葡聚糖含量高于和等于6.0%的品种中，育成的品种增至75%。

表10.1 供试品种（系）β-葡聚糖含量统计

β-葡聚糖含量/%	品种数/份	比例/%	育成品种系/份	地方品种/份
≤3.00	67	6.61	0	67
3.00～4.99	877	86.49	96	781
5.00～5.99	58	5.72	26	32
≥6.00	12	1.18	9	3

燕麦中的β-葡聚糖含量，既受品种影响也受环境因素的影响。对2003年和2004年在北京种植的10个品种，以及2003—2004年在河北坝上地区重复种植的24个品种进行β-葡聚糖含量测定，结果表明相同品种在同一地点种植，不同年份间β-葡聚糖含量略有变化。而在相同年份不同地点种植的燕麦β-葡聚糖含量有一定的差别。在同一地点多年种植的燕麦品种间的β-葡聚糖含量保持一定的差异水平。

燕麦中β-葡聚糖存在于胚乳和糊粉层的细胞壁中，且是细胞壁的主要成分，因此燕麦β-葡聚糖可以富集在燕麦麸中。燕麦β-葡聚糖是燕麦食用纤维的重要组分。科学研究证实，燕麦的许多保健作用与燕麦可溶性纤维主要是β-葡聚糖有关。董吉林和申瑞玲（2005）测定两个燕麦品种及燕麦麸、燕麦粉中总的β-葡聚糖含量和可溶性β-葡聚糖含量，结果表明全燕麦中总β-葡聚糖含量为4.83%～5.11%，燕麦麸总β-葡聚糖为

9.92%~11.32%。燕麦麸中可溶性β-葡聚糖占总β-葡聚糖的70%以上,但全麦和燕麦粉中可溶性β-葡聚糖所占比例为52%~62%。

二、燕麦中的酚类物质

燕麦中的酚酸及其衍生物燕麦蒽酰胺是燕麦中重要的抗氧化活性成分(Peterson,2001),能清除人体内过多的氧自由基而起到强身健体的功效。燕麦酚酸中游离型较少,大部分酚酸为结合型,通过碱解方法能将酚酸释放出来。燕麦蒽酰胺是由邻氨基苯甲酸衍生物和羟基肉桂酸衍生物以酰胺键连接组成的生物碱(Peterson et al.,2002)。据报道,燕麦中存在约40种肉桂酰邻氨基苯甲酸衍生物(汪海波 等,2003),迄今为止已发现25种以上的燕麦蒽酰胺(生物碱)。

燕麦种质总酚含量在418~586mg/kg的种质数占总种质数的66.7%,生物碱Bc含量在5.2~23.4mg/kg占总种质数的65%,Bp含量在11.8~103.9mg/kg占总种质数的75%,Bf含量在4.00~10.00mg/kg占总种质数的82.5%。不同来源地的裸燕麦的抗氧化能力和生物碱含量差异较大,同一环境中燕麦生物碱和总酚含量以及抗氧化能力在种质间存在显著性差异且抗氧化能力与生物碱和总酚之间显著相关。燕麦的1,1-二苯基-2-三硝基苯肼(DPPH)清除能力分别与总酚和总生物碱含量呈显著正相关,其中生物碱类物质在总酚类物质中对抗氧化能力贡献最大,而β-葡聚糖与DPPH清除能力之间不存在显著的相关性。

三、维生素和矿物质

维生素是人体必需的一类有机营养素,无机盐则是构成机体组织的重要材料。杨克理等(1990)从燕麦种质资源中选择7个燕麦品种,在不同地方种植,测定结果表明,种植地点不同,多种维生素含量差异明显,矿物质含量则主要决定于各种植点的土壤结构。

第二节 燕麦的保健作用

一、降脂作用

(一)降脂作用的发现

燕麦的降脂作用最早是由DeGroot和他的合作者发现的(Klopfenstein,1988)。

他们对小麦、水稻和燕麦的降胆固醇特性进行了一系列研究，发现燕麦能显著降低老鼠和人体的胆固醇。在以老鼠为对象的试验中，用含有15%氢化脂肪、1%胆固醇和0.2%胆酸来提高血清胆固醇浓度。在饲料中用燕麦片代替小麦淀粉时血清胆固醇浓度下降得最多。在以人体为对象的试验中，让有较高血脂的健康人每天食用含140g燕麦食物3周后，血清胆固醇浓度平均下降11%。其后几十年来科学家进行了许多相关研究，在每天食用28~140g的燕麦3~8周后，降低了血浆总胆固醇浓度；还有不少报道燕麦对血清高密度脂蛋白胆固醇（HDL-C）、低密度脂蛋白胆固醇（LDL-C）和甘油三酯（TG）的影响；对1978—1991年进行的燕麦片对人体HDL-C、LDL-C和TG影响的8个研究进行了汇总，结果表明燕麦片可降低LDL-C，除一个外其他的研究中都提高了HDL-C，但对TG没有影响（Welch，1995）。燕麦产品不同，但都对降胆固醇有作用，在膳食中添加3.4~7.5g燕麦β-葡聚糖后，分别降低TC 2%~19%和LDL-C 9%~23%（Biliaderis and Izydorczyk，2007）。

国内对燕麦降脂的研究始于20世纪80年代初，主要以国内常见的莜麦，即裸燕麦为研究对象。当时由中国农业科学院和北京协和医院等北京18家大医院及北京大学、中央民族大学组成燕麦降脂协作组，先后进行4轮动物试验和3轮人体临床试验。洪昭光（2010）分别对体重170~220g和190~230g雄性大鼠进行燕麦降脂研究，研究中将大鼠分为4组，即对照（普饲）组、高脂组、降脂药（安妥明）组和燕麦组。对燕麦组大鼠前10d喂高脂饲料，然后饲喂含燕麦粉的高脂饲料，每天饲喂1次。安妥明和燕麦粉的剂量分别为312mg/kg和50g/kg（大鼠体重）。试验结果表明饲喂燕麦10d后大鼠血清总胆固醇（TC）、β-脂蛋白（β-LP）和TG与高脂组相比分别减少了40.6%、32.7%和28.9%。饲喂燕麦20d后则分别减少52.5%、49.3%和48.9%，下降的幅度甚至还大于安妥明降脂药组。对170~220g雄性大鼠的试验也得出了类似的结果，而且能提高大鼠血清的HDL-C水平。试验表明燕麦和降脂药都有降脂功能，但降脂药安妥明有毒副作用，能使肝脏明显肿大。以2.5~3.0kg雄性家兔为对象的研究中分为基础饲料组、高胆固醇组[0.5g/（只·d）+基础饲料]和燕麦组（高血脂造型组改喂含50%燕麦的基础饲料）。1个月后大鼠血清TC、LDL-C比高血脂造型大鼠分别下降23%和41.5%，HDL-C略有下降（8%）。3个月后TC、LDL-C则分别下降33.3%和37%，而HDL-C则增加了。对已形成动脉粥样硬化的家兔改喂食50%燕麦饲料2个月后发现，其心肌、主动脉中TC含量显著下降，且心肌中TC的含量显著低于基础饲料组，此外燕麦组主动脉斑块面积显著小于高胆固醇组。基础饲料和燕麦饲料两组家兔的冠状动脉管腔狭窄阻塞程度均很明显地减轻。燕麦饲料家兔的冠状动脉管腔狭窄减轻非常显著。家兔降脂试验也表明饲喂燕麦后家兔血清的TC、β-LP和TG比高血脂造型组家兔要低得多，燕麦对进食高脂肪膳食家兔的肝脏，不但能阻止肝TC积聚，而且还能阻止肝TG积聚。

洪昭光（2010）进行的3轮燕麦对人体血脂影响的研究表明，高血脂者每天食用

50g燕麦片。在前两轮研究中服用燕麦片90d后血清TC、β-LP和TG分别下降12%、16%、20%和12%、6%、11%。1985年的临床试验中服用燕麦片2个月后血清TC、β-LP和TG分别下降13.5%、15.4%和16.7%（表10.2），试验结果还表明服用燕麦片可平均提高HDL-C 8.6%。经检验燕麦的降脂效果与降脂药冠心平无显著差异；用高含量β-葡聚糖燕麦加工的燕麦片对72例高血脂患者进行为期2个月的临床观察表明，患者每天食用燕麦50g，2个月后，TC和LDL-C分别下降12%和11.8%，TG则下降17.4%。

表10.2 燕麦对高血脂患者血脂的影响

年份	服用时间	TC/%	β-LP	TG/%
1981	90d	-12	-16	-20
1982	30d	-12	-6	-11
1985	2个月	-13.5	-15.4	-16.7

张坚等（2010）的研究证实了燕麦的降脂作用，高胆固醇血症中老年妇女每天食用100g即冲燕麦片，对照组给予100g普通挂面，6周后燕麦组人员的腰围、血清TC、LDL-C以及LDL-C/HDL-C显著降低，其中TC、LDL-C分别下降5.8%、9.0%，显著大于对照组的1.9%、3.1%。

关于燕麦降脂作用的活性成分，国内外进行了大量的研究。Welch（1995）用不同的燕麦麸部分以鸡为试验对象进行试验。首先将燕麦麸分成油、蛋白质、淀粉、胶、不溶性5个部分，然后将这些部分加入食物中喂鸡。结果发现含2.6%或3.4%燕麦胶的食物有最大的降脂效果，而含3.4%燕麦胶食物和燕麦麸的降脂效果相同。

对于燕麦β-葡聚糖降血脂的有效剂量亦是研究者关心的内容。对随机和控制的燕麦研究进行荟萃（Meta）分析，结果表明食用脂肪的变化不是血浆胆固醇减少的原因，每天食用不少于3g燕麦可溶性纤维（β-葡聚糖）可降低TC 0.13mmol/L，尤其对那些高胆固醇浓度（≥5.9mmol/L）的人，可以减少胆固醇0.41mmol/L（Welch，1995）。在大量研究的基础上，美国食品和药物管理局（FDA）于1997年允许对全燕麦食品标示能降低心血管疾病的健康声明，并建议每天食用含3g以上燕麦β-葡聚糖的食品。

在我国也早就开始对裸燕麦降脂有效成分进行相关研究。洪昭光（2010）在20世纪80年代初以燕麦片为原料，按淀粉生产工艺进行分级分离，得到淀粉、蛋白质、水溶物和筛上物，而且从磨碎的燕麦片中抽提脂肪。分别饲喂高血脂小鼠，比较各组分抑制小鼠高脂血症形成效果。结果证实筛上物降血脂作用接近全燕麦，燕麦蛋白质、水溶物和脂肪成分也有一定的降脂效果，而淀粉没有降脂作用。在燕麦分级中，由于使用较低温度的水浸泡（<4℃），因此β-葡聚糖溶于水的部分较少，而保留在筛上物较多，这或许是水溶物降脂效果不大的原因。

周素梅和申瑞玲（2009）研究燕麦β-葡聚糖对大鼠脂代谢的影响，选取3个剂量，发现燕麦β-葡聚糖的降脂作用表现为剂量依赖性。低、中、高剂量分别使大鼠血浆TC下降52%、55.5%和61%。根据研究建议高血脂人群，初期可以服用高剂量燕麦β-葡聚糖，待血脂稳定后再服用低剂量β-葡聚糖，即4.5g/d为宜。

（二）降脂机理

虽然燕麦皂苷、脂类、蛋白质、燕麦甾醇、生育三烯酚和某些酚酸都可能对降胆固醇具有一定作用，但燕麦降胆固醇特性通常归因于β-葡聚糖组分。因此燕麦降脂的机理主要是β-葡聚糖降脂的机理。人体胆固醇来源无非来自从食物中吸收和体内生物合成两种途径。可以认为减少胆固醇和脂肪的吸收、调节体内胆固醇的代谢和抑制体内胆固醇的合成是可能的降脂作用机制。降低胆固醇效应是通过组合效应实现的。

1. 胆固醇吸收的减少

燕麦β-葡聚糖和另一些可溶性纤维溶于水形成具有黏性的燕麦胶。食用后，增加了胃肠道中待消化物质的黏性，阻碍小肠对脂肪和胆固醇的消化和吸收。

2. 改变胆汁的代谢

胆汁酸是胆固醇代谢的产物，它到达小肠能帮助消化脂肪。食用的水溶性纤维（β-葡聚糖）在肠中能形成胶状将胆汁酸包围，从而阻碍胆汁酸通过小肠再吸收重返肝脏，通过消化道排出体外。当肠内食物再需要胆汁酸时，肝脏只能再代谢胆固醇以补充胆汁酸，从而降低了血中的胆固醇浓度。β-葡聚糖还可提高合成胆汁酸的7α-羟化酶的活性（周素梅和申瑞玲，2009）。

3. 抑制胆固醇的合成

在大肠中β-葡聚糖可经结肠细菌发酵生成乙酸、丙酸和丁酸等短链脂肪酸。这些短链脂肪酸可以通过抑制3-羟基-3-甲基戊二酰辅酶A还原酶（HMGCR）活性而限制肝脏胆固醇的合成（洪昭光，2010）。

摄入β-葡聚糖后，由肠内和胰腺分泌的激素也会改变，主要是改善了胰岛素的敏感性和葡萄糖的耐受性。胰岛素能提高HMGCR的活性，β-葡聚糖使胰岛素分泌减少又会抑制HMGCR的活性，进而降低肝脏胆固醇的合成。

二、调节血糖作用

（一）调节血糖试验

糖尿病是一种胰岛素对靶组织的作用减弱（胰岛素的抵抗）和/或因胰岛素分泌

受损而使血糖升高为特征的疾病。大量试验表明燕麦有调节血糖的作用，所有燕麦粉较之小麦和玉米有较低的血糖响应，燕麦粉的血浆胰岛素响应分别为玉米和小麦的57%和56%（Welch，1995）。通过比较燕麦胶的作用，即50g葡萄糖放在14.5g燕麦胶的500mL水中，和未加胶的50g葡萄糖液比较，发现燕麦胶使血糖和胰岛素的上升显著降低（Braaten et al.，1991）。试验研究表明β-葡聚糖虽然对年轻、体型合适和具有正常血糖及胰岛素反应的人降糖效果不明显，但对高血脂胆固醇患者、老年人、体型偏胖者和非胰岛素依赖的糖尿病患者可起到降糖作用的效果（洪昭光，2010）。

燕麦β-葡聚糖对小肠蠕动及淀粉酶活性的影响研究表明，灌胃燕麦β-葡聚糖后，食物在试验动物小肠内的推进速度明显提高，小肠平滑肌蠕动的频率和幅度也显著增强。体外试验表明燕麦β-葡聚糖对淀粉酶的水解作用有一定的抑制力。β-葡聚糖可通过在肠道内形成高黏度环境，降低小肠与食物接触并影响胃肠道内各种酶的活性，来降低糖类的分解和吸收速度，从而起到一定调节血糖的作用（汪海波 等，2006）。

β-葡聚糖的黏度对胰岛素影响起主要作用。在健康人和糖尿病患者中β-葡聚糖产品黏度的对数和餐后血糖及胰岛素响应之间呈现显著负相关。Wood（2004）发现血糖浓度峰值的变化（G）和β-葡聚糖浓液（C）及其平均相对分子质量（MW）之间具有下列数学关系$G=7.93-0.681gC-1.01g（MW）$，部分水解引起的燕麦β-葡聚糖胶的黏度值下降削弱或消除了燕麦β-葡聚糖降低食用者餐后血糖和胰岛素含量的能力。

（二）调节血糖机理

1. 延缓糖分解和抑制葡萄糖的吸收

由于β-葡聚糖具有黏性，摄入β-葡聚糖可以增加胃肠内容物的黏度，在肠内形成胶层使葡萄糖由肠腔进入肠上皮细胞吸收表面的速度下降，从而阻碍了葡萄糖的吸收速率。此外，由于β-葡聚糖将淀粉分子包裹起来或纤维组分与淀粉颗粒之间的相互作用或者改变水分在面团基质中的分布，影响蛋白—淀粉基质的结构，因此降低了淀粉水解酶类与淀粉底物之间的亲和性，增加了淀粉酶解的阻力（郑建仙，2005）。

2. 改善葡萄糖的代谢

肌肉组织中胰岛素信号传导受损将会降低由胰岛素刺激的葡萄糖吸收量。葡萄糖利用率的减少使脂肪组织的产物成为能量的主要来源。膳食脂肪水解产生的脂肪酸主要在骨骼肌肉内被利用。它与葡萄糖的利用存在一定程度的竞争作用。燕麦β-葡聚糖可通过降低血脂含量、提高血液流动性和糖类成分在吸收利用过程中的转运速度和效率，缓解脂肪与葡萄糖的竞争性利用（汪海波 等，2005）。基于PI3K（磷脂酰肌醇-3-激酶）/Akt（丝氨酸/苏氨酸激酶）信号通路活性的降低在糖尿病中的病理作用，β-葡聚糖已被证实可以调节多种受体激活PI3K/Akt信号通路。

3. 保护和修复胰岛β-细胞

β-细胞的衰竭可能是由于高血糖指数（GI）食物，通过重复的饭后高胰岛素血症诱发，导致过度刺激使β-细胞衰竭和胰岛素分泌能力受损。β-葡聚糖等低GI食物相较高GI食物，提高了胰岛素的敏感性，使胰岛素分泌降低，从而减轻胰岛的负担，使受损胰岛β-细胞有恢复的可能（Wood，2004）。

三、抗氧化作用

燕麦抗氧化功能的发现由来已久。早期在市场上燕麦除用作食物和饲料外，最熟知的应用是用燕麦粉作抗氧化剂，对人体和动物过氧化脂质有抑制作用。洪昭光（2010）用燕麦饲喂昆明种小鼠，1个月后，血浆中过氧化脂质较对照组低；心、肝、肾的过氧化脂质则显著降低。血液和组织中的超氧化物歧化酶（SOD）活性均显著高于对照组；高血脂者在服用燕麦片1个月后，21例中大部分人的过氧化脂质有所下降，只有2例升高；服用燕麦片2个月后，大部分人的过氧化脂质都明显下降。魏决等（2009）的试验表明加入燕麦麸油能够有效控制过氧化脂质生成物（TBA）的产生，在香肠中添加不同量的燕麦麸油，经14d贮藏后TBA变化不大，仅添加3%的燕麦麸油就非常明显地控制TBA的效果。

燕麦的抗氧化作用与燕麦中的抗氧化物质，包括维生素E、燕麦固醇、植酸、燕麦蛋白质、黄酮类和酚类等物质有关，酚类物质是其中含量最丰富的抗氧化成分。蔺瑞等（2011）利用提取并进一步纯化得到的裸燕麦球蛋白进行抗氧化能力的研究，结果表明盐析后的球蛋白对羟基自由基、超氧阴离子自由基、DPPH自由基的清除作用都随质量浓度的增加而上升。毕重铭等（2008）研究发现裸燕麦皂苷对卵磷脂脂质过氧化、小鼠肝自发性脂质过氧化和Fe^{2+}-H_2O_2诱导的小鼠肝脂质过氧化均具有极显著的抑制作用。烘烤在一定程度上破坏了燕麦麸中的多酚、黄酮和皂苷，从而降低抗氧化活性，且抗氧化活性的降低程度随烘烤温度、样品水分含量和烘烤时间的增加而提高（张民 等，2009）。

燕麦多酚能抑制血管平滑肌细胞的增殖以及提高一氧化氮的生成，从而抑制动脉粥样硬化。李巨秀等（2010）的研究表明用乙醇提取的燕麦多酚具有较强的清除DPPH自由基的能力，且在一定范围内，燕麦多酚提取物浓缩液中多酚质量浓度与其抗氧化活性呈显著线性相关。宁鸿珍等（2008）在燕麦β-葡聚糖对高脂血症大鼠抗脂质过氧化作用的研究中发现喂食两个不同剂量的β-葡聚糖5周后显著提高了高脂血症大鼠超氧化物歧化酶（SOD）活性、总抗氧化能力并降低丙二醛（MDA）含量。

四、疏肠、防癌和益生等功能

大量研究认为膳食纤维能预防便秘、痔疮、结肠和直肠癌，增加肠内有益菌，减少有害菌。

（一）防止便秘功能

燕麦膳食纤维在肠内吸收水分、软化粪便。大肠内容物含量的相对增加有助于大肠的蠕动，减少在肠内通过时间，增加排便次数，从而具有防止便秘的功能。

（二）防癌功能

食物残渣到达结肠在被微生物发酵过程中，可能产生许多有毒的、引发癌症的代谢产物，包括氨、亚硝胺、苯酚与甲苯酚、次级胆酸等。肠道内的大肠杆菌、梭状芽孢杆菌、拟杆菌与链球菌等参与生成这些有毒代谢产物。燕麦中除膳食纤维外，其他成分如植酸、酚类化合物等抗氧化剂及相关物质可能与防癌有关。

（三）减肥、免疫等功能

张民等（2010）研究了燕麦胶、燕麦麸皮醇提物及两者协同的降脂减肥作用，结果表明燕麦胶与醇提物协同对肥胖大鼠有显著的减肥作用。张培培等（2010）用β-葡聚糖喂大鼠后，其体重显著低于对照组和燕麦全粉组。李慧等（2008）在研究中发现低、中、高剂量β-葡聚糖能使小鼠脾淋巴细胞增殖能力较对照组显著增强。根据《保健食品检验与评价技术规范》判定标准，可以认为该燕麦β-葡聚糖有一定的增强免疫的作用。

五、美容作用

燕麦对皮肤略呈酸性，可清理和吸附皮肤表面的脏物和脂肪分泌物。将燕麦作为清洗剂，兼有清理皮肤和保护皮肤之功效，不刺激皮肤，并不会对皮肤周围组织造成伤害。随着科技的发展，逐渐发现了燕麦美容护肤功能主要与燕麦中的β-葡聚糖、蛋白质、燕麦脂肪等有关。

燕麦β-葡聚糖是燕麦胶的主要成分，能激发皮肤的免疫系统使皮肤细胞免受紫外线的伤害，间接地促成纤维细胞间胶原蛋白的产生，从而诱导皮肤重组，促进伤口愈合，修复受损肌肤。水溶性β-葡聚糖在皮肤表面形成一层保护膜，能够长久有效地保湿，抑制老年斑。

燕麦蛋白质及其水解物燕麦多肽适用于各种类型和年龄的皮肤，能柔软、滋润肌肤，减少外界不良环境对皮肤的损害，防止肌肤瘙痒。燕麦水解蛋白含有丰富均衡的氨基酸，能有效锁住水分，具有显著的滋润营养功效，特别适合干性皮肤，不易导致肌肤过敏。

燕麦脂肪主要由不饱和脂肪酸组成，此外还由大量的功能性物质燕麦蒽酰胺、维生素E、甾醇类物质组成。燕麦油具有清除自由基，抗氧化和抑菌的功效，可延缓肌肤衰老（王建新，2009）。

第三节　燕麦产品研发

随着燕麦的营养和保健功能逐步为人们所认识，由起初的单一产品燕麦片发展成品种繁多的燕麦产品和燕麦复合型食品，由全燕麦型产品到燕麦功能成分富集型产品。随着科学研究的进一步深入，将会有更多健康营养的燕麦产品进入市场，满足人们的需求。

一、燕麦保健片

燕麦籽粒内含有食用纤维（β-葡萄糖、戊聚糖、木质素）、不饱和脂肪酸、燕麦生物碱等抗氧化物质、植物固醇、皂苷、维生素、矿物元素等活性成分，其中相当一部分营养分布在麸皮内，尽管有些成分的量较小，或者有些成分的健康效应还有些争论，但全粒燕麦具有降血脂、调血糖、抗氧化等保健作用是不争的事实，如燕麦片这样的燕麦全粒食品因其性价比高，加工简单，无污染或少污染，必将继续受到消费者的欢迎。

中国农业科学院作物科学研究所利用我国特有的高β-葡聚糖含量的裸燕麦种质资源，经过杂交和系统选育，率先在国内创制出加工专用新品种，β-葡聚糖含量达到6%。与此同时，中国农业科学院作物科学研究所联合安贞医院等18家医疗机构，开展了燕麦临床降脂作用研究。通过临床人体试验，使高血脂患者每天食用高β-葡聚糖裸燕麦50g，3个月后血脂的相关指标显著下降，有效率达84%，证明了燕麦的降脂功能作用（洪昭光，2010），为燕麦降脂保健产品开发提供了科学依据。在此基础上，北京特品降脂燕麦开发公司，以中国农业科学院作物科学研究所选育的高β-葡聚糖燕麦品种为原料，率先在国内研制成功"世壮"牌保健燕麦片并投入生产。该产品于1997年获得了国家卫生部颁发的具有"调节血脂功能"的保健食品证书（批准文号：卫食健字〔1997〕第002号）。到目前为止，"世壮"牌燕麦片也是国内获批的唯一燕麦保健食品，受到了广大消费者的欢迎。

二、燕麦复合型功能强化保健产品

鉴于燕麦β-葡聚糖的降脂等作用，燕麦、燕麦麸和燕麦β-葡聚糖可和其他保健产品原料或功能成分相组合，生产出保健功能目标更明确的强效的保健产品。

（一）结肠丹

以燕麦麸为原料，配以车前草种皮、苹果果胶和壳多糖加工而成（凌关庭，2006）。结肠丹富含可溶性纤维，车前草种皮在发达国家广泛用作缓泻剂，是最有效的便秘治疗剂。同时具有调节血糖和降血脂功能。结肠丹能有效活化肠道蠕动，使囤积肠内的脂肪、宿便等腐败物质排出体外，显著改善肠内毒素及腹部皮下脂肪过多、胆固醇过高、腹胀、食欲不振、消化不良、便秘、口臭等。据报道，多年的临床经验证明结肠丹可健康减肥。

（二）糖尿病功能性营养食品

将燕麦籽粒、燕麦麸皮、黑豆、胡麻除杂净化后，依次按比例65：20：10：5混合、磨粉、挤压膨化而成。该产品富含膳食纤维，包括可溶性纤维和不溶性纤维，在很大程度上有降糖作用。黑豆除能降血糖外，还抗氧化（黄元森和邹宗柏，2005）。

（三）叶酸强化型燕麦食品

叶酸具有防止出生缺陷和其他慢性疾病的作用。虽然美国FDA标准禁止对全麦面添加叶酸但全谷物产品都用叶酸强化了。防止冠心病除与可溶性纤维有关外，还是多因子作用。如果在谷物食品中强化叶酸就会减少血浆高胱氨酸。高含量的高胱氨酸被认为是冠心病、中风和静脉血栓的独立风险因子（Rayas-Duarte and Uriyapongson，2006）。美国居民膳食指南建议进食全谷物食品时选择一些叶酸强化产品（如叶酸强化型全谷麦片）。

三、燕麦加工食品

（一）复合营养燕麦面条

在燕麦加工中，由于燕麦面筋含量少，面团韧性、粘连性都比较差，难以加工成面条类、发酵类产品，因此只好添加较大比例的小麦面粉。这样做的结果稀释了燕麦保健有效成分的浓度。

范素琴等（2009）以燕麦粉和高筋粉为主要原料，对复合营养的枸杞燕麦面条工艺条件进行优化，得到最佳配方。燕麦粉添加量是65g，高筋粉35g，谷朊粉25g，海藻酸钠2g，水75mL，食盐2g，三聚磷酸钠0.3g。添加谷朊粉和海藻酸钠可增强面团的吸水率，延长稳定时间，对面团的品质有较好的改善作用，亦可增强面条的硬度、咀嚼度及弹性。

陈季旺等（2010）以非膨化挤压生产燕麦方便面。其工艺条件为燕麦添加量40%（燕麦粉与混粉的质量比）、混粉水分含量40%、螺杆转速210r/min，以及机筒温度Ⅱ区90~95℃、Ⅲ区110~115℃。在此工艺条件下制得燕麦方便面的糊化度为94.6%，复水时间8min。产品呈灰白色，透明度好，复水后具有燕麦特有的香味，弹性较好，口感较爽滑，不粘牙。

（二）燕麦焙烤食品

在制作燕麦面包时一般采用和小麦粉混合加工的方法。典型的原料配方为燕麦粉2kg，小麦粉3kg，酵母100g，白砂糖250g，食盐100g，起酥油200g。制作的面包表面完整，清洁光滑呈深黄褐色，断面气孔细密均匀，呈海绵状，口感松软适口，具有燕麦的清香味。郑建仙（2005）研究显示，在面包和甜点心中添加1%~5%燕麦纤维，可明显增加成品体积，提高产品质量。

魏决和罗雯（2010）以含量（配料）为2%β-葡聚糖作为改良剂用于面包生产中，能赋予面包良好的色泽，增大面包的体积和比容，内部结构更加匀称并显著提高面包的持水力，口感上既有面筋的劲道，又柔软、爽口、不粘牙。李东文等（2009）在不同量燕麦粉（15%~55%）的燕麦/小麦混粉中添加不同量的谷朊粉（2%~10%）或沙蒿胶（0.2%~1.0%）对最终燕麦面包的比容、感官品质、硬度、弹性、持水性均有一定的改善作用。

刘安军等（2010）确定燕麦微波蛋糕的最佳配方和生产条件为粉料100%（燕麦粉35%、小麦特别制粉65%）、鸡蛋250%、白砂糖60%、泡打粉4%、牛奶50%、黄油35%、食盐2%、香草粉1%。以一个鸡蛋为基准配制蛋糕糊，用微波炉加热30min。制作的蛋糕在色泽、形状、弹性、结构、气味和滋味等方面获得满意的结果。

马涛（2012）以燕麦全粉配以小麦粉制作燕麦饼干。原料配方为燕麦全粉100g、小麦粉200g、白糖100g、猪油40g、奶粉20g、鸡蛋50g、食盐0.9g、碳酸氢钠2.1g、碳酸氢铵0.9g、柠檬酸0.012g、饼干粉添加剂0.03~0.09g、香精0.15g。制作的饼干厚薄均匀、无起泡及严重凹底现象，质地均匀酥松，香酥可口，具有燕麦特有的风味。

（三）饮料

饮料是人们日常饮食中普遍喜爱的一种产品，受燕麦中组分特性的影响，传统的加工工艺难以获得澄清的燕麦汁。食用真菌在生长过程中产生的胞外淀粉酶和蛋白酶，可用于燕麦乳的澄清。张喆和师俊玲（2010）使用10%燕麦乳为培养基，灵芝和真姬菇对燕麦乳进行发酵，都会导致发酵液中β-葡聚糖的快速下降。发酵后的灵芝发酵液中加入1.58g/L羧甲基纤维素钠（CMC-Na）。产品酸甜可口，质地稳定，澄清透明，其中含103g/L多糖、1g/L总酸（结晶水柠檬酸）、11.6g/L氨基酸、40g/L可溶性固形物。

四、燕麦的食用安全性

燕麦和其他谷物一样是一个安全的食品。但是在燕麦的加工贮藏中也会出现和其他谷物相类似的问题，如燕麦制品的脂质氧化影响燕麦的食用安全，此外少数人群也可能会出现食用其他麦类时出现的腹腔疾病。

腹腔疾病会影响婴幼儿和青少年的生长发育，这与肠黏膜绒毛的损失有关，能引起上皮细胞的退化，严重阻碍营养吸收功能。这种病的发病情况在各地有所不同，例如欧洲中部儿童的发病率为0.1%，爱尔兰为0.3%。麦类面筋中的醇溶蛋白是发病的原因。燕麦仅含少量面筋，因此引发谷物腹腔疾病的可能性要小得多。洪照光等（2010）的第三轮燕麦对血脂影响的临床观察研究中发现绝大多数病例对燕麦耐受良好，有少数病例在服用燕麦初期有轻微胃肠道反应，继续服用或将燕麦（50g）减半分两次服，或水煮时间增长，或停数日后再服不良反应消失。

不适当的加工贮藏条件对食品安全产生影响，如果在加工时未将内源脂肪酶和脂氧化酶的活性灭活，或长时间高温加热或产品水分含量极低都可能引起脂肪的氧化，产生过氧化物。水分过大，则可能引起霉变。此外高温加工，也可能使淀粉类食品产生可致癌的丙烯酰胺。据报道在挤压膨化时170℃生成的丙烯酰胺量最大。因此选择适当的加工条件对保证燕麦产品的食用安全是非常重要的。

在燕麦开花和成熟期间多雨就会增加真菌的感染，产生真菌（霉菌）毒素，粮食生产中生成的霉菌毒素主要是镰刀菌引起的毒素。因此在燕麦生产中应选择符合燕麦标准的原料进行加工，以保证食品安全。

参考文献

毕重铭，曹小红，田惠光，等，2008. 裸燕麦皂苷的提取分离及其抗氧化活性. 天津科技大学学报，23（4）：49-51.

陈季旺，张瑞忠，余小兵，等，2010. 燕麦方便面的非膨化挤压生产技术. 食品科学，31（8）：20-23.

董吉林，申瑞玲，2005. 裸燕麦麸皮的营养组成分析及β-葡聚糖的提取. 山西农业大学学报（自然科学版），25（1）：70-73.

范素琴，于功明，王成忠，等，2009. 复合营养燕麦面条工艺条件的优化. 粮食加工，34

（3）：78-81.

洪昭光，2010. 燕麦降脂研究. 北京：中国农业科学技术出版社.

黄元森，邹宗柏，2005. 新编保健食品的开发配方与工艺手册. 北京：化学工业出版社.

李东文，任长忠，胡新中，等，2009. 谷朊粉与沙蒿胶对于燕麦面包品质的影响. 食品科技，34（6）：124-128.

李慧，韩晓英，周雯，2008. 燕麦β-葡聚糖对小鼠免疫功能的影响. 实用预防医学，15（1）：53-54.

李巨秀，李利霞，曾王旻，等，2010. 燕麦多酚化合物提取工艺及抗氧化活性的研究. 中国食品学报，10（5）：14-20.

蔺瑞，张美莉，张家超，2011. 裸燕麦球蛋白的分离纯化及其抗氧化活性研究. 食品科学，32（1）：31-34.

凌关庭，2006. 保健食品原料手册. 北京：化学工业出版社.

刘安军，王玥晗，郑捷，等，2010. 燕麦微波蛋糕制作工艺及配方研究. 现代食品科技，26（10）：1122-1123.

吕耀昌，王强，赵炜，等，2005. 燕麦、大麦中β-葡聚糖的酶法测定. 食品科学，26（1）：180-182.

马涛，2012. 焙烤食品工艺（第二版）. 北京：化学工业出版社.

宁鸿珍，贾春媚，刘英利，等，2008. 燕麦β-葡聚糖对高脂血症大鼠抗脂质过氧化作用的研究. 中国食品学报，35（7）：1237-1238.

汪海波，刘大川，汪海婴，等，2005. 燕麦β-葡聚糖对糖尿病大鼠的血糖及糖代谢功能的影响研究. 食品科学，26（8）：387-391.

汪海波，刘大川，汪海婴，等，2006. 燕麦β-葡聚糖对小肠蠕动及淀粉酶活性的影响研究. 营养学报，28（2）：148-151.

王海波，谢笔钧，刘大川，2003. 燕麦中抗氧化成分的初步研究. 食品科学，24（7）：62-66.

王建新，2009. 化妆品植物原料手册. 北京：化学工业出版社.

魏决，韩静，郭玉蓉，等，2009. 燕麦麸油对香肠抗氧化作用的研究. 食品工业科技，30（4）：83-85.

魏决，罗雯，2010. β-葡聚糖对改善面包品质的研究. 食品科技，35（11）：174-177.

杨克理，陆大彪，肖大海，1990. 几个燕麦品种在不同生态区籽粒营养成分分析. 作物品种资源，（2）：26-27.

张坚，李丽祥，宋鹏坤，等，2010. 燕麦对高胆固醇血症中老年妇女血脂水平的影响. 中国食物与营养，（4）：64-67.

张民，边东哲，白鑫，2010. 燕麦胶及燕麦醇提物对大鼠降脂减肥作用的研究. 中国食品添加剂，（4）：140-143.

张民，裴颖，梁漪，等，2009. 烘烤对燕麦麸抗氧化物质含量及活性的影响. 食品研究与开发，30（12）：29-32.

张培培，樊明涛，胡新中，等，2010. 燕麦全粉和燕麦β-葡聚糖对大鼠生长和血液生化指标的影响. 中国粮油学报，25（9）：27-30.

张喆，师俊玲，2010. 燕麦的食用菌液体发酵及其发酵饮料研究. 食品科学，31（5）：169-174.

郑殿升，吕耀昌，田长叶，等，2006. 中国裸燕麦β-葡聚糖含量的鉴定研究. 植物遗传资源学报，7（1）：54-58.

郑建仙，2005. 功能性膳食纤维. 北京：化学工业出版社.

周素梅，申瑞玲，2009. 燕麦的营养及其加工利用. 北京：化学工业出版社.

BILIADERIS C G, IZYDORCZYK M S, 2007. Functional food carbohydrates. Boca Raton, USA: CRC Press.

BRAATEN J, WOOD P, SCOTT F, et al., 1991. Oat gum lowers glucose and insulin after an oral glucose load. American Journal of Clinical Nutrition, 53（6）：1425-1430.

HENRY R J, 1985. Near-infrared reflectance analysis of carbohydrates and its application to the determination of （1→3）（1→4）-β-glucan in barley. Carbohydrate Research, 141（1）：13-19.

KLOPFENSTEIN C F, 1988. The role of cereal beta-glucans in nutrition and health. Cereal Foods World, 33（10）：865-866.

LEE C J, HORSLEY R D, Manthey F A, et al., 1997. Comparisons of β-glucan content of barley and oat. Cereal Chemistry, 74（5）：571-575.

PETERSON D M, 2001. Oat antioxidants. Journal of Cereal Science, 33：115-129.

PETERSON D M, Hahn M J, Emmons C L, 2002. Oat avenanthramides exhibit antioxidant activities in vitro. Food Chemistry, 79（4）：473-478.

RAYAS-DUARTE P, URIYAPONGSON J, 2006. Cereal grains: their impacts on health and food safety. Food Science, 27（11）：586-591.

WELCH R H, 1995. The Oat Crop: Production and Utilization. London: Chapman & Hall.

WOOD P J, 2004. Relationships between solution properties of cereal β-glucans and physiological effects-a review. Trends in Food Science & Technology, 15（6）：313-320.